Lüftungssysteme für Wohnungen

Jetzt diesen Titel zusätzlich als E-Book downloaden und 70 % sparen!

Als Käufer dieses Buchtitels haben Sie Anspruch auf ein besonderes Kombi-Angebot: Sie können den Titel zusätzlich zum Ihnen vorliegenden gedruckten Exemplar für nur 30 % des Normalpreises als E-Book beziehen.

Der BESONDERE VORTEIL: Im E-Book recherchieren Sie in Sekundenschnelle die gewünschten Themen und Textpassagen. Denn die E-Book-Variante ist mit einer komfortablen Volltextsuche ausgestattet!

Deshalb: Zögern Sie nicht. Laden Sie sich am besten gleich Ihre persönliche E-Book-Ausgabe dieses Titels herunter.

In 3 einfachen Schritten zum E-Book:

❶ Rufen Sie die Website **www.beuth.de/e-book** auf.

❷ Geben Sie hier Ihren persönlichen, nur einmal verwendbaren E-Book-Code ein:

29470B923FF0101

❸ Klicken Sie das „Download-Feld" an und gehen dann weiter zum Warenkorb. Führen Sie den normalen Bestellprozess aus.

Hinweis: Der E-Book-Code wurde individuell für Sie als Erwerber dieses Buches erzeugt und darf nicht an Dritte weitergegeben werden. Mit Zurückziehung dieses Buches wird auch der damit verbundene E-Book-Code für den Download ungültig.

Lüftungssysteme für Wohnungen

Thomas Hartmann, Oliver Solcher

Lüftungssysteme für Wohnungen

Konzepte und Praxisbeispiele nach DIN 1946-6

2. Auflage 2021

Herausgeber:

DIN Deutsches Institut für Normung e. V.

Beuth Verlag GmbH · Berlin · Wien · Zürich

Herausgeber: DIN Deutsches Institut für Normung e. V.

© 2021 Beuth Verlag GmbH
Berlin · Wien · Zürich
Saatwinkler Damm 42/43
13627 Berlin

Telefon: +49 30 2601-0
Telefax: +49 30 2601-1260
Internet: www.beuth.de
E-Mail: kundenservice@beuth.de

Titelbild: photopixel, Nutzung unter Lizenz von adobestock.com
Satz: Beuth Verlag GmbH, Berlin
Druck: L&C, Kraków

Gedruckt auf säurefreiem, alterungsbeständigem Papier nach DIN EN ISO 9706

ISBN 978-3-410-29470-2
ISBN (E-Book) 978-3-410-29471-9

Inhaltsverzeichnis

Vorwort

Die korrekte Lüftung von Wohngebäuden ist noch viel wichtiger als das Heizen und Kühlen. Ohne Lüftung sind Gebäude nicht bewohnbar. Wollen wir die Energiesparziele einigermaßen ernst nehmen, dann müssen die Gebäude dicht ausgeführt werden, sonst sind auch Wärmedämmmaßnahmen absurd und die thermische Behaglichkeit ist unzureichend. Im aktuellen Wohngebäudestandard sind bis zu 50 % des Wärmebedarfs der Lüftung geschuldet und diese Werte können nicht durch verbesserte Heizungsanlagen oder Wärmedämmung beeinflusst werden. Wir müssen diese Tatsachen ein für alle Mal akzeptieren, nur dann können wir zukunftsgerichtet arbeiten.

Alle am Bau Beteiligten müssen sich also Gedanken über die Lüftung und die notwendigen Maßnahmen zu deren Sicherstellung machen, und das ist zunächst vollkommen unabhängig vom Lüftungssystem. Der alleinige Hinweis auf öffenbare Fenster und die Behauptung, dass diese schon im Hinblick auf Luftqualität und Energieeffizienz richtig bedient werden, reicht nicht aus. Zum einen können die Bewohner funktionsfähige Gebäude verlangen und zum anderen können die Bewohner nicht dazu gezwungen werden, 3 bis 4 Mal am Tag die Wohnung ausreichend zu lüften. Hand aufs Herz, wer kann das sicherstellen?

DIN 1946-6 berücksichtigt genau diese Aspekte und versucht, Lösungsoptionen aufzuzeigen, wie diese anspruchsvolle Planungsaufgabe mit einfachen Methoden umgesetzt werden kann. Die Norm ist ein Angebot an alle, die versuchen wollen, Wohngebäude besser zu realisieren und die keine komplexen Simulationsmethoden einsetzen können. Die Norm spezifiziert notwendige Außenluftvolumenströme und stellt Anforderungen, wie diese nutzerunabhängig realisiert werden können. Im Vordergrund steht dabei die Bereitstellung des notwendigen hygienischen Außenluftvolumenstroms zur Sicherstellung einer angemessenen Luftqualität. Die Mindestanforderung ist der notwendige Luftwechsel für den Feuchteschutz bei typischen Wohnungen, der vollkommen nutzerunabhängig erbracht werden muss. Dies ist zunächst einmal vollkommen unabhängig vom später gewählten Lüftungssystem. Im Lüftungskonzept werden dazu Parameter wie Gebäudedichtigkeit und Winddruckverhältnisse bewertet und ein Erwartungswert für die Infiltration berechnet. Im dichten Gebäude wird die Infiltration nicht ausreichen, um den Feuchteschutz sicherzustellen. Gut so, denn dann sind die Wärmeverluste gering und die Innenraumkonditionen können geplant werden.

Die Norm schreibt keine ventilatorgestützten Lüftungssysteme vor, auch wenn das immer wieder behauptet wird. Die Norm schreibt „planbare" Lüftungssysteme vor. Systeme, die über Wind und Auftrieb funktionieren, sind also genauso enthalten wie ventilatorgestützte Systeme. Es wird aber auch die Erwartungshaltung der möglichen Nutzer berücksichtigt. Querlüftungssysteme, z. B. Fensterfalzlüfter, sind so auszulegen, dass der Feuchteschutz nutzerunabhängig erbracht wird, aber die Luftqualität über manuelles Fensteröffnen sichergestellt werden kann. Bei ventilatorgestützten Systemen erwartet der Nutzer eine gute Luftqualität ohne zusätzlichen Nutzereingriff über die Fenster, deshalb sind diese auf Nennlüftung auszulegen.

Die überarbeitete Norm gibt weiterhin Auslegungs- und Installationsanleitungen für alle Systeme und wurde um den Abschnitt *kombinierte Lüftungssysteme* ergänzt. Hier werden aktuelle Einzelraumlüftungssysteme in verschiedenen Kombinationen beschrieben. Dieses Kapitel behandelt keine spezifischen Kombinationen, sondern gibt Hinweise, wie mit der großen Kombinationsvielfalt umzugehen ist.

Die DIN 1946-6 ist nun in Kombination mit der DIN 18017-3 und den Produktnormen DIN EN 13141 und DIN EN 13142 für die nächsten Jahre gut aufgestellt und kann den am Bau- und Planungsprozess Beteiligten helfen, gute und effiziente Lüftungssysteme für den Wohnbereich zu bauen. Damit sind auch die Ziele im Hinblick auf einen klimaneutralen Gebäudebestand bis 2030/2050 besser erreichbar.

Manch einer wird sich fragen, warum in der aktuellen Lage die Aspekte der „smarten Gebäude" nicht behandelt werden. In der Tat ergeben sich aus intelligenten Bedarfsregeloptionen auch bei der Wohnungslüftung neue Möglichkeiten. Diese werden sicherlich zukünftig behandelt werden. Aber auch heute schon gibt die Norm eine klare Empfehlung für die bedarfsgeregelte Lüftung.

In diesem Buch werden die Zusammenhänge zwischen dieser Norm und dem geltenden Regelwerk im nationalen und europäischen Kontext erläutert. Ferner werden die zugehörigen Beiblätter der DIN 1946-6 diskutiert. Musterbeispiele mit konkreten Produkten für verschiedene Lüftungssysteme sollen dem Anwender helfen, die Norm und die weiterhin gültigen technischen Regeln sicher anzuwenden und umzusetzen. Die aktuelle Rechtslage stellt sich so dar, dass der Mindestluftwechsel sicherzustellen ist. Offen bleibt der Weg zu dessen praktischer Umsetzung. Die DIN 1946-6 beschreibt praktische, umsetzbare Lösungen.

Mein Dank gilt allen Mitstreitern, die das gemeinsame Ziel trotz intensiver Diskussionen nicht aus den Augen verloren haben und insbesondere auch Herrn Prof. Thomas Hartmann und Herrn Oliver Solcher, die mit diesem Buch die Hintergründe besser erklären.

Dipl.-Ing. Claus Händel
Fachverband Gebäude-Klima e. V.
Obmann des zuständigen DIN-Gremiums zur Wohnungslüftung

Bietigheim-Bissingen, 2020

1 Öffentlich-rechtliche Anforderungen

1.1 Allgemeines

Im öffentlichen Interesse werden an alle Bauwerke in Gesetzen und Verordnungen Mindestanforderungen gestellt, damit von ihnen für Nutzer keine Gefahren und Belästigungen ausgehen.

Bei den Mindestanforderungen handelt es sich um Themen wie

- die Standsicherheit,
- den Brandschutz,
- die Gesundheitsvorsorge/Hygiene,
- die Nutzungssicherheit,
- den Schallschutz und
- die Energieeffizienz.

Auch die unterschiedlichen Lüftungssysteme für Wohnungen müssen diese Anforderungen erfüllen. Von Bedeutung sind insbesondere:

- Brandschutz: Alle Produkte/Bauteile und Lüftungsanlagen sind so auszuführen, dass die dadurch in ein Gebäude eingebrachte Brandlast begrenzt wird und die Übertragung von Feuer und Rauch von einer Nutzungseinheit in eine andere für eine vorgegebene Zeit minimiert wird.
- Gesundheitsvorsorge/Hygiene: Alle Wohnungen sind ausreichend zu belüften und zu belichten. Bauschäden, insbesondere solche, die gesundheitsgefährdend sind, sollen vermieden werden.
- Nutzungssicherheit: Durch Produkte/Bauteile und Lüftungsanlagen dürfen keine Gefahren oder Belästigungen für die Nutzer entstehen.
- Schallschutz: Alle Wohnungen müssen ausreichend schallgedämmt sein, um die Nutzer vor Belästigungen zu schützen. Dazu ist u. a. die Schallemission von Geräten zu begrenzen.
- Energieeffizienz: Die Lüftung einer Wohnung/Nutzungseinheit soll eine rationelle Nutzung der eingesetzten Energie ermöglichen.

1.2 Bauordnungen der Länder (LBO)

Anforderungen an die Lüftung von Wohnungen sind in Deutschland in den Bauordnungen der Länder (LBO) im Wesentlichen in Form von Schutzzielen beschrieben.

Die Bauordnungen der Länder sind Gesetze, deren Einhaltung allgemein verbindlich ist. Verstöße gegen Bauordnungen können als Ordnungswidrigkeit bestraft werden.

1.3 Verordnungen und Richtlinien zu den Bauordnungen

In ergänzenden Verordnungen und Richtlinien zu den Bauordnungen sind für einzelne Themen weitere, genauere Regelungen zur Präzisierung der Schutzziele enthalten. Nachfolgend werden zwei für die Lüftung von Wohnungen wichtige Verordnungen zu den Bauordnungen benannt, siehe Tabelle 1.1.

Tabelle 1.1: Verordnungen zu den Bauordnungen für den Bereich Lüftung von Wohnungen

Vorschrift	Inhalt/Geltungsbereich
Bauaufsichtliche Richtlinie über die Lüftung fensterloser Küchen, Bäder und Toilettenräume in Wohnungen [R11]	Grundsätzliche Aussagen zu den notwendigen Abluft- und Zuluftströmen für – fensterlose Bäder und Toiletten, – fensterlose Küchen und Kochnischen. Lüftungsanlagen nach DIN 18017-3 [N7] erfüllen für fensterlose Bäder und WC die Anforderungen.
Muster-Richtlinie über brandschutztechnische Anforderungen an Lüftungsanlagen [R15]	Grundsätzliche Aussagen zur brandschutzgerechten Ausführung von Lüftungsanlagen. In der Verordnung wird unterschieden zwischen Anforderungen an RLT-Anlagen und Lüftungsanlagen für besondere Nutzungen.

In der Richtlinie über die Lüftung fensterloser Küchen, Bäder und Toilettenräume in Wohnungen werden u. a. Mindestanforderungen für die Außen-Luftvolumenströme, an die Ausführung der Lüftungsanlagen und an ihre Betriebsweise genannt. Darin ist auch ausgeführt, dass Lüftungsanlagen nach DIN 18017-3 die Anforderungen der Richtlinie für die Lüftung fensterloser Bäder und Toilettenräume erfüllen.

In der Richtlinie über brandschutztechnische Anforderungen an Lüftungsanlagen werden Vorgaben für die einzusetzenden Materialien und für die Verwendung und Ausführung von Lüftungsanlagen gemacht. Für RLT-Anlagen und Lüftungsanlagen für besondere Nutzungen gibt es unterschiedliche Regelungen. Lüftungsanlagen für besondere Nutzungen werden unterschieden in:

- Lüftungsanlagen zur Be- und Entlüftung von Wohnungen sowie abgeschlossenen Nutzungseinheiten von max. 200 m²,
- Lüftungsanlagen mit Ventilatoren für die Lüftung von Bädern und Toilettenräumen (Bad-/WC-Lüftungsanlagen) und
- Lüftung von nichtgewerblichen Küchen.

Während die Funktion von Absperrklappen zur Verhinderung der Übertragung von Feuer und Rauch für RLT-Anlagen regelmäßig zu prüfen ist, können für Lüftungsanlagen mit Ventilatoren für die Lüftung von Bädern und Toilettenräumen auch funktionsprüfungsfreie Absperrvorrichtungen gegen Brandübertragung eingesetzt werden. Diese Absperrvorrichtungen müssen allerdings speziellen baurechtlichen Anforderungen genügen und bauaufsichtlich zugelassen sein. Die Entlüftungsanlagen müssen ferner nach den Angaben der DIN 18017-3 aufgebaut sein.

Verordnungen und Richtlinien zur Bauordnung sind in ihrer Wertigkeit Gesetzen gleichzustellen. Das Verfahren der Erarbeitung von Verordnungen und Richtlinien unterscheidet sich von der Erarbeitung der Bauordnungen.

1.4 Energieeinsparverordnung (EnEV) und Gebäudeenergiegesetz (GEG)

Eine weitere wichtige Randbedingung, die u. a. die Lüftung von Wohnungen beeinflusst, stellt das Energieeinsparrecht dar, das bis 2020 als Energieeinsparverordnung und ab November 2020 als Gebäudeenergiegesetz energetische Anforderungen an ein Gebäude und die Heizungs-, Lüftungs- und Trinkwassererwärmungsanlage stellt.

Anforderungen zur Verringerung des Energiebedarfs eines Gebäudes und der Anlagentechnik werden

- an seine Lüftungswärmeverluste,

- an seine Transmissionswärmeverluste und
- an die energetische Effizienz seiner technischen Einrichtungen gestellt.

Das Gebäudeenergiegesetz löst am 1. 11. 2020 die EnEV ab und definiert für Neubauten den ab 2020 europäisch geforderten Niedrigstenergiegebäude-Standard (nZEB – nearly Zero Energy Building) für Deutschland. Der Niedrigstenergiegebäude-Standard soll nach europäischen Vorgaben bis 2050 auch im Gebäudebestand umgesetzt sein.

Für die Berechnung der energetischen Kenngrößen der relevanten Anlagen zur Beheizung, Belüftung und der Trinkwassererwärmung ist die Normenreihe DIN V 18599 [N1] maßgebend. Für die Lüftungsanlagen von Wohngebäuden gilt speziell DIN V 18599-6 [N2]. Im Zusammenspiel mit den anderen Normenteilen der DIN V 18599 können damit u. a.

- die Lüftungswärmeverluste des Gebäudes;
- die energetischen Einsparpotenziale
    - der Wärmerückgewinnung durch Wärmeübertrager und Wärmepumpen,
    - der Bedarfsführung des Anlagenluftvolumenstromes,
    - der Nutzung regenerativer Energie (Erdreich-Wärmeübertrager, Solar-Luftkollektoren);
- der Hilfsenergiebedarf für Ventilatoren, Regelung und Antriebe sowie
- die Wärmeverluste bei Übergabe, Verteilung, Speicherung und Erzeugung

für alle marktgängigen Lüftungssysteme (frei und ventilatorgestützt) und für Luftheizungen berechnet und bilanziert werden.

1.5 Europäische Richtlinien

Auch europäische Richtlinien bzw. Regelungen beeinflussen die Lüftung von Wohnungen, auch wenn sie meist keinen direkten Durchgriff auf ein Bauvorhaben haben. Sie sind jedoch als Rahmen für nationale und regionale Verordnungen und Gesetze zu sehen.

So fordert z. B. die Richtlinie 2018/844/EU über die Gesamtenergieeffizienz von Gebäuden (EPBD) [R9] in Artikel 1:

> „(1) Diese Richtlinie unterstützt die Verbesserung der Gesamtenergieeffizienz von Gebäuden in der Union unter Berücksichtigung der jeweiligen äußeren klimatischen und lokalen Bedingungen sowie der Anforderungen an das Innenraumklima und der Kosteneffizienz.
>
> Diese Anforderungen tragen den allgemeinen Innenraumklimabedingungen Rechnung, um mögliche negative Auswirkungen, wie unzureichende Belüftung, zu vermeiden, und berücksichtigen die örtlichen Gegebenheiten, die angegebene Nutzung sowie das Alter des Gebäudes."

Im Rahmen des Energieeinspargesetzes (EnEG) [R10], der Energieeinsparverordnung (EnEV) [R12] und des Gebäudeenergiegesetz (GEG) [R16] wurden und werden deshalb entsprechende Festlegungen getroffen.

Vorrangiges Ziel von europäischen Richtlinien ist es allerdings, den freien Warenverkehr von Produkten und Komponenten zu ermöglichen. Dazu dient die CE-Kennzeichnung der Produkte.

Eine abschließende CE-Kennzeichnung eines Produktes erfordert die Einhaltung aller relevanten zutreffenden europäischen Richtlinien. Bauteile/Produkte der Lüftungstechnik fallen in aller Regel z. B. unter die Maschinen-Richtlinie (M-Richtlinie) [R1], die Richtlinie für elektromagnetische Verträglichkeit (EMV-Richtlinie) [R2], die Niederspannungs-Richtlinie (NS-Richtlinie) [R3], die Bauprodukten-Richtlinie (BP-Richtlinie) [R4] und ggf. die Druckbehälter oder Druckgeräte-Richtlinie (DB- bzw. DG-Richtlinie) [R5][R6].

Mit Ausnahme der BP-Richtlinie, die für alle mit dem Gebäude verbundenen Geräte gilt und somit auch für viele Produkte der Lüftungstechnik, kann die CE-Kennzeichnung von Bauteilen/Produkten bereits durchgeführt werden. Nach der BP-Richtlinie ist eine CE-Kennzeichnung derzeit noch nicht möglich, weil sie harmonisierte Normen oder eine europäische technische Bewertung erfordert, die für Produkte der Lüftungstechnik noch nicht vorliegen.

Nähere Hinweise für die CE-Kennzeichnung von Bauteilen/Produkten von Lüftungsanlagen sind enthalten in [L1.5], [L1.7] und [L1.6].

Neben den vorgenannten Anforderungen beeinflussen noch weitere europäische Richtlinien die Kennzeichnung von Produkten, die in Europa frei gehandelt werden. Zu nennen sind hier die Ecodesign-Richtlinie für Lüftungsanlagen [R7] und die Richtlinie für die Energiekennzeichnung von Wohnungslüftungsanlagen [R8], die sich auf die energetische Effizienz dieser Geräte beziehen. Zur Umsetzung dieser Richtlinien sind 2014 Verordnungen für Lüftungsanlagen verabschiedet worden: Anforderungen an die umweltgerechte Gestaltung von Lüftungsanlagen [R13] und Kennzeichnung von Wohnraumlüftungsgeräten in Bezug auf den Energieverbrauch [R14]. Darin werden Klassen des spezifischen Energieverbrauchs für Wohnungslüftungsgeräte festgelegt. Der spezifische Energieverbrauch wird danach im Wesentlichen über die Stromeffizienz, die Wärmerückgewinnung und die Möglichkeiten der Bedarfsregelung festgelegt. Damit sollen dem Verbraucher in einfacher Form eines Labels Angaben zur Energieeffizienz dieser Produkte gegeben werden.

Der Energieverbrauch von Lüftungsgeräten hängt allerdings nicht nur von der energetischen Eigenschaft des Ventilators, der Wärmerückgewinnung und von deren Regelung ab, sondern auch vom Lüftungssystem und seinen Strömungswiderständen.

Fazit:

Eine Reihe von Gesetzen, Verordnungen und Richtlinien enthält Regelungen für die Lüftung von Wohnungen. Dabei handelt es sich vorwiegend um die Formulierung von Schutzzielen, die z. B. die Gesundheitsvorsorge/Hygiene, den Brandschutz, den Schallschutz, die Behaglichkeit in den Räumen und den wechselseitigen oder gemeinsamen Betrieb von ventilatorgestützten Lüftungsanlagen und Feuerstätten betreffen.

Zunehmend werden nationale Regelungen durch europäische Regelungen beeinflusst.

Neben den lufttechnischen Erfordernissen werden immer stärker Themen wie die energetische Effizienz von Anlagen sowie die Güte der Raumluft in Wohnungen erfasst.

2 Technische Regeln

2.1 Allgemeines

Für die Planung, Auslegung, Ausführung und den Betrieb von Lüftungsanlagen sind detaillierte Angaben notwendig, um die in den Gesetzen und Verordnungen enthaltenen Schutzziele auszufüllen.

Für Lüftungsanlagen dienen dazu vorwiegend nationale Normen und für Bauteile/Produkte von Lüftungsanlagen europäische Normen.

In den technischen Regeln sollen, soweit erforderlich, detaillierte Angaben zur Ausfüllung der genannten Mindestanforderungen an die Bauwerke gemacht werden. Schwerpunkt bildet dabei die Anforderung an die Gesundheitsvorsorge/Hygiene.

Eine Zusammenstellung der wesentlichen Normen, in denen Anforderungen an Lüftungsanlagen enthalten sind, enthält Tabelle 2.1.

Tabelle 2. 1: Zusammenstellung von wesentlichen Normen

Vorschrift	Inhalt/Geltungsbereich
DIN 4102 – Brandverhalten von Baustoffen und Bauteilen	Brandschutztechnische Anforderungen an die Bauteile/Produkte
DIN 4109 – Schallschutz im Hochbau	Schallschutztechnische Anforderungen an Bauteile/Produkte und an die Auslegung von Lüftungsanlagen
DIN 4108 – Wärmeschutz im Hochbau	Wärmeschutztechnische Anforderungen an Bauteile/Produkte und an die notwendigen Außen-Luft-volumenströme
DIN 18017-3 – Lüftung von Bädern und Toilettenräumen ohne Außenfenster mit Ventilatoren	Anforderungen an die Lüftungsanlagen für fensterlose Sanitärräume Die Norm umfasst ventilatorgestützte Abluftanlagen.
DIN 1946-6 – Lüftung von Wohnungen; Anforderungen an die Planung und Ausführung von Lüftungsanlagen	Anforderungen an die Lüftungsanlagen für Wohnungen bzw. Nutzungseinheiten Die Norm umfasst sowohl freie als auch ventilatorgestützte Lüftungsanlagen.

Für Normen gilt hinsichtlich ihrer Bedeutung die Vermutungsregel, die besagt, dass eine Anlage, die nach den Regeln einer Norm errichtet worden ist, auch den Regeln der Technik entspricht, weil Normen von Experten erarbeitete Standardverfahren beschreiben. Somit erleichtert ihre Anwendung die Umsetzung der in Gesetzen und Verordnungen geforderten Anforderungen.

Manche Normen werden in Gesetzen oder Verordnungen direkt zu ihrer Ausfüllung herangezogen, sogenannte bauaufsichtlich eingeführte Normen. Diese Normen dürfen dann allerdings nur die gesetzlichen Mindestanforderungen beschreiben. Die Wertigkeit dieser Normen ist hoch.

2.2 Brandschutz, Schallschutz

Brandschutztechnische Themen sind z.B. in der Normenreihe DIN 4102 [N9] geregelt. Diese Normen dienen zur Ausfüllung und als Ergänzung der baurechtlichen Anforderungen.

Schallschutztechnische Themen sind z. B. in der Normenreihe DIN 4109 [N10] beschrieben. Diese Normen dienen zur schalltechnischen Auslegung von Lüftungsanlagen, die die Mindestanforderungen abdecken, aber auch besondere und spezielle Anforderungen erfüllen.

2.3 Wärmeschutz

Für den Wärmeschutz eines Gebäudes gilt die DIN 4108-2 [N4]. Diese bauaufsichtlich eingeführte Norm enthält Mindestanforderungen an die Wärmedämmung der Bauteile/Produkte der Gebäudehülle. Es wird empfohlen, auf einen ausreichenden Luftwechsel aus Gründen der Hygiene, der Begrenzung der Raumluftfeuchte und ggf. der Zuführung von Verbrennungsluft zu achten. Weiterführend wird auf den DIN-Fachbericht 4108-8 (wird zukünftig ersetzt durch DIN/TS 4108-8), der Ausführungen zur Lüftung in Bezug auf Schimmelvermeidung enthält. Damit wird indirekt auch auf die entsprechenden Regelungen der DIN 1946-6 [N5] für die notwendigen Außen-Luftvolumenströme verwiesen. Als bauaufsichtlich eingeführte Norm hat die DIN 4108-2 als Teil der Normenreihe DIN 4108 [N3] einen hohen Stellenwert.

Die Luftdichtheit der Gebäudehülle ist in DIN 4108-7 [N6] und DIN 4108-2 [N4] geregelt. Als Konsequenz aus der aus Gründen des Bauten- und Wärmeschutzes geforderten, zunehmenden Dichtheit der Gebäudehülle geht die Lüftung einer Wohnung über Leckagen bei geschlossenen Fenstern und Türen immer mehr zurück. Die Dichtheit der Gebäudehülle kann heute so groß sein, dass dieser Infiltrationsluftwechsel bei den üblichen Witterungsbedingungen nahezu gegen Null geht.

2.4 Lüftungstechnik

2.4.1 Allgemein

Für die Lüftung von Wohnungen haben insbesondere DIN 18017-3 [N7] und DIN 1946-6 [N5] Bedeutung.

2.4.2 DIN 18017-3

Die DIN 18017-3 [N7], deren Neufassung 2020 neu erschienen ist, setzt die Anforderungen der bauaufsichtlichen Richtlinie für die Lüftung von fensterlosen Sanitärräumen in Wohnungen um. Die Norm füllt deshalb die baurechtlichen Mindestvorgaben für diese Räume aus.

In der Norm werden die mindestens notwendigen Luftvolumenströme für die Gesundheitsvorsorge/Hygiene für fensterlose Sanitärräume in Wohnungen genannt. Die Nachströmung der Luft erfolgt über Undichtheiten und Außenbauteil-Luftdurchlässe (ALD) in der Gebäudehülle. In der Norm sind darüber hinaus Hinweise für die Planung und Auslegung, aber auch für die Inbetriebnahme und die Instandhaltung von ventilatorgestützten Entlüftungsanlagen enthalten, siehe Abbildung 2.1.

DIN 18017-3

Anwendungsbereich:

Sie gilt für Entlüftungsanlagen mit Ventilatoren zur Lüftung von Bädern und Toilettenräumen ohne Außenfenster in Wohnungen sowie ähnlichen Aufenthaltsbereichen und kann auch für andere Räume in Wohnungen angewendet werden.

Wesentliche Anforderungen:

- Art und Betriebsweise der Anlagen
- Grundsätzliche lüftungstechnische Anforderungen
- Anlagenspezifische Anforderungen für Einzel- und Zentrallüftungsanlagen
- Messung der Volumenströme
- Prüfung von Ventilatoren, Lüftungsgeräten, Luftdurchlässen und Abluftventilen

Status:

Die Norm liegt vor und füllt die bauaufsichtlich gestellten Anforderungen aus.

Abbildung 2.1: Wesentliche Inhalte der DIN 18017-3

Als bauaufsichtlich in Bezug genommene Norm hat DIN 18017-3 einen hohen Stellenwert.

2.4.3 DIN 1946-6

DIN 1946-6 [N5], deren aktuelle Fassung 2019 neu erschienen ist, gilt für alle Lüftungssysteme in Wohnungen bzw. wohnähnlichen Nutzungseinheiten.

DIN 1946-6 definiert dazu die notwendigen Außen-Luftvolumenströme für die Gesundheitsvorsorge/Hygiene und für den Bautenschutz.

Die Norm umfasst

- freie Lüftungssysteme,
- ventilatorgestützte Lüftungssysteme sowie
- kombinierte Lüftungssysteme.

Bei den **freien Lüftungssystemen** werden die üblichen Lüftungssysteme „Querlüftung“ und „Schachtlüftung“ beschrieben. Bauteile/Produkte für die „Querlüftung“ können mindestens entweder nach der Lüftungsstufe „Lüftung zum Feuchteschutz“ oder nach der Lüftungsstufe „Reduzierte Lüftung“ ausgelegt werden. Bauteile/Produkte für die „Schachtlüftung“ sind mindestens für die Lüftungsstufe „Reduzierte Lüftung“ auszulegen.

Bei den **ventilatorgestützten Lüftungssystemen** werden „Abluftsysteme“, „Zuluftsysteme“ und „Zu-/Abluftsysteme“ beschrieben. Bauteile/Produkte für die ventilatorgestützte Lüftung sind mindestens nach der Lüftungsstufe „Nennlüftung“ auszulegen.

Mit **kombinierten Lüftungssystemen** wird die Kombination von zwei oder mehreren Lüftungssystemen in einer Wohnung beschrieben. In DIN 1946-6 kann unterschieden werden nach

- Systemen mit getrennten Lüftungsbereichen,
- Systemen mit überlagerten Lüftungsbereichen und
- Hybridlüftung.

Die Auslegung hängt von der Art der Kombination und den zu kombinierenden Lüftungssystemen ab.

Somit sind in dieser Norm alle derzeit gebräuchlichen Lüftungssysteme beschrieben.

Die Norm enthält auch die für die Planung, die Auslegung und Ausführung von Lüftungsanlagen, ihre Inbetriebnahme und ihre Instandhaltung notwendigen Hinweise, siehe Abbildung 2.2.

DIN 1946-6

Anwendungsbereich:

Sie gilt für freie und ventilatorgestützte Lüftungssysteme zur Lüftung der Wohn- und Aufenthaltsbereiche von Nutzungseinheiten in Wohngebäuden.

Sie gilt auch für besondere Ablufträume wie fensterlose Bäder und Toilettenräume, wenn zusätzlich die Anforderungen der DIN 18017-3 eingehalten werden.

Wesentliche Anforderungen:

- Lüftungskonzept
- Art der Anlagen
- Festlegung der Luftvolumenströme
- Planung und Ausführung von freien Lüftungssystemen
- Planung und Ausführung von ventilatorgestützten Lüftungssystemen
- Planung und Auslegung von kombinierten Lüftungssystemen
- Inbetriebnahme, Dokumentation und Kennzeichnung
- Planung und Ausführung
- Instandhaltung, Wartung

Status:

Die Norm liegt vor. Auf Teile der Norm wird in Verordnungen und in bauaufsichtlich eingeführten Normen verwiesen.

Abbildung 2.2: Wesentliche Inhalte der DIN 1946-6

In DIN 1946-6 ist weiterhin die Erstellung eines Lüftungskonzeptes für Wohnungen bzw. Nutzungseinheiten ein Kernelement. Neben der Anpassung der Anforderungen für die verschiedenen Lüftungssysteme an den Stand der Technik und an die europäischen Regelungen sind der Abschnitt *kombinierte Lüftungssysteme* und der informative Anhang *Kellerlüftung* neu aufgenommen worden.

Die Norm wird von der überwiegenden Mehrheit der Marktteilnehmer angewendet.

2.5 Europäische Produktnormen

Zur Realisierung des freien Warenaustausches in der Europäischen Union werden vorwiegend Produktnormen erstellt, die für eine CE-Kennzeichnung verwendet werden können.

Für die Bauteile/Produkte von Lüftungsanlagen für Wohnungen ist dies vor allem die Normenreihe DIN EN 13141 [N11] für die Prüfung einzelner Komponenten. Die Normenreihe DIN EN 13141 besteht derzeit aus 11 Teilen. In den einzelnen Normenteilen werden Prüfverfahren beschrieben, mit denen Kenngrößen zur Abbildung der Eigenschaften der Bauteile/Produkte bestimmt werden können.

Die europäischen Produktnormen sind allgemeine Normen, die für die notwendigen Nachweise anzuwenden sind, wenn eine CE-Kennzeichnung von Produkten angestrebt wird.

2.6 Europäische Schnittstellen-, Anlagen- und Klassifizierungsnormen

Neben den Produktnormen gibt es auch sogenannte Schnittstellen-, Anlagen- und Klassifizierungsnormen, siehe Tabelle 2.2.

Tabelle 2.2: Zusammenstellung von Schnittstellen- und Anlagennormen

Vorschrift	Inhalt/Geltungsbereich
DIN EN 13142	Lüftung von Gebäuden – Bauteile/Produkte für die Lüftung in Wohnungen – Geforderte und frei wählbare Leistungskenngrößen; Deutsche Fassung 2013
DIN EN 14134	Lüftung von Gebäuden – Leistungsprüfung und Einbaukontrollen von Lüftungsanlagen von Wohnungen; Deutsche Fassung 2019
CEN/TR 14788	Lüftung von Gebäuden – Ausführung und Bemessung der Lüftungssysteme von Wohnungen; Deutsche Fassung 2006
DIN EN 16798-3	Lüftung von Nichtwohngebäuden – Leistungsanforderungen an Lüftungs- und Klimaanlagen und Raumkühlsysteme; Deutsche Fassung 2017
DIN EN 15251 (EN 16798-1)	Eingangsparameter für das Raumklima zur Auslegung und Bewertung der Energieeffizienz von Gebäuden – Raumluftqualität, Temperatur, Licht und Akustik; Deutsche Fassung 2012 (EN 16798-1: Eingangsparameter für das Innenraumklima zur Auslegung und Bewertung der Energieeffizienz von Gebäuden bezüglich Raumluftqualität, Temperatur, Licht und Akustik, löst DIN EN 15251 ab, Deutsche Fassung noch nicht erschienen)

Schnittstellennormen beschreiben die Schnittstellen zwischen Produktnormen und den technischen Regeln für die Planung und Errichtung von Lüftungsanlagen.

Anlagennormen dienen zur Auslegung, Ausführung und zum Betrieb von Lüftungsanlagen.

In der **Klassifizierungsnorm** DIN EN 13142 [N12] sind für die Bauteile/Produkte für Lüftungsanlagen die aufgrund von Produktprüfungen ermittelten Kriterien zusammengestellt, die Klassen zugeordnet werden sollen. Aufbauend auf dieser Norm ist es den Ländern möglich, die für sie maßgebenden Klassen zu benennen, die zur Anwendung kommen sollen. In Zukunft soll diese Norm auch als Basis für eine CE-Kennzeichnung von Produkten für die verschiedenen Lüftungssysteme sowie für die Definition von Kennwerten im Rahmen der europäischen Ecodesign-Richtlinien sorgen.

DIN EN 14134 [N13] als Anlagennorm regelt die Abnahme von Lüftungsanlagen. Sie kann angewandt werden, wenn bei der Inbetriebnahme einer Lüftungsanlage neben der Dokumentation und der Funktionsprüfung auch eine Funktionsmessung vereinbart wird.

CEN/TR 14788 [N14] ist eine technische Regel, die die Planung und Ausführung von Lüftungsanlagen zum Thema hat. Diese technische Regel gilt als Absichtserklärung für eine später vorgesehene europäische Anlagennorm, an der gegenwärtig gearbeitet wird.

DIN EN 16798-3 [N19] als Anlagennorm gilt für RLT-Anlagen in Nichtwohngebäuden. Sie schließt ausdrücklich Lüftungsanlagen in Wohnungen aus. Trotzdem sind einzelne Aspekte der Norm auch für die Lüftung von Wohnungen von Interesse.

DIN EN 15251 „Eingangsparameter für das Raumklima zur Auslegung und Bewertung der Energieeffizienz von Gebäuden – Raumluftqualität, Temperatur, Licht und Akustik“ definiert Anforderungen an das Raumklima für Wohn- und Nichtwohngebäude und schlägt verschiedene Qualitätsklassen vor, die in nationalen Festlegungen getroffen werden können. Die Aspekte dieser Norm sind in die Bearbeitung der DIN 1946-6 eingeflossen und damit für die Anwendung in Wohnungslüftungssystemen beachtet.

Die europäischen Schnittstellen-, Anlagen- und Klassifizierungsnormen sind technische Regeln, für die die Vermutungsregel gilt.

Fazit:

Für Lüftungsanlagen von Wohnungen und für Bauteile/Produkte existiert eine Vielzahl von technischen Regeln, meist als Normen.

Für Lüftungsanlagen für Wohnungen ist in erster Linie die DIN 1946-6 maßgebend, in der für alle üblichen Lüftungssysteme Regelungen für die Auslegung, die Bemessung, die Ausführung, die Inbetriebnahme und die Instandhaltung von Lüftungsanlagen beschrieben sind. In DIN 1946-6 sind für alle gebräuchlichen Lüftungssysteme auch Hinweise für die Erfüllung der Energieeinsparverordnung bzw. Gebäudeenergiegesetz hinsichtlich der energetischen Bewertung sowie der Raumluftqualität enthalten.

Neben DIN 1946-6 ist noch DIN 18017-3 für Lüftungsanlagen von Bedeutung, die die Mindestanforderungen an Entlüftungsanlagen für fensterlose Sanitärräume regelt.

Bauteile/Produkte für die Lüftungsanlagen werden nach europäischen Regeln geprüft und beurteilt.

3 Grundlagen der Lüftung von Wohnungen

3.1 Allgemeines

Für ein gesundes Raumklima in einer Wohnung bzw. einer wohnähnlichen Nutzungseinheit sind in DIN 1946-6 Hinweise für die Planung, Auslegung, Ausführung, Inbetriebnahme und Instandhaltung von Lüftungsanlagen gegeben. Damit werden zu allen in Gesetzen und Verordnungen beschriebenen Themen entsprechende Ausführungen gemacht.

Manche Themen, wie z. B. der Brandschutz, werden allerdings nur mit Verweisen auf die einschlägigen Regelwerke behandelt. Themen wie z. B. die Gesundheitsvorsorge/Hygiene, die Nutzungssicherheit, der Schallschutz und die rationelle Energienutzung werden dagegen ausführlich beschrieben.

Die Zusammenhänge sind ausführlich in [L3.1] dargestellt.

3.2 Emissionsquellen

Das Raumklima wird in erster Linie durch das vom Menschen ausgeatmete Kohlendioxid (als Indikator für menschliche Gerüche) und durch Wasserdampf beeinträchtigt. Aber auch die von modernen Baumaterialien und Einrichtungsgegenständen emittierten Stoffe, wie z. B. Formaldehyd, können auf Dauer zu Befindlichkeitsstörungen führen. Die wichtigsten Emissionsquellen im Wohnbereich sind:

- Kohlendioxid, Wasserdampf und Geruchsstoffe durch Menschen und Tiere,
- Wasserdampf durch Koch-, Wasch-, Bade- sowie Reinigungsvorgänge sowie durch Pflanzen,
- Allergene von Haustieren, Hausstaubmilben usw.,
- Ausdünstungen aus Wasch- und Reinigungsmitteln sowie aus Kosmetika,
- Ausdünstungen aus Baumaterialien, Möbeln, Teppichen, Anstrichen, Klebstoffen usw.,
- Tabakrauch,
- Feinstaub, z. B. durch Reinigungsprozesse, und
- Radon aus dem umgebenden Erdreich oder aus Baustoffen.

Diese unterschiedlichen Schadstoffe, die in der Raumluft auftreten können, sind als Mischung schwierig zu erfassen. Als geeignete Kenngröße für die Bewertung der Raumluftqualität wird häufig der CO_2-Gehalt oder der Feuchtegehalt in der Raumluft betrachtet. Eine wichtige Rolle können evtl. auch die Staubbelastung und der VOC-Gehalt der Raumluft spielen.

Der CO_2-Gehalt in einem nahezu luftdichten Raum ist abhängig von der Anzahl und der Aktivität anwesender Personen, der Größe des Raums und dem Außenluftvolumenstrom, der diesem Raum zugeführt wird.

Dem CO_2-Gehalt als Indikator für die Raumluftqualität wird aufbauend auf einem maximal zulässigen CO_2-Gehalt in der Raumluft für die Gesundheitsvorsorge/Hygiene in DIN 1946-6 ein spezifischer Außenluftvolumenstrom von 30 m^3/h pro Person zugeordnet. In intensiv genutzten Nutzungseinheiten kann nach DIN 1946-6 in Ausnahmefällen auch ein Außenluftvolumenstrom von 20 m^3/h pro Person ausreichend sein.

In der 2019 veröffentlichten EN 16798-1 [N22] werden vier Kategorien für die CO_2-Konzentration als Maßstab für die Raumluftqualität angegeben. Daraus abgeleitet wird ein notwendiger Außenluftvolumenstrom von ca. 14 bis 36 m^3/h pro Person.

Auch die Feuchte in der Raumluft ist ein Maß für die Luftqualität. Die Feuchte ist in aller Regel für Bauschäden, aber oft auch für die Gesundheit der Bewohner (Allergien, Asthma, Erkältungen) maßgebend und ist vor allem in den Küchen, Bädern und Toilettenräumen von Wohnungen

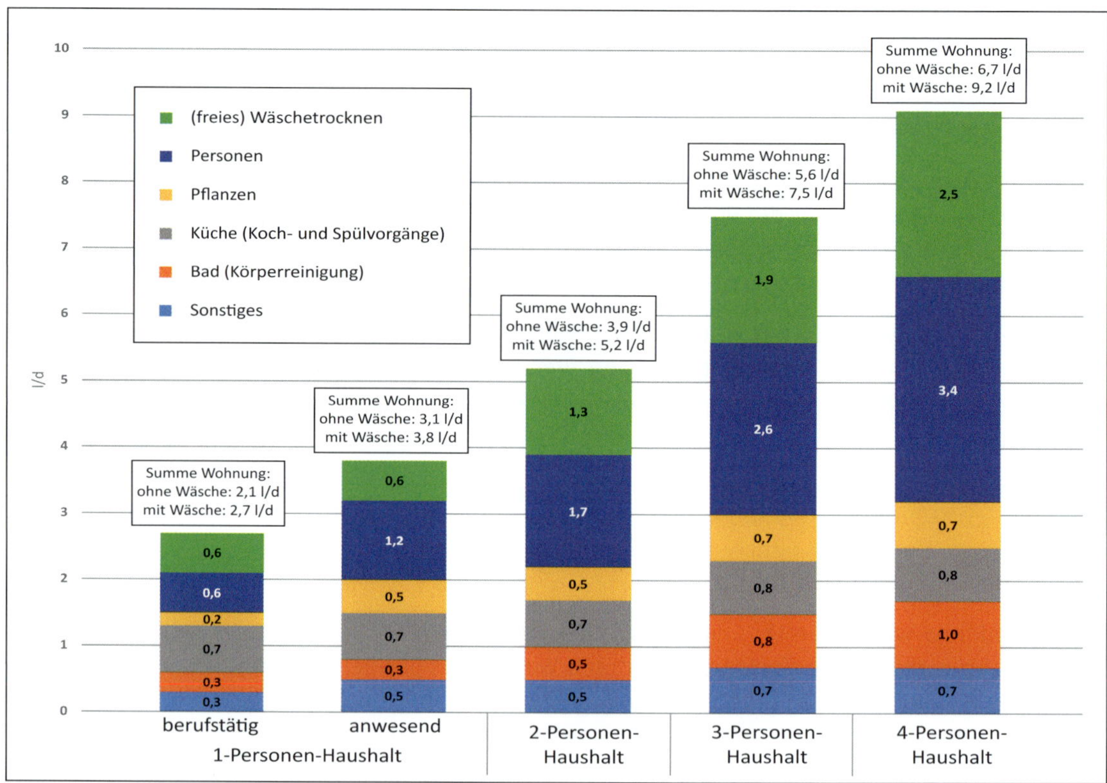

Randbedingungen für alle Szenarien: 1 Kochgericht, Spülen, Sonstiges
1-Pers.-Haushalt (berufstätig): 1 Pers. 12 h/d; 5 Pflanzen; 1 Bad, 1 Waschmaschine (WM) in 4 d
1-Pers.-Haushalt (anwesend): 1 Pers. 24 h/d; 10 Pflanzen; 1 Bad, 1 WM in 4 d
2-Pers.-Haushalt: 2 Pers. je 17 h/d; 10 Pflanzen; 1 Bad; 1 Dusche, 2 WM in 4 d
3-Pers.-Haushalt: 3 Pers. je 17 h/d; 15 Pflanzen; 2 Bäder, 1 Dusche, 3 WM in 4 d, Geschirrspüler
4-Pers.-Haushalt: 4 Pers. je 17 h/d; 15 Pflanzen; 2 Bäder; 2 Duschen, 4 WM in 4 d, Geschirrspüler

Abbildung 3.1: Mittlere tägliche Feuchteabgabe in Modellwohnungen mit typischen Feuchtelasten (Quelle: Künzel (Hrsg.): Wohnungslüftung und Raumklima [L3.5])[1]

eine maßgebende Größe. Feuchte in Wohn- und Aufenthaltsräumen kann aber auch als Maß für eine Luftverschlechterung dienen. Anhand von Beispielszenarien für Modellwohnungen mit typischen Feuchtelasten kann die mittlere Feuchteabgabe pro Tag abgeschätzt werden, siehe Abbildung 3.1.

Eine über einen längeren Zeitraum zu hohe Feuchte in der Raumluft erhöht das Risiko für Erkältungen signifikant um bis zu 70 %, das Risiko für Asthma um bis zu 50 % und das Risiko für Allergien um bis zu 30 % [L3.4]. Hohe Feuchtelasten können naturgemäß auch in Küchen entstehen, wenn die Dünste nicht über Dunstabzugshauben direkt ins Freie abtransportiert werden. In Wohn- und Aufenthaltsräumen können hohe Feuchtelasten z. B. durch viele Zimmerpflanzen verursacht werden.

Wenn von der relativen Feuchte in der Raumluft als Führungsgröße ausgegangen wird, soll eine relative Luftfeuchte $< 30\,\%$ und $> 60\,\%$ vermieden werden. Bei sehr niedriger relativer Luftfeuchte trocknen Schleimhäute und Bindehäute aus, was zu einer erhöhten Anfälligkeit für Bakterien und Viren führt.

Der VOC-Gehalt (VOC = engl. für Volatile Organic Compounds) der Raumluft ist ein Maß für das Vorhandensein von flüchtigen organischen Komponenten und ist gekennzeichnet durch

- Alkohole, die als Spiritus, z. B. als Reinigungsmittel, verwendet werden,
- Aldehyde, die als Formaldehyd in Baustoffen auftreten können,

1 Anm. des Verlags: Differenzen zu den Summen der einzelnen Werte zur Feuchteabgabe in kg/d durch nicht aufgeführte Nachkommastellen bei 4-Personen-Haushalt.

- Ketone, die als Butanon in Lacken auftreten,
- Ester, die als Essigsäureethylester in Klebstoffen verwendet werden,
- Terpene, die in Klebstoffen auftreten können,
- Aromate, die in Lacken und Klebstoffen auftreten können [L3.2], [L3.3].

Die VOC lassen sich in permanente und temporäre Quellen einteilen. Permanente Quellen sind z. B. Möbel, Teppichböden und Baumaterialien, temporäre Quellen sind zumeist auf menschliche Aktivität zurückzuführen, z. B. Gebrauch von Reinigungsmitteln oder Zubereitung von Speisen.

Bei der Belastung durch Tabakrauch muss zwischen Aktiv- und Passivrauchen unterschieden werden. Der im Raum befindliche Tabakrauch beinhaltet eine Vielzahl von schädlichen organischen Bestandteilen (z. B. Nikotin, Formaldehyd, Acrolein) und führt zu erhöhten Staub-, CO- und NOx-Konzentrationen sowie zu starken Geruchsbelastungen. Ein erhöhtes Lungenkrebsrisiko gilt für Passivraucher als wahrscheinlich, weitere mögliche Auswirkungen sind Atemwegserkrankungen, Irritationseffekte (Nase, Augen) und ein Anstieg von Herzfrequenz und Blutdruck. Während heute zunehmend das Rauchen in geschlossenen Räumen untersagt ist, wurde in der alten DIN EN 13779 [N15] noch von einer Verdopplung der notwendigen Luftvolumenströmen ausgegangen, wenn das Rauchen in Räumen erlaubt ist.

Die Zusammensetzung von Hausstaub ist uneinheitlich und hängt von Gebäudestandort, Inneneinrichtung sowie Nutzergewohnheiten ab. Biologische Wirkungen auf den menschlichen Organismus erfolgen insbesondere durch Feinstaub (Partikelgrößen bis 2,5 µm) und im Regelfall über die Atemwege. Neben unmittelbaren bronchialen Reaktionen sind insbesondere kanzerogene Wirkungen (z. B. asbesthaltige Stäube) bekannt. Als Vermeidungsstrategie wird hier der völlige Verzicht auf den Werkstoff Asbest propagiert. Hausstaub kann Milben beinhalten und als Nahrungsgrundlage das Wachstum von Schimmelpilz fördern. Die damit einhergehende allergene Wirkung stellt ein weiteres maßgebliches Gefährdungspotenzial des Hausstaubes in Räumen dar.

Radon ist ein farb-, geschmack- und geruchloses, radioaktives Edelgas. Die Konzentration von Radon in der Luft wird üblicherweise in Bq/m^3 angegeben, 1 Becquerel entspricht einer radioaktiven Umwandlung pro Sekunde, also einem Radonatom, das „zerfällt“. Heute wird in Bezug auf Radon davon ausgegangen, dass bereits geringe Radon-Konzentrationen das Lungenkrebsrisiko deutlich erhöhen und Radon deshalb als Luftschadstoff einzuordnen ist. In Europa ist vor diesem Hintergrund im Strahlenschutzgesetz ein Referenzwert von 300 Bq/m^3 festgelegt worden.

In einigen Gebieten der Bundesrepublik Deutschland – beispielhaft seien die Bergbauregionen im Erzgebirge, das Dresdner-Freitaler Gebiet sowie Regionen im Fichtelgebirge und um Freiburg (Breisgau) genannt – treten erhöhte Bodenkonzentrationen von Radon auf, die über erdreichberührte Bauteile insbesondere in die Keller von Gebäuden eindringen können. Zum Schutz der Bewohner vor unzulässig hohen Radonkonzentrationen können bauliche (Abdichtung des Bauwerks gegen das Erdreich) und lüftungstechnische (Erhöhung des Luftwechsels und/oder Veränderung der Druckverhältnisse) Maßnahmen ergriffen werden.

3.3 Lüftungserfordernisse

In aller Regel wird zwischen einem Lüftungserfordernis für den Menschen, für das Gebäude und für die Umwelt unterschieden, siehe Abbildung 3.2.

Aus Abbildung 3.2 wird ersichtlich, dass neben der Lüftungserfordernis für den Menschen zur Gesundheitsvorsorge/Hygiene auch ein Lüftungserfordernis für das Gebäude zur Schadensabwehr und ein Lüftungserfordernis für die Umwelt zum sparsamen Umgang mit Energie zu beachten ist.

Während es bei Menschen und Gebäude um die Abführung von CO_2 und damit von Gerüchen/Schadstoffen sowie die Abführung bzw. Zuführung von Feuchte geht, ist für die Umwelt die Reduzierung der Lüftungswärmeverluste maßgeblich.

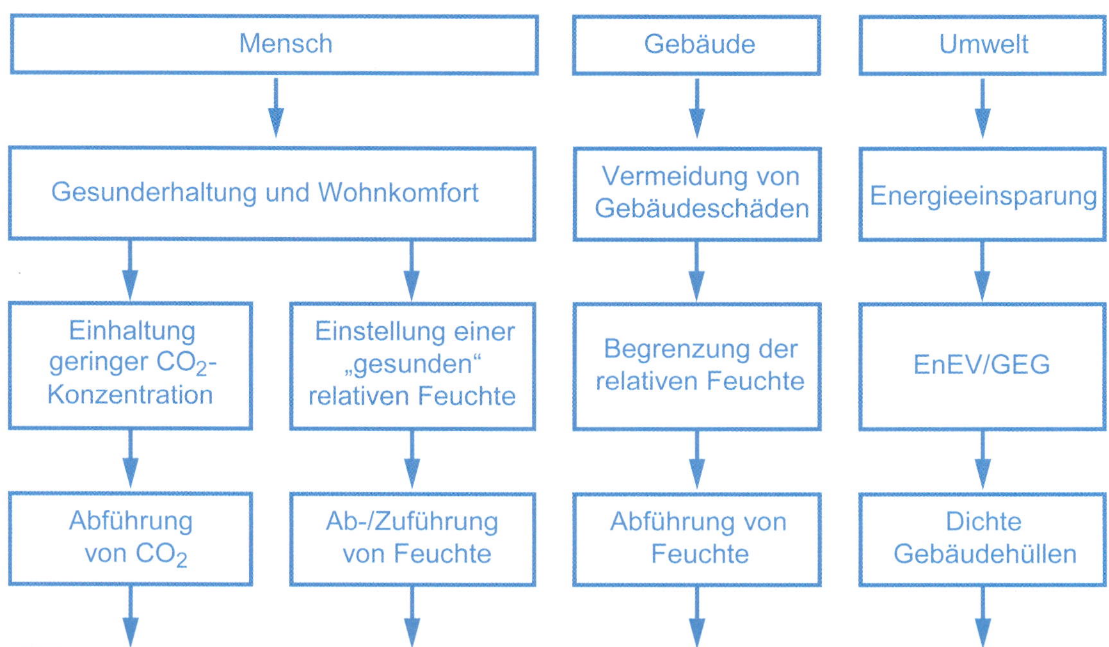

Abbildung 3.2: Schematische Darstellung der Lüftungserfordernisse (Quelle: FGK-Status-Report 18 [L3.7])

Bei der Zuführung der notwendigen Außenluft ist zwischen Wohn- und Aufenthaltsräumen einerseits sowie Feucht- bzw. Funktionsräumen andererseits zu unterscheiden. Je nach Größe, Belegung und Art der Räume sind in DIN 1946-6 die notwendigen Luftvolumenströme festgelegt.

3.4 Lüftungsmöglichkeiten

Der notwendige Luftaustausch kann durch manuelles Fensteröffnen, durch freie Lüftungssysteme und durch ventilatorgestützte Lüftungssysteme sichergestellt werden.

Inwieweit die Nutzer für die Realisierung der Luftvolumenströme mit eingebunden werden können bzw. sogar ausschließlich allein dafür verantwortlich sind, hängt davon ab, inwieweit ihnen das regelmäßige aktive Öffnen der Fenster zugemutet werden kann. Die Zumutbarkeit wiederum hängt davon ab, ob im Tagesverlauf von den Bewohnern die Fenster in der notwendigen Anzahl und Dauer manuell geöffnet werden können. Dies muss anhand der Wünsche und Möglichkeiten der Nutzer entschieden werden.

Nach DIN 1946-6 wird davon ausgegangen, dass Mindestanforderungen an die Lüftung, also die Vermeidung von Bauschäden durch zu hohe Luftfeuchte (Lüftung zum Feuchteschutz) durch die Infiltration und/oder durch lüftungstechnische Maßnahmen zu realisieren sind und nicht allein dem Nutzer und seinen Lüftungsgewohnheiten überlassen werden können.

Bei freien Lüftungssystemen erfolgt der durch die Witterungsdrücke (Wind, Thermik) verursachte Luftaustausch über lüftungstechnische Maßnahmen in Verbindung mit der Infiltration über die Gebäudehülle und mit regelmäßigem manuellem Öffnen der Fenster durch den Nutzer.

Die für die Schadensfreiheit notwendigen Luftvolumenströme werden bei freien Lüftungssystemen durch lüftungstechnische Maßnahmen, also die Anordnung von Außenbauteil-Luftdurchlässen, Überström-Luftdurchlässen und ggf. Lüftungsschächten in Verbindung mit der Infiltration über die Gebäudehülle sichergestellt. Die „Deckungsanteile" der lüftungstechnischen Maßnahmen und der Infiltration ergeben sich aus der Dichtheit der Gebäudehülle, welche in Neubauten und in Verbindung mit bautechnischen/energetischen Sanierungen zunehmend sehr hoch ausfällt.

Mit freien Lüftungssystemen können ausreichend große Luftvolumenströme für die Gesundheitsvorsorge/Hygiene durch aktives manuelles Öffnen von Fenstern durch den Nutzer erreicht werden. Eine Wärmerückgewinnung zur rationellen Energienutzung ist nicht möglich.

Bei ventilatorgestützten Lüftungssystemen werden die Luftströme durch Ventilatoren gefördert. Mit ventilatorgestützten Lüftungssystemen können ausreichend große Luftvolumenströme sowohl für die Gesundheitsvorsorge/Hygiene als auch für die Schadensfreiheit ohne Hilfe des Nutzers erbracht werden. Bei der bestimmungsgemäßen Nutzung der Wohnung ist dafür kein manuelles Fensteröffnen erforderlich. Auch Wärmerückgewinnung ist möglich.

Ein nach den Anforderungen der DIN 1946-6 ausgeführtes Lüftungssystem ermöglicht eine gleichmäßige und effektive Lüftung der einzelnen Räume und eine gezielte Durchströmung des Wohngebäudes.

3.5 Lüftungsnotwendigkeit nach DIN 1946-6 (Lüftungskonzept)

Die Lüftung von Wohnungen erfolgte in der Vergangenheit überwiegend durch freie Lüftung. Ein Teil des notwendigen Luftvolumenstroms wurde nutzerunabhängig über die Undichtheiten der Gebäudehülle und ein weiterer Teil nutzerabhängig durch manuelles Öffnen der Fenster durch den Nutzer sichergestellt.

Die in den letzten Jahren in Deutschland ergriffenen Maßnahmen zur rationellen Energienutzung haben neben einer besseren Wärmedämmung von Gebäuden auch zu einer dichteren Gebäudehülle geführt.

Die Dichtheit der Gebäudehülle ist eine wichtige Einflussgröße auf die Lüftungswärmeverluste eines Gebäudes. Wenn der Luftaustausch durch Infiltration klein wird, können bei nicht gleichzeitig angepasstem Nutzerverhalten (häufigeres/längeres manuelles Fensterlüften) vermehrt Feuchteschäden auftreten, die zu Schimmelpilzen führen und die auch die Gesundheit und das Wohlbefinden der Nutzer beeinträchtigen können.

2003 wurde von der Uni Jena, TU Dresden und IEMB Berlin eine größere Untersuchung an über 5.500 Wohnungen zu diesem Thema durchgeführt, siehe Abbildung 3.3 [L3.4]. Darin wurde festgestellt, dass in etwa 20 % der Wohnungen sichtbare Feuchteschäden zu erwarten sind. Etwa in jeder 10. Wohnung tritt danach sichtbarer Schimmelpilzbefall auf, über die wahrscheinlich nicht unerhebliche Zahl der zusätzlichen, verdeckten Schäden (z. B. hinter Schrankwänden in Schlafzimmern) konnten in der Studie keine Aussagen getroffen werden.

Untersuchung der Uni Jena, TU Dresden und IEMB Berlin aus 2003 mit 5.500 untersuchten Wohnungen, davon

- 21,9 % sichtbare Feuchteschäden inkl. Schimmelpilz;
- 9,3 % sichtbare Schimmelpilzschäden.

Die Anzahl der Allergieerkrankungen verdoppelt sich in Deutschland alle 15 Jahre.

Zurzeit ca. 30 Mio. Allergiker in Deutschland, davon

- 30 % mit Schimmelpilzallergie und
- 30 % mit Hausstaub- und Milbenallergie.

Abbildung 3.3: Untersuchungsergebnisse einer Felduntersuchung [L3.4]

Über ähnliche Ergebnisse zum Thema Feuchteschäden wird auch in einer Vielzahl weiterer Veröffentlichungen berichtet, u. a. [L4.2], [L4.3]. Die Feuchteschäden sind zwar zunächst als Bauschäden zu werten und verursachen erhebliche Kosten. Feuchte und Feuchteschäden sind allerdings auch für die Bildung von Schimmelpilzen und die Vermehrung von Hausstaubmilben ursächlich. Die Sporen von Schimmelpilzen und der Kot der Hausstaubmilben können wegen ihres allergenen Potenzials eine erhebliche Beeinträchtigung der Gesundheit der Bewohner darstellen.

Für die Feuchteschäden, die vorwiegend in modernisierten Gebäuden, aber auch in neuen Gebäuden auftreten und zu einer Vielzahl von gerichtlichen Auseinandersetzungen führten und noch führen, ist die Dichtheit der Gebäudehülle in Verbindung mit unangepasstem Nutzerverhalten oft maßgeblich. Während im Gebäudebestand durch die Undichtheiten der Gebäudehülle ein nennenswerter nutzerunabhängiger Luftwechsel durch Infiltration gegeben ist, kann dies heute für modernisierte oder neue Gebäude nicht mehr vorausgesetzt werden.

Dies war einer der wesentlichen Gründe für die komplette Neubearbeitung der DIN 1946-6 (Stand 2009) und deren Aktualisierung (Stand 2019). Zur Vermeidung von Feuchteschäden und zur Gesundheitsvorsorge/Hygiene wurde mit der Normenfassung von 2009 ein Lüftungskonzept eingeführt, dass maßgeblich auf der nutzerunabhängigen Einhaltung der Lüftungsstufe „Lüftung zum Feuchteschutz" basiert und ggf. die Notwendigkeit von lüftungstechnischen Maßnahmen begründet, siehe auch [L3.1], [L4.1].

Fazit:

Als Leitgase für die Schadstoffe in Räumen kommen vor allem Kohlendioxid und Feuchte, bedingt auch VOC, in Frage. Die Einhaltung von Grenzwerten und damit von einer guten Luftqualität erfordert ausreichend große Außenluftvolumenströme.

Verschiedene Untersuchungen haben gezeigt, dass für die Gesundheitsvorsorge/Hygiene und Schadensabwehr in Wohnungen ein Luftwechsel von 0,3- bis 0,8-fach pro Stunde erforderlich ist, um ein nach hygienischen, physiologischen und bauphysikalischen Gesichtspunkten akzeptables Raumklima zu schaffen. Bei durchschnittlichen Belegungszahlen wird damit der personenspezifische Wert von 20 bis 30 m^3/h pro Person bestätigt, der aus der CO_2-Konzentration bzw. Geruchsbelastung abgeleitet worden ist. Auch übliche Feuchtelasten werden mit dieser Größenordnung des Außenluftvolumenstroms bzw. Luftwechsels ausreichend abgeführt.

Zu kleine Außenluftvolumenströme gefährden die Gesundheit der Menschen und die Bausubstanz. Jährlich werden erhebliche Bauschäden verzeichnet, die aufgrund von Feuchteschäden entstehen. Schimmelpilze können auch in erheblichem Maße zu Befindlichkeitsstörungen und Erkrankungen der Bewohner führen, wie Allergien, Erkältungen und Asthma. Aus Gründen des Umweltschutzes sind wiederum zu große Außenluftvolumenströme nicht gerechtfertigt, weil sie unnötig hohe Energieverluste zur Folge haben.

Die bauphysikalisch notwendige und energetisch sinnvolle Forderung nach einer dichten Bauweise von Gebäuden zur Vermeidung von Feuchtigkeitseinträgen in die Gebäudekonstruktion und von unnötigen Lüftungswärmeverlusten hat auch zur Folge, dass die hygienischen Aspekte einer gezielten Lüftung einen hohen Stellenwert erhalten und nicht vernachlässigt werden dürfen. Bei manueller Fensterlüftung brauchen die Bewohner ein hohes Maß an Selbstdisziplin, um durch eine regelmäßige Stoßlüftung ausreichend zu lüften. Eine andauernde Kipplüftung führt zumindest in der Heizperiode zu unerwünscht hohen und andauernden Lüftungswärmeverlusten und würde die Anstrengungen nach einer dichten Gebäudehülle und Reduzierung von unnötigen Wärmeverlusten ad absurdum führen. Als Alternativen zur manuellen Fensterlüftung können Systeme zur freien oder zur ventilatorgestützten Lüftung eingesetzt werden.

Mithilfe eines einfachen Lüftungskonzeptes nach DIN 1946-6 soll ermittelt werden, ob in einer Wohnung bzw. Nutzungseinheit lüftungstechnische Maßnahmen zur Vermeidung von Feuchteschäden und zur Gesundheitsvorsorge/Hygiene erforderlich sind. Außerdem werden im Rahmen des Lüftungskonzeptes Hinweise für die Auswahl der für ein Bauvorhaben zweckdienlichen Lüftungstechnische Maßnahmen zur freien oder ventilatorgestützten Lüftung von Wohnungen gegeben.

4 Lüftungskonzept

4.1 Inhalt des Lüftungskonzepts

4.1.1 Grundlagen

Das Lüftungskonzept der DIN 1946-6 wird in den Normenabschnitten 4 und 5 beschrieben. Es umfasst jeweils für eine Nutzungseinheit (Wohnung, EFH)

- die Feststellung der Notwendigkeit von lüftungstechnischen Maßnahmen,
- einen Vorschlag für ein nutzerunabhängig wirksames Lüftungssystem sowie
- die Festlegung der ggf. notwendigen weiteren nutzerabhängigen Lüftungsmaßnahmen.

Wichtig ist in diesem Zusammenhang die Abgrenzung zur Auslegung der lüftungstechnischen Maßnahme, die nicht Teil des Lüftungskonzeptes der DIN 1946-6 ist.

Als lüftungstechnische Maßnahme (LtM) wird eine Einrichtung zur freien oder ventilatorgestützten Lüftung bezeichnet, mit der ein nutzerunabhängiger Luftaustausch in der geplanten Lüftungsstufe sichergestellt werden kann. Mittels des Lüftungskonzepts wird festgestellt, ob eine solche LtM notwendig ist. Eine LtM kann beispielsweise

- bei einem freien Lüftungssystem der Einbau von Außenbauteil-Luftdurchlässen und Überström-Luftdurchlässen sein und
- bei einem ventilatorgestützten Lüftungssystem der Einsatz eines Zu-/Abluftsystems.

Aus Sicht der DIN 1946-6 kann im Rahmen des Lüftungskonzepts ein manuell zu öffnendes Fenster nicht als LtM angesehen werden. Der über Fenster wirksame Luftaustausch wird erst durch den Nutzer wirksam, der dafür das oder die Fenster manuell öffnen muss – damit ist die geforderte Nutzerunabhängigkeit nicht gegeben.

Die Feststellung der Notwendigkeit lüftungstechnischer Maßnahmen erfolgt durch Prüfung,

- ob ein nutzerunabhängig wirksamer Luftaustausch zur Sicherstellung des Bautenschutzes über die Undichtheit der Gebäudehülle (Infiltration) gewährleistet ist,
- ob eine Lüftung besonderer Räume wie fensterloser Küchen, Bäder und Toilettenräume notwendig ist und
- ob weitere Randbedingungen vorliegen, die eine lüftungstechnische Maßnahme notwendig machen.

Die Ergebnisse dieser Prüfung fließen dann in den Vorschlag für ein nutzerunabhängig wirksames Lüftungssystem ein, über das mindestens die Lüftung zum Feuchteschutz sichergestellt wird. Unabhängig vom vorgeschlagenen Lüftungssystem muss eine gesundheitlich notwendige Lüftung der Nutzungseinheit bei Anwesenheit aller Nutzer möglich sein. Aus diesem Grund umfasst das Lüftungskonzept auch eine Festlegung der dafür ggf. notwendigen weiteren nutzerabhängigen Lüftungsmaßnahmen. Dafür kann dann eine Lüftung über manuell zu öffnende Fenster erfolgen. Optional kann projektbezogen auch ein noch höherer Luftaustausch notwendig sein, dieser ist gesondert zu vereinbaren (siehe Abbildung 4.1).

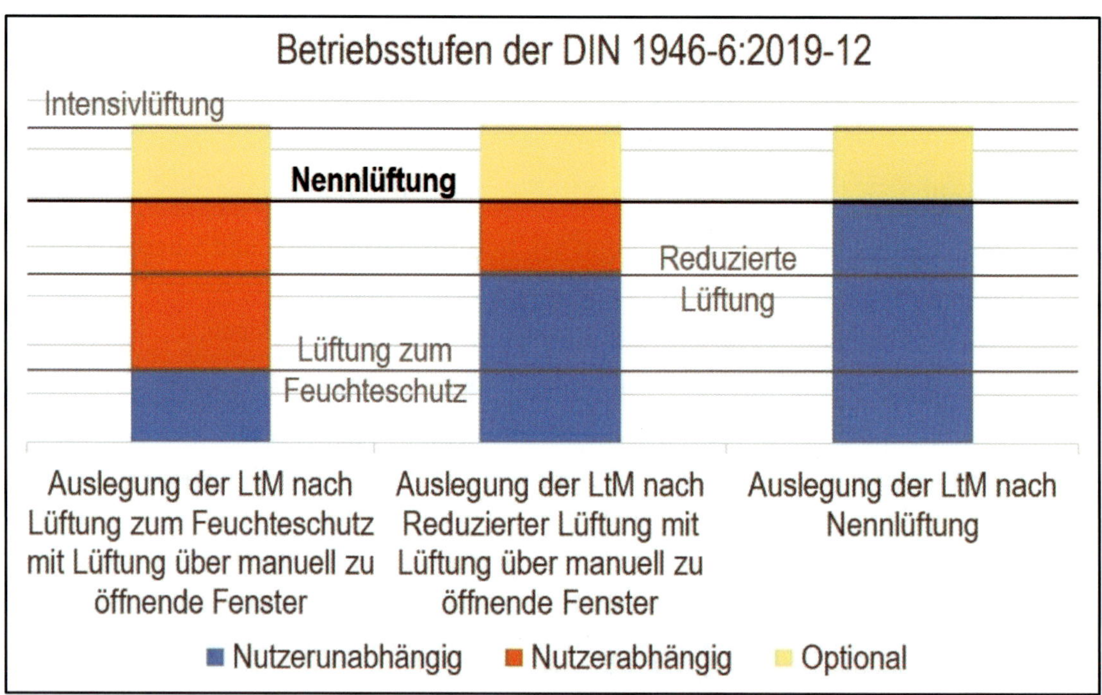

Abbildung 4.1: Zusammenspiel nutzerunabhängiger und nutzerabhängiger Lüftungsmaßnahmen

4.1.2 Zusammenstellung der notwendigen Daten

Die notwendigen Daten zur Erstellung eines Lüftungskonzepts sind bewusst einfach gehalten, um eine einfache Umsetzung zu ermöglichen. Bei der späteren Auslegung des Lüftungssystems wird dann mit genaueren Angaben gerechnet. Folgende Angaben sind notwendig:

- die beheizte Fläche der Nutzungseinheit: Im Lüftungskonzept richtet sich der notwendige Außenluftvolumenstrom ausschließlich nach der beheizten Fläche.
- der Wärmeschutz des Gebäudes: Ein hoher Wärmeschutz der Außenbauteile verringert das Risiko einer möglichen Taupunktunterschreitung bzw. einer hohen Luftfeuchte auf der inneren Oberfläche der Umfassungskonstruktion. Hoher Wärmeschutz wird für Neubauten, für seit 1995 errichtete Gebäude und für Gebäude mit energetischen Komplett-Modernisierungen mit entsprechendem Wärmeschutzniveau angesetzt. Für vor 1995 errichtete und unsanierte bzw. teilsanierte Bestandsgebäude wird ein geringer Wärmeschutz angesetzt.
- die Belegung der Nutzungseinheit: In Nutzungseinheiten mit einer hohen Belegung wird durch die intensivere Nutzung mehr Feuchtigkeit in die Raumluft eingetragen als bei einer geringen Belegung. Eine geringe Belegung kann angenommen werden, wenn je Nutzer mindestens eine Fläche von 40 m² Fläche zur Verfügung steht. Dies ist regelmäßig bspw. in Einfamilienhäusern der Fall.
- die Lage des Gebäudes: Anhand der geografischen Lage kann festgestellt werden, ob das Gebäude in einem windstarken oder in einem windschwachen Gebiet liegt.
- die Anzahl der Geschosse der Nutzungseinheit: In Nutzungseinheiten mit mehreren Geschossen wirkt zusätzlich zum Wind noch der thermische Auftrieb. Es wird zwischen ein- und mehrgeschossig unterschieden.
- die Dichtheit der Gebäudehülle: Über die Undichtheit (Leckagen) der Gebäudehülle ergibt sich in Verbindung mit dem wirksamen Differenzdruck unter Umgebungsbedingungen ein Infiltrationsvolumenstrom. Für den Luftwechsel bei 50 Pa (n_{50}-Wert) sind in Tabelle 10 der DIN 1946-6 Auslegungswerte vorgegeben, die angenommen werden können, wenn keine n_{50}-Mess- oder Planungswerte vorliegen.

4.1.3 Notwendigkeit lüftungstechnischer Maßnahmen

a) Luftaustausch zur Sicherstellung des Feuchteschutzes

Im Lüftungskonzept ergibt sich der notwendige Außenluftvolumenstrom für die Lüftung zum Feuchteschutz aus der beheizten Wohnfläche unter Berücksichtigung des Wärmeschutzes des Gebäudes und der Belegung der Nutzungseinheit

$$q_{v,ges,NE,FL} = f_{ws} \cdot (-0{,}002 \cdot A_{NE}^2 + 1{,}15 \cdot A_{NE} + 11)$$

mit

$q_{v,ges,NE,FL}$ notwendige Lüftung zum Feuchteschutz, in m³/h

f_{ws} Faktor zur Berücksichtigung des Wärmeschutzes nach Tabelle 4.1

Tabelle 4.1: Faktor zur Berücksichtigung des Wärmeschutzes (DIN 1946-6)

	Wärmeschutz hoch	Wärmeschutz gering
geringe Belegung	0,2	0,3
hohe Belegung	0,3	0,4

A_{NE} Fläche der Nutzungseinheit, in m²

Die Einteilung des Wärmeschutzes erfolgt anhand des Baualters bzw. des Sanierungszustandes. Alle seit 1995 errichteten Gebäude oder mit entsprechendem Wärmeschutzniveau komplett sanierten Gebäude fallen unter die Kategorie „Wärmeschutz hoch".

Zur Bewertung der Belegungsdichte wird die pro Person verfügbare Wohnfläche herangezogen. Sind bei der bestimmungsgemäßen Nutzung mindestens 40 m² Wohnfläche pro Person vorhanden, spricht man von geringer Belegung, die üblicherweise in Einfamilienhäusern vorliegt. Ist die Belegung zum Zeitpunkt der Lüftungsplanung unklar oder soll sie nicht festgelegt werden, liegt die Annahme einer hohen Belegung lüftungstechnisch auf der sicheren Seite.

b) Bestimmung der wirksamen Infiltration

Im Lüftungskonzept wird die Infiltration in der Nutzungseinheit errechnet, indem angenommen wird, dass keine weiteren lüftungstechnischen Maßnahmen vorhanden sind.

$$q_{v,inf,Konzept} = e_{z,Konzept} \cdot V_{NE} \cdot n_{50}$$

mit

$q_{v,\,inf,\,Konzept}$ wirksamer Luftvolumenstrom durch Infiltration, in m³/h

$e_{z,Konzept}$ Volumenstromkoeffizient nach Tabelle 4.2

Tabelle 4.2: Volumenstromkoeffizient $e_{z,Konzept}$

Wohnungstyp	Windgebiet	
	windschwach	windstark
eingeschossige NE	0,04	0,08
mehrgeschossige NE	0,06	0,09

V_{NE} Luftvolumen der Nutzungseinheit, in m³

$V_{NE} = A_{NE} \cdot H_R$

mit

A_{NE} Fläche der Nutzungseinheit, in m²

H_R Raumhöhe, in m (im Lüftungskonzept wird vereinfachend mit einem Standardwert von 2,50 m gerechnet)

n_{50} Luftwechsel bei 50 Pa Differenzdruck, in h^{-1}

Die Zuordnung des Gebäudestandortes zum windschwachen oder windstarken Gebiet erfolgt entsprechend DIN 1946-6 nach Abbildung 4.2

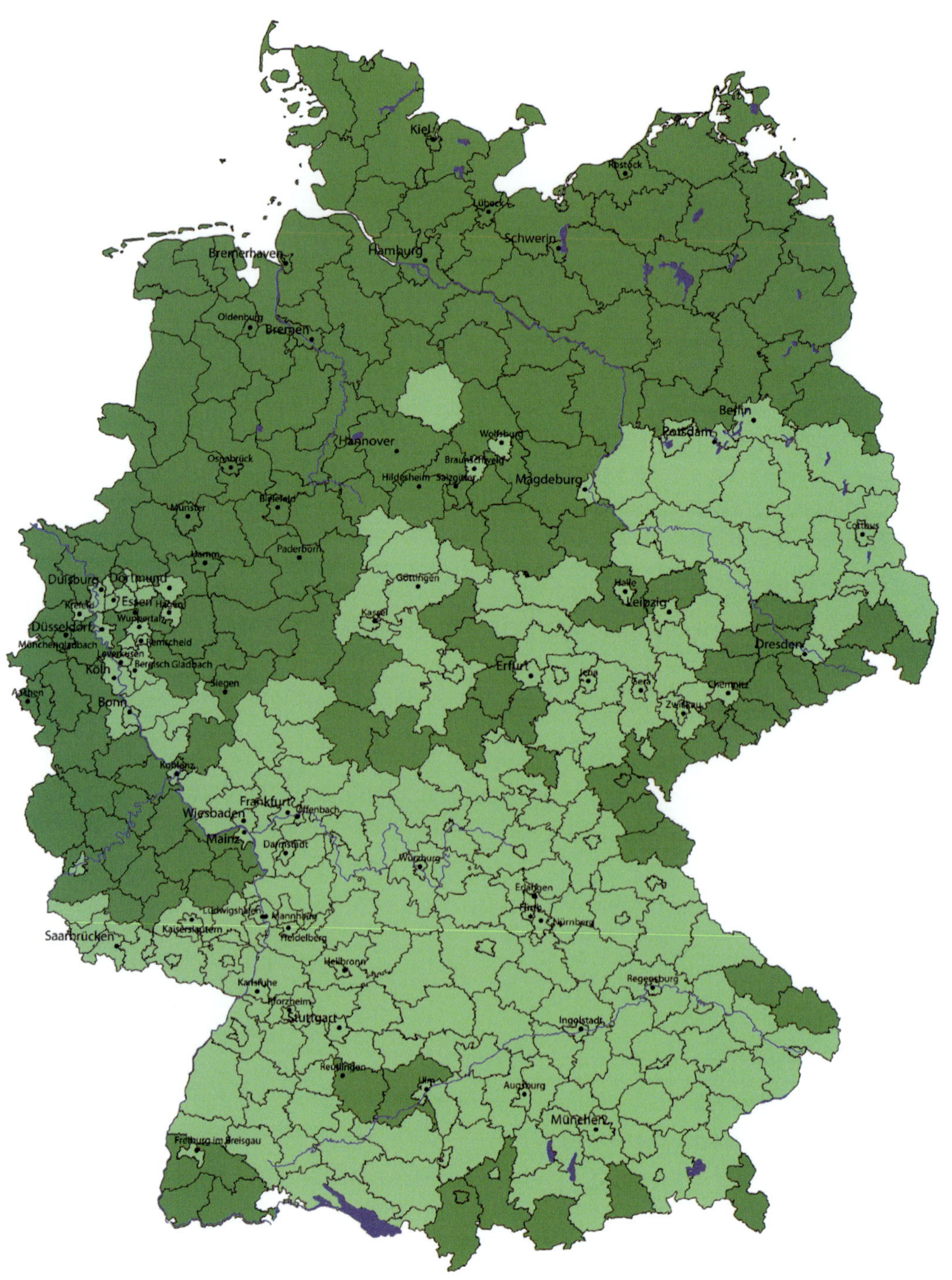

Abbildung 4.2: Windstarke und windschwache Landkreise in Deutschland nach DIN 1946-6: 2019 (dunkelgrün: windstarke Landkreise/hellgrün: windschwache Landkreise)

Auch wenn für den Luftwechsel bei 50 Pa in Tabelle 10 der DIN 1946-6 für unterschiedliche Lüftungssysteme und Gebäudetypen Auslegungswerte vorgegeben sind (siehe Tabelle 4.3), können diese nur angenommen werden, wenn keine n_{50}-Mess- oder Planungswerte vorliegen. Der im Lüftungskonzept verwendete n_{50}-Wert muss auch im fertiggestellten Gebäude nachprüfbar sein.

Tabelle 4.3: Auslegungswerte für n_{50} nach DIN 1946-6:2019-12

Kategorie[a]		
A Ventilatorgestützte Lüftung in EFH und MFH	B Freie Lüftung bei ab 2002 errichteten Gebäuden[d] in EFH und MFH sowie bei Modernisierung in MFH[b,c]	C Freie Lüftung bei Modernisierung in EFH[b,c] vor 2002 errichtet
1,0	1,5	2,0

a Der mittlere Gebäudebestand wird mit einem $n_{50,Ausl}$ von 4,5 h^{-1} beschrieben.
b Die Modernisierungsmaßnahme sieht mindestens eine dauerhaft luftundurchlässige Gebäudehülle entsprechend den anerkannten Regeln der Technik vor.
c Bei einer Teilmodernisierung der Gebäudehülle, z. B. durch einen nicht vollständigen Austausch der Fenster, wird empfohlen, die LtM nach den für eine vollständige Modernisierung der Gebäudehüllen angegebenen n_{50}-Werten zu bemessen.
d entsprechend EnEV 2002 und folgende

c) Notwendigkeit lüftungstechnischer Maßnahmen

Zur Feststellung, ob die Lüftung zum Feuchteschutz über die wirksame Infiltration in der Nutzungseinheit gewährleistet ist, wird geprüft ob

$$q_{v,ges,NE,FL} \leq q_{v,inf,Konzept}$$

mit

$q_{v,ges,NE,FL}$ notwendige Lüftung zum Feuchteschutz, in m³/h

$q_{v,inf,Konzept}$ wirksamer Luftvolumenstrom durch Infiltration, in m³/h

Ist $q_{v,ges,NE,FL} \leq q_{v,inf,Konzept}$, sind keine lüftungstechnische Maßnahmen notwendig, bei $q_{v,ges,NE,FL} > q_{v,inf,Konzept}$ sind lüftungstechnische Maßnahmen zu planen.

4.1.4 Lüftung besonderer Räume wie fensterloser Küchen und Bäder

Nach den Bauordnungen der Länder sind fensterlose Küchen, Kochnischen, Bäder und Toilettenräume nur zulässig, wenn eine wirksame Lüftung gewährleistet ist. Dafür sind die Anforderungen der bauaufsichtlichen Richtlinie über die Lüftung fensterloser Küchen, Bäder und Toilettenräume in Wohnungen einzuhalten. Zur Lüftung fensterloser Bäder und Toilettenräume können auch Entlüftungssysteme nach DIN 18017-3 vorgesehen werden. Neben den notwendigen Abluftvolumenströmen in den fensterlosen Räumen muss auch eine ausreichende Nachströmung von Außenluft gewährleistet sein. Alle fensterlosen Räume der Wohnung müssen gleichzeitig gelüftet werden können.

- Fensterlose Küchen und fensterlose Kochnischen: Es besteht eine bauaufsichtliche Pflicht, diese Räume zu lüften. Abluftvolumenströme sind nach Tabelle 4.4 notwendig.

Tabelle 4.4: Notwendige Abluftvolumenströme nach bauaufsichtlicher Richtlinie

Fensterloser Raum	Luftrate in m³/h	
	Betriebsdauer = 12 h/Tag	**Betriebsdauer = beliebig**
Küche – Grundlüftung	40	60
Küche – Stoßlüftung	200	200
Kochnische	40	60
Bad	40	60
Toilette	20	30

- Fensterlose Bäder und fensterlose Toilettenräume: Es besteht eine bauaufsichtliche Pflicht, diese Räume zu lüften. Abluftvolumenströme sind nach Tabelle 4.5 notwendig.

Tabelle 4.5: Notwendige Abluftvolumenströme nach DIN 18017-3

Mindest-Abluftvolumenströme (für WC 50 % dieser Volumenströme)			
Variante	**15 m³/h**	**40 m³/h**	**60 m³/h**
I	–	–	Bei Belegung + 15 Min. Nachlauf *)
II	24 h/Tag oder 360 m³/Tag mit Intervall 1 h	–	Bei Belegung
III	–	24 h/Tag max. 12 h/Tag Reduzierung auf 50 %	–
IV	24 h/Tag **)		–

*) Nur für Bäder und WC, Wärmeschutz mindestens entsprechend der WSVO 95 und keine Wäschetrocknung
**) Bedarfsgeführte Entlüftungsanlagen mit geeignetem Raumluftsensor

Wenn fensterlose Küchen, Kochnischen, Bäder und Toilettenräume mit einem Lüftungssystem nach bauaufsichtlicher Richtlinie oder einem Entlüftungssystem nach DIN 18017-3 belüftet werden, kann dieses System als lüftungstechnische Maßnahme im Sinne der DIN 1946-6 genutzt werden. Je nachdem, wie diese Lüftungssysteme ausgelegt und betrieben werden, leisten sie einen kleinen (Variante I) oder einen mehr oder weniger großen Beitrag (Varianten II bis IV) zur nutzerunabhängigen Sicherstellung der notwendigen Lüftung zum Feuchteschutz in der Nutzungseinheit.

4.1.5 Andere Anforderungen

Zusätzlich können Anforderungen an Schallschutz, Gesundheit oder Energieeffizienz vorliegen, die im Rahmen des Lüftungskonzepts beachtet werden sollten.

- Schallschutzanforderungen: Ist es aufgrund von äußeren Schalllasten nicht möglich, für die gesundheitlich notwendige Lüftung oder zur Abfuhr von sommerlichen Wärmelasten die Fenster zu öffnen, müssen diese Lüftungsanforderungen durch ein Lüftungssystem abgedeckt werden.
- Gesundheitliche Aspekte: Nutzer können aufgrund ihrer Gesundheit, z. B. aufgrund von Allergien, zusätzliche Anforderungen an den notwendigen Luftaustausch bzw. die Filterung

der Außenluft stellen. Diese Lüftungsanforderungen müssen durch ein Lüftungssystem abgedeckt werden können.

- Energieeffizienz: In Gebäuden mit einer hohen Energieeffizienz, wie z. B. Passivhäuser, Niedrigstenergiegebäude oder Effizienzhäuser, ist es notwendig, die Lüftungswärmeverluste zu minimieren. In diesen Gebäuden ist mindestens der gesundheitlich notwendige Außenluftvolumenstrom über ein Lüftungssystem zu gewährleisten. Bei der Auswahl des Lüftungssystems sind die energetischen Anforderungen zu berücksichtigen.

Neben der Pflicht der Lüftung fensterloser Räume kann es sinnvoll sein, auch Räume oder Bereiche einer Nutzungseinheit zu lüften, die einen besonders hohen Schadstoffgehalt/Feuchtewert aufweisen oder die gewerblich genutzt werden.

- Kellerräume: In ungedämmten Kellerräumen können im Sommer Lüftungsmaßnahmen notwendig sein, um den Feuchteschutz zu gewährleisten. In Kellerräumen, die einen Radoneintrag aufweisen, sind zum Radonschutz gesonderte Lüftungsmaßnahmen vorzusehen (siehe Anhang Kellerlüftung in DIN 1946-6 und [N23]).
- Gewerblich genutzte Räume: Gewerblich genutzte Räume fallen nicht in den Anwendungsbereich der DIN 1946-6. Hier sind gesonderte Lüftungsmaßnahmen zu planen.

4.1.6 Vorschlag für ein nutzerunabhängig wirksames Lüftungssystem

Zur Lüftung von Wohnungen können freie, ventilatorgestützte oder kombinierte Lüftungssysteme eingesetzt werden, siehe Tabelle 4.6.

Tabelle 4.6: Mögliche Lüftungssysteme

Freie Lüftung		Ventilatorgestützte Lüftung			Kombinierte Lüftungssysteme		
Querlüftung	Schachtlüftung	Abluftsystem	Zuluftsystem	Zu-/Abluftsystem	Lüftungsbereiche/-zonen getrennt	Lüftungsbereiche/-zonen überlagernd	Hybridlüftung

Bei kombinierten Lüftungssystemen werden innerhalb einer Nutzungseinheit unterschiedliche freie oder ventilatorgestützte Lüftungssysteme vorgesehen. Dabei wird unterschieden,

- ob die unterschiedlichen Lüftungssysteme jeweils verschiedene Lüftungsbereiche belüften und eine Beeinflussung durch eine räumliche Trennung weitestgehend ausgeschlossen ist oder
- ob innerhalb desselben Lüftungsbereichs Lüftungssysteme kombiniert werden und eine Beeinflussung untereinander gegeben ist.

Bei einem Hybridlüftungssystem wird das freie Schachtlüftungssystem in Zeiten geringen Auftriebs durch einen Ventilator unterstützt.

Der oder die Vorschläge für ein Lüftungssystem müssen sowohl die allgemein zu stellenden Anforderungen, die im Gebäude einzuhalten sind, als auch die speziellen (projektbezogenen) Anforderungen berücksichtigen.

Allgemein zu stellende Anforderungen sind:

- Brandschutzanforderungen
- Anforderungen an den Schallschutz
- Anforderungen an die thermische Behaglichkeit
- Anforderungen an die Realisierung der Luftvolumenströme
- Anforderungen an die Raumluftqualität
- Anforderungen an die Energieeffizienz

Spezielle (projektbezogene) Anforderungen sind:

- erhöhte Anforderungen an die Zuluftqualität
- Realisierung der Luftvolumenströme in besonderen Räumen
- Betrieb von Feuerstätten und Lüftungsanlagen bzw. -geräten

a) Brandschutzanforderungen

Die brandschutztechnischen Anforderungen in Gebäuden erfordern für die Bauteile/Produkte und Lüftungsgeräte von Lüftungsanlagen die Begrenzung der Verwendung von brennbaren Baustoffen und damit die Begrenzung der Brandlasten. Zur Vermeidung der Übertragung von Feuer und Rauch zwischen den Nutzungseinheiten ist in Gebäuden mit entsprechenden Anforderungen z. B. eine zweckentsprechende Ausführung der Schächte und Luftleitungen sowie die Verwendung von geeigneten Absperrvorrichtungen notwendig, siehe dazu Tabelle 4.7.

Tabelle 4.7: Brandschutzanforderungen

Brandschutzanforderungen	Vorgaben
Begrenzung der Brandlast	Einsatz von nicht brennbaren Baustoffen. Die Verwendung von brennbaren Baustoffen ist nur begrenzt möglich.
Vermeidung der Übertragung von Feuer und Rauch	In Gebäuden mit entsprechenden Anforderungen sind Vorgaben an die Ausführung der Lüftungsanlagen und die Ausstattung mit geeigneten Absperrvorrichtungen einzuhalten.

b) Anforderungen an den Schallschutz

Die schalltechnischen Anforderungen in Gebäuden erfordern die Dämpfung der Schallübertragung vom Freien in die Wohnung, die Dämpfung der Schallübertragung zwischen Wohnungen und die Dämpfung der Schallübertragung sowie Reduzierung der Schallemission in einer Wohnung.

Werden an Außenwände Schallschutzanforderungen gestellt, darf dieses Bauteil durch Außenbauteil-Luftdurchlässe oder Einzelraum-Lüftungsgeräte nicht unzulässig geschwächt werden. Die Schallübertragung von Lüftungsgeräten in fremde Nutzungseinheiten ist nach [N10] begrenzt. Ebenso begrenzt ist nach [N10] der Schalleintrag in Räume der eigenen Wohnung, erzeugt von Lüftungsanlagen im eigenen Wohnbereich, siehe dazu Tabelle 4.8.

Tabelle 4.8: Schallschutzanforderungen

Schallschutzanforderungen	Vorgaben
Schallübertragung vom Freien in die Nutzungseinheit	Keine unzulässige Schwächung der Außenhülle des Gebäudes durch Bauteile der Lüftungsanlagen wie ALD oder Einzelraum-Lüftungsgeräte
Schallübertragung zwischen Räumen einer Wohnung	Ausreichende Schalldämpfung durch Anordnung und Ausführung der Überström-Luftdurchlässe und der Luftleitungen
Schallübertragung zwischen Nutzungseinheiten	Ausreichende Schalldämpfung durch Anordnung und Ausführung der Leitungen/Schächte
Schallemission von Lüftungsgeräten und -einrichtungen	Begrenzung der Schallemission durch Auswahl, Anordnung und Ausführung des Lüftungsgerätes

c) Anforderungen an die thermische Behaglichkeit

Die thermische Behaglichkeit (Komfort) in Wohn- und Aufenthaltsräumen ist, soweit sie durch die Lüftung beeinflusst werden kann, in einem definierten Bereich einzuhalten. Die geforderte thermische Behaglichkeit erfordert im Aufenthaltsbereich eine ausreichende Konstanz der Raumtemperatur, der relativen Luftfeuchte und die Begrenzung der maximalen Raumluftgeschwindigkeit. Dies erfordert vor allem eine entsprechende Planung der Führung der Zuluft in den Wohn- und Aufenthaltsräumen sowohl bei freien als auch bei ventilatorgestützten Lüftungssystemen, siehe dazu Tabelle 4.9.

Tabelle 4.9: Behaglichkeitsanforderungen

Behaglichkeitsanforderungen	Vorgaben
Lufttemperaturen in einem vorgegebenen Bereich	Keine zu hohen und zu niedrigen Zulufttemperaturen; Möglichst konstante Luftvolumenströme
Raumluftfeuchten in einem vorgegebenen Bereich	Keine zu hohen und zu niedrigen Luftfeuchten, ggf. Anpassung der Luftvolumenströme; Möglichst konstante Luftvolumenströme
Kleine Luftgeschwindigkeiten im Aufenthaltsbereich	Planung der Luftführung der Zuluft in den Wohn- und Aufenthaltsräumen

d) Anforderungen an die Realisierung der Luftvolumenströme

Freie Lüftungssysteme müssen mindestens die Lüftung zum Feuchteschutz nutzerunabhängig gewährleisten. Für die Schachtlüftung muss die reduzierte Lüftung nutzerunabhängig sichergestellt sein. Die Luftvolumenströme zur Gesundheitsvorsorge/Hygiene (Nennlüftung) sind durch den Nutzer durch manuelles Fensteröffnen zu realisieren. Dafür muss es für den Nutzer zumutbar sein, die Fenster in ausreichendem Maß zu öffnen.

Bei ventilatorgestützten Lüftungssystemen sind mindestens die Luftvolumenströme der Lüftung zum Feuchteschutz und zur Gesundheitsvorsorge/Hygiene (Nennlüftung) von der Lüftungsanlage zu erbringen. Die erhöhten Luftvolumenströme zum Abbau von Lastspitzen (Intensivlüftung) können durch den Nutzer durch manuelles Fensteröffnen realisiert werden.

Bei kombinierten Lüftungssystemen ergeben sich die Volumenstromanforderungen aus dem jeweiligen freien oder ventilatorgestützten Teilsystem.

Im Betrieb richtet sich der notwendige Luftvolumenstrom nach der tatsächlichen Belegung und Nutzung der Wohnung. Der Betriebsvolumenstrom kann sich deshalb vom Auslegungsvolumenstrom unterscheiden. Das geplante Lüftungssystem muss jedoch in der Lage sein, den Auslegungsvolumenstrom nutzerunabhängig sicherzustellen.

Um den Luftvolumenstrom an den tatsächlichen Bedarf anzupassen, ist eine geeignete Regeleinrichtung vorzusehen, siehe dazu Tabelle 4.10.

Tabelle 4.10: Anforderungen an die Realisierung der Luftvolumenströme

Realisierung der Luftvolumenströme	Vorgaben
Lüftung zum Feuchteschutz	Planung und Errichtung einer nutzerunabhängigen dauernden Lüftung für freie und für ventilatorgestützte Lüftungssysteme
Lüftung zur Gesundheitsvorsorge/ Hygiene	Bei freier Lüftung – durch Nutzer, Zumutbarkeit beachten Bei ventilatorgestützter Lüftung – durch Lüftungsanlage
Anpassung des Luftvolumenstroms an den Bedarf	Bei ventilatorgestützter Lüftung – es ist eine Regeleinrichtung vorzusehen.

e) Anforderungen an die Raumluftqualität

Die Raumluftqualität in Wohnungen wird durch das Verhalten der Nutzer, die Ausstattung und Möblierung der Wohnung, die Gebäudehülle (z. B. Baufeuchte und Ausdünstungen in neu errichteten Gebäuden) sowie durch den Außenluftvolumenstrom und die Zuluftqualität beeinflusst. Charakteristische Größen für die Beurteilung der Raumluftqualität sind:

- Kohlenstoffdioxid (CO_2)
- Luftfeuchte
- flüchtige organische Komponenten (VOC)
- Gerüche
- Außenluftvolumenstrom
- Zuluftqualität

Die Raumluftqualität kann durch Lüftungssysteme nur über den Außenluftvolumenstrom und die Filterung beeinflusst werden. Bei freien Lüftungssystemen ist eine Außenluftfilterung nur stark begrenzt möglich. Bei ventilatorgestützten Lüftungssystemen werden zusätzlich noch Anforderungen an die Ausführung gestellt, siehe dazu Tabelle 4.11.

Tabelle 4.11: Anforderungen an die Raumluftqualität

Raumluftqualität	Vorgaben
Außenluftansaugung	Wahl des Ansaugortes, Vermeidung von Orten mit geringer Luftqualität und zeitweise hohen Lufttemperaturen
Luftfilterung	Freie Lüftungssysteme und Abluftsysteme dürfen ohne Außenluftfilter betrieben werden. Für Abluft- und Zuluft- sowie Zu-/Abluftsysteme werden die Filteranforderungen in „G" und „H" unterschieden. Eine Ausführung in „H" wird empfohlen.
Ausführung der Luftleitungen	Geeignete Materialien, Rohroberflächen, Dichtungen, Anordnung der Leitungen

f) Anforderungen an die Energieeffizienz

Die Anforderungen an die Energieeffizienz des Lüftungssystems ergeben sich aus den projektspezifischen Anforderungen an das Gebäude. Während bei freien Lüftungssystemen der Lüftungswärmebedarf vom Nutzerverhalten abhängig ist, kann bei ventilatorgestützten

Lüftungssystemen der Lüftungswärmebedarf durch eine Regelung des Luftvolumenstroms und eine Abluftwärmenutzung durch Wärmeübertrager oder Wärmepumpen reduziert werden.

Bei ventilatorgestützten Lüftungssystemen ist zusätzlich der Hilfsenergiebedarf zu berücksichtigen.

Ventilatorgestützte Lüftungsgeräte müssen der europäischen Ecodesign-Richtlinie für Lüftungsanlagen [R7], [R13], [R14] entsprechen, siehe dazu Tabelle 4.12

Tabelle 4.12: Anforderungen an die Energieeffizienz

Energieeffizienz	Vorgaben
Hilfsenergiebedarf	Minimierung des elektrischen Energiebedarfes für Regelung, Ventilatoren und Anlagenwiderstände.
Frostschutzeinrichtung	Minimierung des elektrischen Energiebedarfes für den Frostschutz.
Regelung des Luftvolumenstroms	Mehrstufenantrieb oder Drehzahlregelung
Abluftwärmenutzung	Wärmeübertrager und/oder Wärmepumpe
Spezifischer Energieverbrauch	ERP-Verordnung (EU) Nr. 1253/2014 [R13]

g) Erhöhte Anforderungen an die Zuluftqualität

Eine erhöhte Anforderung an die Zuluftqualität kann nur mit ventilatorgestützten Lüftungssystemen erreicht werden. Dafür sind insbesondere Außenluftfilter mit einem höheren Abscheidegrad vorzusehen, siehe dazu Tabelle 4.13.

Tabelle 4.13: Erhöhte Anforderungen an die Zuluftqualität

Zuluftqualität	Vorgaben
Luftfilterung	Ausführung in „H“
Anforderungen der VDI 6022	Es sind keine Funktionen zur aktiven Be- und Entfeuchtung sowie zur aktiven Kühlung vorhanden. Es werden nur Räume einer Wohnung oder eine gesamte Wohnung bzw. Nutzungseinheit mit Luft versorgt. Das Lüftungsgerät ist nach Verordnung (EU) Nr. 1254/2014 als Wohnungslüftungsgerät deklariert. Bei der Übergabe erfolgt eine Einweisung bezüglich der Kontrollen und Filterwechsel.

h) Realisierung der Luftvolumenströme in besonderen Räumen

Für „besondere Räume“ in Wohnungen/Nutzungseinheiten werden in Gesetzen, Verordnungen oder in weiteren Regelwerken Anforderungen gestellt, die häufig nur mit ventilatorgestützten Lüftungssystemen eingehalten werden können. Entlüftungssysteme nach DIN 18017-3 können mit Lüftungsanlagen nach DIN 1946-6 kombiniert werden, siehe dazu Tabelle 4.14.

Tabelle 4.14: Anforderungen an Luftvolumenströme in besonderen Räumen

Luftvolumenströme in besonderen Räumen	Vorgaben
Fensterlose Bäder und Toilettenräume	Anforderungen der bauaufsichtlichen Richtlinie oder der DIN 18017-3 sind einzuhalten
Fensterlose Küchen und Kochnischen	Anforderungen der bauaufsichtlichen Richtlinie sind einzuhalten
Nicht zum Wohnen genutzte Kellerräume	Gesonderte Lüftungsmaßnahmen vorsehen

i) Betrieb von Feuerstätten und Lüftungsanlagen bzw. -geräten

Der Betrieb von Lüftungsanlagen mit raumluftabhängigen Feuerstätten erfordert, dass sich im Aufstellraum einer Feuerstätte auch bei einer Störung kein unzulässig großer Unterdruck aufbaut, der zum Schadgasaustritt und damit zu einer Gefährdung der Bewohner führen kann. Es wird grundsätzlich zwischen einem wechselseitigen Betrieb der Feuerstätte und der Lüftungsanlage und einem gemeinsamen Betrieb mit der Feuerstätte unterschieden. Während bei freien Lüftungsanlagen keine besonderen Maßnahmen erforderlich sind, muss bei ventilatorgestützten Lüftungsanlagen durch geeignete sicherheitstechnische Maßnahmen die Entstehung von gefährlichen Unterdrücken auch im Störfall verhindert werden. Raumluftunabhängig zu betreibende Feuerstätten verhalten sich günstiger als raumluftabhängig zu betreibende Feuerstätten. In DIN 1946-6 Beiblatt 3: Gemeinsamer und nicht gemeinsamer Betrieb von Lüftungsgeräten und Einzelfeuerstätten — Installationsregel [N24] und DIN 1946-6 Beiblatt 4: Gemeinsamer und nicht gemeinsamer Betrieb von Lüftungsgeräten und Einzelfeuerstätten — Installationsbeispiele [N25] sind dazu Installationsregeln und -beispiele enthalten, siehe dazu Tabelle 4.15.

Tabelle 4.15: Anforderungen an den Betrieb von Feuerstätten und Lüftungsanlagen/-geräten

Betrieb von Feuerstätten und Lüftungsanlagen bzw. -geräten	Vorgaben
Wechselseitiger Betrieb von Lüftungsanlagen und raumluftabhängiger Feuerstätte	Für ventilatorgestützte Lüftungsanlagen ist eine geeignete Sicherheitseinrichtung, die den wechselseitigen Betrieb ermöglicht, erforderlich.
Gemeinsamer Betrieb von Lüftungsanlagen und raumluftabhängiger Feuerstätte	Für ventilatorgestützte Lüftungsanlagen ist eine geeignete Sicherheitseinrichtung, die bei Störungen die Lüftungsanlage abschaltet, erforderlich.
Betrieb mit raumluftunabhängiger Feuerstätte	Für ventilatorgestützte Lüftungsanlagen kann auch bei einer zugelassenen raumluftunabhängigen Feuerstätte eine geeignete Sicherheitseinrichtung erforderlich sein.

4.2 Formblatt für ein Lüftungskonzept

Für die Ermittlung und die Umsetzung einer lüftungstechnischen Maßnahme kann das nachfolgende Formblatt dienen. Das Formblatt basiert auf der ersten Seite der im Anhang E, DIN 1946-6 wiedergegebenen Tabelle, siehe Abbildung 4.3.

Im Abschnitt 1 des Formblatts werden die Angaben zum Gebäude und zur Nutzungseinheit eingetragen. Im Abschnitt 2 erfolgt die Angabe, ob lüftungstechnische Maßnahmen nach DIN 1946-6 notwendig sind. In Abschnitt 3 werden die Lüftungsanforderungen besonderer Räume berücksichtigt. Im Abschnitt 4 wird der Vorschlag für ein nutzerunabhängig wirksames Lüftungssystem vermerkt.

Notwendigkeit lüftungstechnischer Maßnahmen - DIN 1946-6 : 2019, Kap. 4 & 5

Nr.	Maßnahme	Ausführung	
1	Daten Gebäude und Nutzungseinheit		
	Gebäudetyp	☐ MFH oder	☐ EFH
	Gebäudelage	☐ windschwach oder	☐ windstark
	Wohnfläche/Raumhöhe	A_{NE} = m²	H_R = 2,5 m
	Besondere Räume	☐ ja oder	☐ nein
	Typ der Nutzungseinheit	☐ eingeschossig oder	☐ mehrgeschossig
	Volumenstromkoeffizient	$e_{z,Konzept}$ =	
	Belegungsdichte	☐ gering oder ≥ 40 m²/Person (z.B. EFH)	☐ hoch < 40 m²/Person (z.B. MFH)
	Wärmeschutz	☐ hoch oder	☐ niedrig
	Faktor zur Berücksichtigung Wärmeschutz	f_{WS} =	
	Infiltration (n_{50}-Wert)	n_{50} = 1/h	
2	Lüftungstechnische Maßnahmen notwendig (Infiltration ausreichend für Feuchteschutz?)		
	Außenluftvolumenstrom zum Feuchteschutz $q_{v,ges,NE,FL}$	$q_{v,ges,NE,FL} = f_{WS} \cdot (-0{,}002 \cdot A_{NE}^2 + 1{,}15 \cdot A_{NE} + 11)$ $q_{v,ges,NE,FL}$ = m³/h	
	Außenluftvolumenstrom durch Infiltration $q_{v,Inf,wirk}$	$q_{v,Inf,Konzept} = e_{z,Konzept} \cdot V_{NE} \cdot n_{50}$ $q_{v,Inf,Konzept}$ = m³/h	
	Notwendigkeit lüftungstechnischer Maßnahmen	☐ ja oder $q_{v,ges,NE,FL} > q_{v,Inf,Konzept}$	☐ nein $q_{v,ges,NE,FL} \le q_{v,Inf,Konzept}$
3			
		☐ fensterlose Sanitärräume	☐ andere besondere Räume
	max. / min. Außenluftvolumenstrom	$q_{v,max}$ = m³/h $q_{v,min}$ = m³/h	$q_{v,max}$ = m³/h $q_{v,min}$ = m³/h
	Nutzung als lüftungstechnische Maßnahme für die NE möglich?	☐ ja oder ☐ nein	☐ ja oder ☐ nein
4			
	Lüftungssystem für besondere Räume z.B. Sanitärräume	☐ Entlüftungssystem nach DIN 18017-3 ☐ Anderes System	oder
	Lüftungssystem für Nutzungseinheiten freie Lüftungssysteme	☐ Querlüftung ☐ Schachtlüftung	oder
	Lüftungssystem für Nutzungseinheiten ventilatorgestützte Lüftungssysteme	☐ Abluftsystem ☐ Zuluftsystem ☐ Zu-/Abluftsystem	oder
	Kombination von Lüftungssystemen	- - -	und und

Abbildung 4.3: Formblatt für ein Lüftungskonzept

4.3 Auslegung und Ausführung von Lüftungsanlagen

Angaben über die Planung, Auslegung und Ausführung von Lüftungsanlagen sind in der DIN 1946-6 enthalten.

Auch für die Inbetriebnahme und Instandhaltung sind unter Verweis auf [N13] entsprechende Angaben gegeben. Nähere Hinweise für die Auslegung und Ausführung von Lüftungsanlagen siehe [L4.5].

4.4 Einbindung von Dunstabzugshauben

Um Wrasen schnell und effizient abzuführen, erzeugen Dunstabzugshauben üblicherweise einen sehr hohen Abluftvolumenstrom (häufig über 500 m³/h), der nicht durch ein Wohnungslüftungssystem abgedeckt werden kann. Deshalb müssen bei Abluftbetrieb der Dunstabzugshaube entweder Nachströmöffnungen für die Außenluft oder ein Fensterkontaktschalter vorgesehen werden. Auch aus energetischen Gründen können alternativ Umlufthauben zur Anwendung kommen.

Fazit:

Das Lüftungskonzept der DIN 1946-6 umfasst jeweils für eine Nutzungseinheit die Feststellung der Notwendigkeit von lüftungstechnischen Maßnahmen, einen Vorschlag für ein nutzerunabhängig wirksames Lüftungssystem sowie die Festlegung der ggf. notwendigen, weiteren nutzerabhängigen Lüftungsmaßnahmen. Wichtig ist die Abgrenzung zur Auslegung der lüftungstechnischen Maßnahmen, die nicht Teil des Lüftungskonzeptes der DIN 1946-6 sind.

Die Notwendigkeit lüftungstechnischer Maßnahmen wird durch den Vergleich der notwendigen Lüftung zum Feuchteschutz mit dem wirksamen Luftvolumenstrom durch Infiltration bestimmt. Reicht die Infiltration nicht aus, um die Lüftung zum Feuchteschutz sicherzustellen, sind nach DIN 1946-6 lüftungstechnische Maßnahmen erforderlich.

Wenn fensterlose Küchen, Kochnischen, Bäder und Toilettenräume mit einem Lüftungssystem nach bauaufsichtlicher Richtlinie oder einem Entlüftungssystem nach DIN 18017-3 belüftet werden, kann dieses System als lüftungstechnische Maßnahme im Sinne der DIN 1946-6 genutzt werden.

Im Rahmen des Lüftungskonzeptes sind ggf. weitere Anforderungen zu beachten. Diese können allgemeingültig (u.a. Brandschutz, Schallschutz, thermische Behaglichkeit, Raumluftqualität, Energieeffizienz) oder speziell projektbezogen (z.B. erhöhte Anforderungen an Zuluftqualität oder Betrieb von Feuerstätten und Lüftungsanlagen) sein.

5 Beispiele Lüftungskonzept

5.1 Beispiel 1: Einraumwohnung

5.1.1 Konstellation

- Gebäudebestand vor 1995 errichtet, mit Fenstererneuerung, $n_{50,\text{Planungswert}} = 1{,}0\ \text{h}^{-1}$
- Standort Berlin, Stadtrandlage, keine Schallschutzauflagen
- im EnEV-Nachweis wird mit Fensterlüftung gerechnet
- Bad fensterlos, Kochnische mit Fenster, Wohnzimmer/Schlafzimmer, Flur, Balkon

5.1.2 Zusammenstellung der notwendigen Daten

a) Beheizte Grundfläche der Nutzungseinheit

Wohnzimmer/Schlafzimmer	18 m²
Kochnische	6 m²
Bad fensterlos	5 m²
Flur	5 m²
Summe	34 m²

Die beheizte Grundfläche der Nutzungseinheit beträgt 34 m².

$A_{\text{NE,LK}} = 34\ \text{m}^2$

b) Wärmeschutz des Gebäudes

Das Gebäude ist ein nicht modernisiertes Bestandsgebäude, bei dem nur die Fenster erneuert werden. Der Wärmeschutz des Gebäudes ist gering.

c) Belegung der Nutzungseinheit

Die Gesamtfläche der Nutzungseinheit beträgt 34 m². Es wird von einer Belegung mit einer Person ausgegangen. Die Belegung der Nutzungseinheit ist hoch (< 40 m²/Person).

d) Lage des Bauvorhabens

Das Gebäude steht in Berlin, Berlin zählt zu den windschwachen Gebieten. Die Lage des Bauvorhabens ist windschwach.

e) Anzahl der Geschosse der Nutzungseinheit

Die Wohnung ist eingeschossig.

f) Anzahl der dem Wind ausgesetzten Fassaden der Nutzungseinheit

Die Wohnung hat nur eine einzige Außenfassade, die dem Wind ausgesetzt ist.

g) Dichtheit der Gebäudehülle

Für die Dichtheit der Gebäudehülle wird mit dem Planungswert $n_{50} = 1{,}0\ \text{h}^{-1}$ gerechnet.

5.1.3 Notwendigkeit lüftungstechnischer Maßnahmen

a) Luftaustausch zur Sicherstellung des Feuchteschutzes

$q_{\text{v,ges,NE,FL}} = f_{\text{ws}} \cdot (-0{,}002 \cdot A_{\text{NE}}^2 + 1{,}15 \cdot A_{\text{NE}} + 11)$

$f_{\text{ws}} = 0{,}4$ (Wärmeschutz gering, hohe Belegung)

$A_{\text{NE,LK}} = 34\ \text{m}^2$

$q_{\text{v,ges,NE,FL}} = 19\ \text{m}^3/\text{h}$

b) Bestimmung der wirksamen Infiltration

$q_{v,inf,Konzept} = e_{z,Konzept} \cdot V_{NE} \cdot n_{50}$

$e_{z,Konzept} = 0{,}04$ (windschwach, eingeschossige NE)

$V_{NE} = A_{NE} \cdot H_R$

$V_{NE} = 34\ m^2 \cdot 2{,}5\ m$

$n_{50} = 1{,}0\ h^{-1}$

$q_{v,inf,Konzept} = 3\ m^3/h$

c) Notwendigkeit lüftungstechnischer Maßnahmen

Da $q_{v,ges,NE,FL} > q_{v,inf,Konzept}$ gilt, sind lüftungstechnische Maßnahmen notwendig.

5.1.4 Lüftung besonderer Räume wie fensterloser Küchen und Bäder

Im fensterlosen Bad muss ein Entlüftungssystem nach DIN 18017-3 vorgesehen werden.

5.1.5 Andere Anforderungen

Es liegen keine Schallschutzanforderungen vor.

Es sind keine gesundheitlichen Aspekte hinsichtlich des Nutzers bekannt.

Im öffentlich-rechtlichen Nachweis nach Energieeinsparrecht wird mit Fensterlüftung gerechnet, es bestehen keine energetischen Anforderungen an das Lüftungssystem.

Es sind keine Kellerräume vorhanden.

5.1.6 Vorschlag für ein nutzerunabhängig wirksames Lüftungssystem

- Variante A (Abbildung 5.1):

  Zur Erfüllung der Mindestanforderungen der DIN 1946-6 und der DIN 18017-3 wird ein kombiniertes Lüftungssystem, bestehend aus freiem Querlüftungssystem und Entlüftungssystem mit Dauerbetrieb nach DIN 18017-3, vorgeschlagen.

- Variante B (Abbildung 5.2):

  Als Alternative wird ein energetisch besser anrechenbares ventilatorgestütztes Lüftungssystem als wohnungszentrales Zu-/Abluftsystem vorgeschlagen.

a) Brandschutzanforderungen

Für das Entlüftungssystem nach DIN 18017-3 in Variante A sind aufgrund der geschossübergreifenden Luftleitung Brandschutzauflagen hinsichtlich Brand- und Rauchübertragung zu berücksichtigen.

b) Anforderungen an den Schallschutz

Für Variante A ist zu prüfen, ob das geforderte Schalldämm-Maß der Außenbauteile auch mit Außenbauteil-Luftdurchlässen erreicht wird. Für das Entlüftungssystem nach DIN 18017-3 ist sicherzustellen, dass ein unzulässiger Schalleintrag in fremde Nutzungseinheiten ausgeschlossen ist.

Für Variante B ist das Zu-/Abluftsystem so zu planen, dass der in die Nutzungseinheit eingetragene Schall den Anforderungen genügt.

c) Anforderungen an die thermische Behaglichkeit

Für Variante A und B ist zu prüfen, ob das geforderte Zugluftrisiko eingehalten wird.

d) Anforderungen an die Realisierung der Luftvolumenströme

Für Variante A muss das freie Lüftungssystem mindestens nach der Lüftung zum Feuchteschutz ausgelegt werden.

Für Variante B muss das ventilatorgestützte Lüftungssystem mindestens nach der Nennlüftung ausgelegt werden. Es ist eine geeignete Regeleinrichtung vorzusehen.

e) Anforderungen an die Raumluftqualität

Für Variante B ist eine Filterung der Abluft und der Außenluft vorzusehen.

f) Anforderungen an die Energieeffizienz

Für Variante B ist entweder eine 3-Stufen-Schaltung des Anlagenvolumenstroms oder eine Bedarfsregelung vorzusehen.

g) Erhöhte Anforderungen an die Zuluftqualität

Bei einer erhöhten Anforderung an die Zuluftqualität ist Variante A nicht geeignet.

Für Variante B sind dann Außenluftfilter in Ausführung „H“ vorzusehen.

h) Realisierung der Luftvolumenströme in besonderen Räumen

Im fensterlosen Bad sind sowohl bei Variante A als auch bei Variante B die Volumenstromanforderungen der DIN 18017-3 einzuhalten.

i) Betrieb von Feuerstätten und Lüftungsanlagen bzw. -geräten

Es werden keine raumluftabhängigen Feuerstätten vorgesehen.

Notwendigkeit lüftungstechnischer Maßnahmen - DIN 1946-6 : 2019, Kap. 4 & 5

Nr.	**Maßnahme**	**Ausführung**	
1		Daten Gebäude und Nutzungseinheit	
	Gebäudetyp	☑ MFH oder	☐ EFH
	Gebäudelage	☑ windschwach oder	☐ windstark
	Wohnfläche/Raumhöhe	A_{NE} = 34 m²	H_R = 2,5 m
	Besondere Räume	☑ ja oder	☐ nein
	Typ der Nutzungseinheit	☑ eingeschossig oder	☐ mehrgeschossig
	Volumenstromkoeffizient	$e_{z,Konzept}$ = 0,04	
	Belegungsdichte	☐ gering oder ≥ 40 m²/Person (z.B. EFH)	☑ hoch < 40 m²/Person (z.B. MFH)
	Wärmeschutz	☐ hoch oder	☑ niedrig
	Faktor zur Berücksichtigung Wärmeschutz	f_{WS} = 0,4	
	Infiltration (n_{50}-Wert)	n_{50} = 1 1/h	Messwert n_{50}= 1
2		Lüftungstechnische Maßnahmen notwendig (Infiltration ausreichend für Feuchteschutz?)	
	Außenluftvolumenstrom zum Feuchteschutz $q_{v,ges,NE,FL}$	$q_{v,ges,NE,FL} = f_{WS} * (-0{,}002 * A_{NE}^2 + 1{,}15 * A_{NE} + 11)$ $q_{v,ges,NE,FL}$ = 19 m³/h	
	Außenluftvolumenstrom durch Infiltration $q_{v,Inf,wirk}$	$q_{v,Inf,Konzept} = e_{z,Konzept} * V_{NE} * n_{50}$ $q_{v,Inf,Konzept}$ = 3 m³/h	
	Notwendigkeit lüftungstechnischer Maßnahmen	☑ ja oder $q_{v,ges,NE,FL} > q_{v,Inf,Konzept}$	☐ nein $q_{v,ges,NE,FL} \leq q_{v,Inf,Konzept}$
3			
		☑ fensterlose Sanitärräume	☐ andere besondere Räume
	max. / min. Außenluftvolumenstrom	$q_{v,max}$ = m³/h $q_{v,min}$ = m³/h	$q_{v,max}$ = m³/h $q_{v,min}$ = m³/h
	Nutzung als lüftungstechnische Maßnahme für die NE möglich?	☑ ja oder ☐ nein	☐ ja oder ☐ nein
4			
	Lüftungssystem für besondere Räume z.B. Sanitärräume	☑ Entlüftungssystem nach DIN 18017-3 ☐ Anderes System	oder
	Lüftungssystem für Nutzungseinheiten freie Lüftungssysteme	☑ Querlüftung ☐ Schachtlüftung	oder
	Lüftungssystem für Nutzungseinheiten ventilatorgestützte Lüftungssysteme	☐ Abluftsystem ☐ Zuluftsystem ☐ Zu-/Abluftsystem	oder
	Kombination von Lüftungssystemen	Entlüftungssystem und Querlüftung und -	

Abbildung 5.1: Lüftungskonzept – Einraumwohnung – Variante A

Notwendigkeit lüftungstechnischer Maßnahmen - DIN 1946-6 : 2019, Kap. 4 & 5			
Nr.	**Maßnahme**	**Ausführung**	
1	Daten Gebäude und Nutzungseinheit		
	Gebäudetyp	☑ MFH oder	☐ EFH
	Gebäudelage	☑ windschwach oder	☐ windstark
	Wohnfläche/Raumhöhe	A_{NE} = 34 m²	H_R = 2,5 m
	Besondere Räume	☑ ja oder	☐ nein
	Typ der Nutzungseinheit	☑ eingeschossig oder	☐ mehrgeschossig
	Volumenstromkoeffizient	$e_{z,Konzept}$ = 0,04	
	Belegungsdichte	☐ gering oder ≥ 40 m²/Person (z.B. EFH)	☑ hoch < 40 m²/Person (z.B. MFH)
	Wärmeschutz	☐ hoch oder	☑ niedrig
	Faktor zur Berücksichtigung Wärmeschutz	f_{WS} = 0,4	
	Infiltration (n_{50}-Wert)	n_{50} = 1 1/h	Messwert n_{50}= 1
2	Lüftungstechnische Maßnahmen notwendig (Infiltration ausreichend für Feuchteschutz?)		
	Außenluftvolumenstrom zum Feuchteschutz $q_{v,ges,NE,FL}$	$q_{v,ges,NE,FL} = f_{WS} * (-0{,}002 * A_{NE}^2 + 1{,}15 * A_{NE} + 11)$ $q_{v,ges,NE,FL}$ = 19 m³/h	
	Außenluftvolumenstrom durch Infiltration $q_{v,Inf,wirk}$	$q_{v,Inf,Konzept} = e_{z,Konzept} * V_{NE} * n_{50}$ $q_{v,Inf,Konzept}$ = 3 m³/h	
	Notwendigkeit lüftungstechnischer Maßnahmen	☑ ja oder $q_{v,ges,NE,FL} > q_{v,Inf,Konzept}$	☐ nein $q_{v,ges,NE,FL} \leq q_{v,Inf,Konzept}$
3			
		☑ fensterlose Sanitärräume	☐ andere besondere Räume
	max. / min. Außenluftvolumenstrom	$q_{v,max}$ = m³/h $q_{v,min}$ = m³/h	$q_{v,max}$ = m³/h $q_{v,min}$ = m³/h
	Nutzung als lüftungstechnische Maßnahme für die NE möglich?	☐ ja oder ☐ nein	☐ ja oder ☐ nein
4			
	Lüftungssystem für besondere Räume z.B. Sanitärräume	☐ Entlüftungssystem nach DIN 18017-3 ☐ Anderes System	oder
	Lüftungssystem für Nutzungseinheiten freie Lüftungssysteme	☐ Querlüftung ☐ Schachtlüftung	oder
	Lüftungssystem für Nutzungseinheiten ventilatorgestützte Lüftungssysteme	☐ Abluftsystem ☐ Zuluftsystem ☑ Zu-/Abluftsystem	oder
	Kombination von Lüftungssystemen	und - und Zu-/Abluftsystem	

Abbildung 5.2: Lüftungskonzept – Einraumwohnung – Variante B

5.2 Beispiel 2: Zweiraumwohnung

5.2.1 Konstellation

- Neubau, $n_{50,\text{Planungswert}} = 0{,}5\ h^{-1}$
- Standort Dresden, Stadtrandlage, Schallschutzauflagen im Schlafzimmer
- im EnEV-Nachweis wird mit Fensterlüftung gerechnet
- Bad, Küche, Wohnzimmer, Schlafzimmer, Flur

5.2.2 Zusammenstellung der notwendigen Daten

a) Beheizte Grundfläche der Nutzungseinheit

WZ	24 m²
SZ	16 m²
Küche	7 m²
Bad	6 m²
Flur	5 m²
Summe	58 m²

Die beheizte Grundfläche der Nutzungseinheit beträgt 58 m².

$A_{NE,LK} = 58\ m^2$

b) Wärmeschutz des Gebäudes

Das Gebäude ist ein Neubau von 2020. Der Wärmeschutz des Gebäudes ist hoch.

c) Belegung der Nutzungseinheit

Die Gesamtfläche der Nutzungseinheit beträgt 58 m². Es wird von einer Belegung mit zwei Personen ausgegangen. Die Belegung der Nutzungseinheit ist hoch (< 40 m²/Person).

d) Lage des Bauvorhabens

Das Gebäude wird in Dresden errichtet, Dresden zählt zu den windschwachen Gebieten. Die Lage des Bauvorhabens ist windschwach.

e) Anzahl der Geschosse der Nutzungseinheit

Die Wohnung ist eingeschossig.

f) Anzahl der dem Wind ausgesetzten Fassaden der Nutzungseinheit

Die Wohnung ist nach zwei Seiten dem Wind ausgesetzt (mehr als eine Außenfassade).

g) Dichtheit der Gebäudehülle

Für die Dichtheit der Gebäudehülle wird mit dem Planungswert $n_{50} = 0{,}5\ h^{-1}$ gerechnet.

5.2.3 Notwendigkeit lüftungstechnischer Maßnahmen

a) Luftaustausch zur Sicherstellung des Feuchteschutzes

$q_{v,ges,NE,FL} = f_{ws} \cdot (-0{,}002 \cdot A_{NE}^2 + 1{,}15 \cdot A_{NE} + 11)$

$f_{ws} = 0{,}3$ (Wärmeschutz hoch, hohe Belegung)

$A_{NE,LK} = 58\ m^2$

$q_{v,ges,NE,FL} = 21\ m^3/h$

b) Bestimmung der wirksamen Infiltration

$q_{v,inf,Konzept} = e_{z,Konzept} \cdot V_{NE} \cdot n_{50}$

$e_{z,Konzept} = 0{,}04$ (windschwach, eingeschossige NE)

$V_{NE} = A_{NE} \cdot H_R$

$V_{NE} = 58\ m^2 \cdot 2{,}5\ m$

$n_{50} = 0{,}5\ h^{-1}$

$q_{v,inf,Konzept} = 3\ m^3/h$

c) Notwendigkeit lüftungstechnischer Maßnahmen

Da $q_{v,ges,NE,FL} > q_{v,inf,Konzept}$ gilt, sind lüftungstechnische Maßnahmen notwendig.

5.2.4 Lüftung besonderer Räume wie fensterloser Küchen und Bäder

Es liegen keine besonderen Räume vor.

5.2.5 Andere Anforderungen

Für das Schlafzimmer sind Schallschutzanforderungen einzuhalten. Ein nächtliches Lüften ist aufgrund des Außenlärms nicht möglich. Im Schlafzimmer ist unter Einhaltung der Schallschutzanforderungen die Nennlüftung sicherzustellen

Es sind keine gesundheitlichen Aspekte hinsichtlich des Nutzers bekannt.

Im öffentlich-rechtlichen Nachweis nach Energieeinsparrecht wird mit Fensterlüftung gerechnet, es bestehen keine energetischen Anforderungen an das Lüftungssystem.

Es sind keine Kellerräume vorhanden.

5.2.6 Vorschlag für ein nutzerunabhängig wirksames Lüftungssystem

- Variante A (Abbildung 5.3):

  Zur Erfüllung der Mindestanforderungen der DIN 1946-6 und der Schallschutzauflagen im Schlafzimmer wird ein kombiniertes Lüftungssystem, bestehend aus freiem Querlüftungssystem und Zu-/Abluftsystem im Schlafzimmer (Einzelraumgerät), vorgeschlagen.

- Variante B (Abbildung 5.4):

  Als Alternative wird ein ventilatorgestütztes Lüftungssystem als Abluftsystem für die gesamte Wohnung vorgeschlagen.

a) Brandschutzanforderungen

Für das Abluftsystem in Variante B sind aufgrund der geschossübergreifenden Luftleitung Brandschutzauflagen hinsichtlich Brand- und Rauchübertragung zu berücksichtigen.

b) Anforderungen an den Schallschutz

Für Variante A ist zu prüfen, ob das geforderte Schalldämm-Maß der Außenbauteile auch mit dem Zu-/Abluftgerät im Schlafzimmer erreicht wird.

Für Variante B ist für das Abluftsystem sicherzustellen, dass ein unzulässiger Schalleintrag in fremde Nutzungseinheiten ausgeschlossen ist.

c) Anforderungen an die thermische Behaglichkeit

Für Variante A und B ist zu prüfen, ob das geforderte Zugluftrisiko eingehalten wird.

d) Anforderungen an die Realisierung der Luftvolumenströme

Für Variante A muss das freie Lüftungssystem mindestens nach der Lüftung zum Feuchteschutz ausgelegt werden. Das Zu-/Abluftsystem im Schlafzimmer muss mindestens nach der Nennlüftung ausgelegt werden, es ist eine geeignete Regeleinrichtung vorzusehen.

Für Variante B muss das ventilatorgestützte Lüftungssystem mindestens nach der Nennlüftung ausgelegt werden. Es ist eine geeignete Regeleinrichtung vorzusehen.

e) Anforderungen an die Raumluftqualität

Für Variante A ist eine Filterung der Abluft und der Außenluft am Zu-/Abluftsystem im Schlafzimmer vorzusehen.

f) Anforderungen an die Energieeffizienz

Für Variante A ist für das Zu-/Abluftsystem im Schlafzimmer entweder eine 3-Stufen-Schaltung des Anlagenvolumenstroms oder eine Bedarfsregelung vorzusehen.

Für Variante B ist entweder eine 3-Stufen-Schaltung des Anlagenvolumenstroms oder eine Bedarfsregelung vorzusehen.

g) Erhöhte Anforderungen an die Zuluftqualität

Bei einer erhöhten Anforderung an die Zuluftqualität sind für Variante A Außenluftfilter in Ausführung „H“ am Zu-/Abluftsystem im Schlafzimmer vorzusehen.

Für Variante B sind Außenluftfilter in den ALD in Ausführung „H“ vorzusehen.

h) Realisierung der Luftvolumenströme in besonderen Räumen

Es sind keine besonderen Räume vorhanden.

i) Betrieb von Feuerstätten und Lüftungsanlagen bzw. -geräten

Es werden keine raumluftabhängigen Feuerstätten vorgesehen.

Notwendigkeit lüftungstechnischer Maßnahmen - DIN 1946-6 : 2019, Kap. 4 & 5

Nr.	Maßnahme	Ausführung	
1	Daten Gebäude und Nutzungseinheit		
	Gebäudetyp	☑ MFH oder	☐ EFH
	Gebäudelage	☑ windschwach oder	☐ windstark
	Wohnfläche/Raumhöhe	A_{NE} = 58 m²	H_R = 2,5 m
	Besondere Räume	☐ ja oder	☑ nein
	Typ der Nutzungseinheit	☑ eingeschossig oder	☐ mehrgeschossig
	Volumenstromkoeffizient	$e_{z,Konzept}$ = 0,04	
	Belegungsdichte	☐ gering oder ≥ 40 m²/Person (z.B. EFH)	☑ hoch < 40 m²/Person (z.B. MFH)
	Wärmeschutz	☑ hoch oder	☐ niedrig
	Faktor zur Berücksichtigung Wärmeschutz	f_{WS} = 0,3	
	Infiltration (n_{50}-Wert)	n_{50} = 0,5 1/h	Messwert n_{50}= 0,5
2	Lüftungstechnische Maßnahmen notwendig (Infiltration ausreichend für Feuchteschutz?)		
	Außenluftvolumenstrom zum Feuchteschutz $q_{v,ges,NE,FL}$	$q_{v,ges,NE,FL} = f_{WS} * (-0{,}002 * A_{NE}^2 + 1{,}15 * A_{NE} + 11)$ $q_{v,ges,NE,FL}$ = 21 m³/h	
	Außenluftvolumenstrom durch Infiltration $q_{v,Inf,wirk}$	$q_{v,Inf,Konzept} = e_{z,Konzept} * V_{NE} * n_{50}$ $q_{v,Inf,Konzept}$ = 3 m³/h	
	Notwendigkeit lüftungstechnischer Maßnahmen	☑ ja oder $q_{v,ges,NE,FL} > q_{v,Inf,Konzept}$	☐ nein $q_{v,ges,NE,FL} \leq q_{v,Inf,Konzept}$
3			
		☐ fensterlose Sanitärräume	☐ andere besondere Räume
	max. / min. Außenluftvolumenstrom	$q_{v,max}$ = m³/h $q_{v,min}$ = m³/h	$q_{v,max}$ = m³/h $q_{v,min}$ = m³/h
	Nutzung als lüftungstechnische Maßnahme für die NE möglich?	☐ ja oder ☐ nein	☐ ja oder ☐ nein
4			
	Lüftungssystem für besondere Räume z.B. Sanitärräume	☐ Entlüftungssystem nach DIN 18017-3 ☐ Anderes System	oder
	Lüftungssystem für Nutzungseinheiten freie Lüftungssysteme	☑ Querlüftung ☐ Schachtlüftung	oder
	Lüftungssystem für Nutzungseinheiten ventilatorgestützte Lüftungsysteme	☐ Abluftsystem ☐ Zuluftsystem ☑ Zu-/Abluftsystem	oder
	Kombination von Lüftungssystemen	- Querlüftung Zu-/Abluftsystem	und und

Abbildung 5.3: Lüftungskonzept – Zweiraumwohnung – Variante A

Notwendigkeit lüftungstechnischer Maßnahmen - DIN 1946-6 : 2019, Kap. 4 & 5			
Nr.	**Maßnahme**	**Ausführung**	
1	Daten Gebäude und Nutzungseinheit		
	Gebäudetyp	☑ MFH oder	☐ EFH
	Gebäudelage	☑ windschwach oder	☐ windstark
	Wohnfläche/Raumhöhe	A_{NE} = 58 m²	H_R = 2,5 m
	Besondere Räume	☐ ja oder	☑ nein
	Typ der Nutzungseinheit	☑ eingeschossig oder	☐ mehrgeschossig
	Volumenstromkoeffizient	$e_{z,Konzept}$ = 0,04	
	Belegungsdichte	☐ gering oder ≥ 40 m²/Person (z.B. EFH)	☑ hoch < 40 m²/Person (z.B. MFH)
	Wärmeschutz	☑ hoch oder	☐ niedrig
	Faktor zur Berücksichtigung Wärmeschutz	f_{WS} = 0,3	
	Infiltration (n_{50}-Wert)	n_{50} = 0,5 1/h	Messwert n_{50}= 0,5
2	Lüftungstechnische Maßnahmen notwendig (Infiltration ausreichend für Feuchteschutz?)		
	Außenluftvolumenstrom zum Feuchteschutz $q_{v,ges,NE,FL}$	$q_{v,ges,NE,FL} = f_{WS} * (-0{,}002 * A_{NE}^2 + 1{,}15 * A_{NE} + 11)$ $q_{v,ges,NE,FL}$ = 21 m³/h	
	Außenluftvolumenstrom durch Infiltration $q_{v,Inf,wirk}$	$q_{v,Inf,Konzept} = e_{z,Konzept} * V_{NE} * n_{50}$ $q_{v,Inf,Konzept}$ = 3 m³/h	
	Notwendigkeit lüftungstechnischer Maßnahmen	☑ ja oder $q_{v,ges,NE,FL} > q_{v,Inf,Konzept}$	☐ nein $q_{v,ges,NE,FL} \leq q_{v,Inf,Konzept}$
3			
		☐ fensterlose Sanitärräume	☐ andere besondere Räume
	max. / min. Außenluftvolumenstrom	$q_{v,max}$ = m³/h $q_{v,min}$ = m³/h	$q_{v,max}$ = m³/h $q_{v,min}$ = m³/h
	Nutzung als lüftungstechnische Maßnahme für die NE möglich?	☐ ja oder ☐ nein	☐ ja oder ☐ nein
4			
	Lüftungssystem für besondere Räume z.B. Sanitärräume	☐ Entlüftungssystem nach DIN 18017-3 ☐ Anderes System	oder
	Lüftungssystem für Nutzungseinheiten freie Lüftungssysteme	☐ Querlüftung ☐ Schachtlüftung	oder
	Lüftungssystem für Nutzungseinheiten ventilatorgestützte Lüftungssysteme	☑ Abluftsystem ☐ Zuluftsystem ☐ Zu-/Abluftsystem	oder
	Kombination von Lüftungssystemen	- und - und Abluftsystem	

Abbildung 5.4: Lüftungskonzept – Zweiraumwohnung – Variante B

5.3 Beispiel 3: Dreiraumwohnung

5.3.1 Konstellation

- Neubau, $n_{50,\text{Planungswert}} = 0{,}8\ \text{h}^{-1}$
- Standort Hamburg, Stadtzentrum, keine Schallschutzauflagen
- im EnEV-Nachweis wird mit ventilatorgestützter Lüftung gerechnet
- Bad fensterlos, Küche, Wohnzimmer, Schlafzimmer, Kinderzimmer, Flur

5.3.2 Zusammenstellung der notwendigen Daten

a) Beheizte Grundfläche der Nutzungseinheit

WZ	20 m²
SZ	15 m²
KiZ	13 m²
Küche	8 m²
Bad fensterlos	7 m²
Flur	7 m²
Summe	70 m²

Die beheizte Grundfläche der Nutzungseinheit beträgt 70 m².

$A_{NE,LK} = 70\ m^2$

b) Wärmeschutz des Gebäudes

Das Gebäude ist ein Neubau. Der Wärmeschutz des Gebäudes ist hoch.

c) Belegung der Nutzungseinheit

Die Gesamtfläche der Nutzungseinheit beträgt 70 m². Es wird von einer Belegung mit zwei bis drei Personen ausgegangen. Die Belegung der Nutzungseinheit ist hoch (< 40 m²/Person).

d) Lage des Bauvorhabens

Das Gebäude steht in Hamburg, Hamburg zählt zu den windstarken Gebieten. Die Lage des Bauvorhabens ist windstark.

e) Anzahl der Geschosse der Nutzungseinheit

Die Wohnung ist eingeschossig.

f) Anzahl der dem Wind ausgesetzten Fassaden der Nutzungseinheit

Die Wohnung ist nach zwei Seiten dem Wind ausgesetzt (mehr als eine Außenfassade).

g) Dichtheit der Gebäudehülle

Für die Dichtheit der Gebäudehülle wird mit dem Planungswert $n_{50} = 0{,}8\ h^{-1}$ gerechnet.

5.3.3 Notwendigkeit lüftungstechnischer Maßnahmen

a) Luftaustausch zur Sicherstellung des Feuchteschutzes

$$q_{v,ges,NE,FL} = f_{WS} \cdot (-0{,}002 \cdot A_{NE}^2 + 1{,}15 \cdot A_{NE} + 11)$$

$f_{WS} = 0{,}3$ (Wärmeschutz hoch, hohe Belegung)

$A_{NE,LK} = 70\ m^2$

$$q_{v,ges,NE,FL} = 25\ m^3/h$$

b) Bestimmung der wirksamen Infiltration

$$q_{v,inf,Konzept} = e_{z,Konzept} \cdot V_{NE} \cdot n_{50}$$

$e_{z,Konzept} = 0{,}08$ (windstark, eingeschossige NE)

$V_{NE} = A_{NE} \cdot H_R$

$V_{NE} = 70\ m^2 \cdot 2{,}5\ m$

$n_{50} = 0{,}8\ h^{-1}$

$$q_{v,inf,Konzept} = 11\ m^3/h$$

c) Notwendigkeit lüftungstechnischer Maßnahmen

Da $q_{v,ges,NE,FL} > q_{v,inf,Konzept}$ gilt, sind lüftungstechnische Maßnahmen notwendig.

5.3.4 Lüftung besonderer Räume wie fensterloser Küchen und Bäder

Im fensterlosen Bad muss ein Entlüftungssystem nach DIN 18017-3 vorgesehen werden.

5.3.5 Andere Anforderungen

Es liegen keine Schallschutzanforderungen vor.

Es sind keine gesundheitlichen Aspekte hinsichtlich des Nutzers bekannt.

Im öffentlich-rechtlichen Nachweis nach Energieeinsparrecht wird mit einem ventilatorgestützten Lüftungssystem gerechnet, es bestehen energetische Anforderungen an das Lüftungssystem. Die Vorschläge sind deshalb mit dem Energieberater abzustimmen.

Es sind keine Kellerräume vorhanden.

5.3.6 Vorschlag für ein nutzerunabhängig wirksames Lüftungssystem

- Variante A (Abbildung 5.5):

  Als ventilatorgestütztes Lüftungssystem wird ein kombiniertes Lüftungssystem, bestehend aus Zu-/Abluftsystem mit alternierenden, paarweise arbeitenden Einzelraum-Lüftungsgeräte in Verbindung mit einem abschaltbaren Entlüftungssystem nach DIN 18017-3, vorgeschlagen.

  Der Flächenanteil des fensterlosen Bades muss im öffentlich-rechtlichen Nachweis nach Energieeinsparrecht als frei gelüftet angesetzt werden, da es mit einem abschaltbaren Entlüftungssystem nach DIN 18017-3 ausgestattet ist.

- Variante B (Abbildung 5.6):

  Als Alternative wird als ventilatorgestütztes Lüftungssystem ein kombiniertes Lüftungssystem, bestehend aus Zu-/Abluftsystem mit Einzelraum-Lüftungsgeräten und Abluftsystem, vorgeschlagen.

a) Brandschutzanforderungen

Für das Entlüftungssystem nach DIN 18017-3 in Variante A und das Abluftsystem in Variante B sind aufgrund der geschossübergreifenden Luftleitung Brandschutzauflagen hinsichtlich Brand- und Rauchübertragung zu berücksichtigen.

b) Anforderungen an den Schallschutz

Für die Varianten A und B ist zu prüfen, ob das geforderte Schalldämm-Maß der Außenbauteile auch mit Einzelraum-Lüftungsgeräten erreicht wird. Die Einzelraum-Lüftungsgeräte sind so zu planen, dass der in die Nutzungseinheit eingetragene Schall den Anforderungen genügt. Für das Entlüftungssystem nach DIN 18017-3 (Variante A) und das Abluftsystem (Variante B) ist sicherzustellen, dass ein unzulässiger Schalleintrag in fremde Nutzungseinheiten ausgeschlossen ist.

c) Anforderungen an die thermische Behaglichkeit

Für Variante A und B ist zu prüfen, ob das geforderte Zugluftrisiko eingehalten wird.

d) Anforderungen an die Realisierung der Luftvolumenströme

Für Variante A und B muss das ventilatorgestützte Lüftungssystem mindestens nach der Nennlüftung ausgelegt werden. Es ist eine geeignete Regeleinrichtung vorzusehen.

e) Anforderungen an die Raumluftqualität

Für Variante A und B ist eine Filterung der Abluft und der Außenluft vorzusehen.

f) Anforderungen an die Energieeffizienz

Für Variante A und B ist entweder eine 3-Stufen-Schaltung des Anlagenvolumenstroms oder eine Bedarfsregelung vorzusehen.

g) Erhöhte Anforderungen an die Zuluftqualität

Bei einer erhöhten Anforderung an die Zuluftqualität sind für Variante A und B Außenluftfilter in Ausführung „H“ vorzusehen.

h) Realisierung der Luftvolumenströme in besonderen Räumen

Im fensterlosen Bad sind sowohl bei Variante A als auch bei Variante B die Volumenstromanforderungen der DIN 18017-3 einzuhalten.

i) Betrieb von Feuerstätten und Lüftungsanlagen bzw. -geräten

Es werden keine raumluftabhängigen Feuerstätten vorgesehen.

Notwendigkeit lüftungstechnischer Maßnahmen - DIN 1946-6 : 2019, Kap. 4 & 5

Nr.	Maßnahme	Ausführung	
1	Daten Gebäude und Nutzungseinheit		
	Gebäudetyp	☑ MFH oder	☐ EFH
	Gebäudelage	☐ windschwach oder	☑ windstark
	Wohnfläche/Raumhöhe	A_{NE} = 70 m²	H_R = 2,5 m
	Besondere Räume	☑ ja oder	☐ nein
	Typ der Nutzungseinheit	☑ eingeschossig oder	☐ mehrgeschossig
	Volumenstromkoeffizient	$e_{z,Konzept}$ = 0,08	
	Belegungsdichte	☐ gering oder ≥ 40 m²/Person (z.B. EFH)	☑ hoch < 40 m²/Person (z.B. MFH)
	Wärmeschutz	☑ hoch oder	☐ niedrig
	Faktor zur Berücksichtigung Wärmeschutz	f_{WS} = 0,3	
	Infiltration (n_{50}-Wert)	n_{50} = 0,8 1/h	Messwert n_{50}= 0,8
2	Lüftungstechnische Maßnahmen notwendig (Infiltration ausreichend für Feuchteschutz?)		
	Außenluftvolumenstrom zum Feuchteschutz $q_{v,ges,NE,FL}$	$q_{v,ges,NE,FL} = f_{WS} * (-0{,}002 * A_{NE}^2 + 1{,}15 * A_{NE} + 11)$ $q_{v,ges,NE,FL}$ = 25 m³/h	
	Außenluftvolumenstrom durch Infiltration $q_{v,Inf,wirk}$	$q_{v,Inf,Konzept} = e_{z,Konzept} * V_{NE} * n_{50}$ $q_{v,Inf,Konzept}$ = 11 m³/h	
	Notwendigkeit lüftungstechnischer Maßnahmen	☑ ja oder $q_{v,ges,NE,FL} > q_{v,Inf,Konzept}$	☐ nein $q_{v,ges,NE,FL} \leq q_{v,Inf,Konzept}$
3			
		☑ fensterlose Sanitärräume	☐ andere besondere Räume
	max. / min. Außenluftvolumenstrom	$q_{v,max}$ = m³/h $q_{v,min}$ = m³/h	$q_{v,max}$ = m³/h $q_{v,min}$ = m³/h
	Nutzung als lüftungstechnische Maßnahme für die NE möglich?	☐ ja oder ☑ nein	☐ ja oder ☐ nein
4			
	Lüftungssystem für besondere Räume z.B. Sanitärräume	☑ Entlüftungssystem nach DIN 18017-3 ☐ Anderes System	oder
	Lüftungssystem für Nutzungseinheiten freie Lüftungssysteme	☐ Querlüftung ☐ Schachtlüftung	oder
	Lüftungssystem für Nutzungseinheiten ventilatorgestützte Lüftungssysteme	☐ Abluftsystem ☐ Zuluftsystem ☑ Zu-/Abluftsystem	oder
	Kombination von Lüftungssystemen	Entlüftungssystem und - und Zu-/Abluftsystem	

Abbildung 5.5: Lüftungskonzept – Dreiraumwohnung – Variante A

Notwendigkeit lüftungstechnischer Maßnahmen - DIN 1946-6 : 2019, Kap. 4 & 5

Nr.	Maßnahme	Ausführung	
1		Daten Gebäude und Nutzungseinheit	
	Gebäudetyp	☑ MFH oder	☐ EFH
	Gebäudelage	☐ windschwach oder	☑ windstark
	Wohnfläche/Raumhöhe	A_{NE} = 70 m²	H_R = 2,5 m
	Besondere Räume	☑ ja oder	☐ nein
	Typ der Nutzungseinheit	☑ eingeschossig oder	☐ mehrgeschossig
	Volumenstromkoeffizient	$e_{z,Konzept}$ = 0,08	
	Belegungsdichte	☐ gering oder ≥ 40 m²/Person (z.B. EFH)	☑ hoch < 40 m²/Person (z.B. MFH)
	Wärmeschutz	☑ hoch oder	☐ niedrig
	Faktor zur Berücksichtigung Wärmeschutz	f_{WS} = 0,3	
	Infiltration (n_{50}-Wert)	n_{50} = 0,8 1/h	Messwert n_{50}= 0,8
2		Lüftungstechnische Maßnahmen notwendig (Infiltration ausreichend für Feuchteschutz?)	
	Außenluftvolumenstrom zum Feuchteschutz $q_{v,ges,NE,FL}$	$q_{v,ges,NE,FL} = f_{WS} * (-0{,}002 * A_{NE}^2 + 1{,}15 * A_{NE} + 11)$ $q_{v,ges,NE,FL}$ = 25 m³/h	
	Außenluftvolumenstrom durch Infiltration $q_{v,Inf,wirk}$	$q_{v,Inf,Konzept} = e_{z,Konzept} * V_{NE} * n_{50}$ $q_{v,Inf,Konzept}$ = 11 m³/h	
	Notwendigkeit lüftungstechnischer Maßnahmen	☑ ja oder $q_{v,ges,NE,FL} > q_{v,Inf,Konzept}$	☐ nein $q_{v,ges,NE,FL} \leq q_{v,Inf,Konzept}$
3			
		☑ fensterlose Sanitärräume	☐ andere besondere Räume
	max. / min. Außenluftvolumenstrom	$q_{v,max}$ = m³/h $q_{v,min}$ = m³/h	$q_{v,max}$ = m³/h $q_{v,min}$ = m³/h
	Nutzung als lüftungstechnische Maßnahme für die NE möglich?	☑ ja oder ☐ nein	☐ ja oder ☐ nein
4			
	Lüftungssystem für besondere Räume z.B. Sanitärräume	☐ Entlüftungssystem nach DIN 18017-3 ☑ Anderes System Abluftsystem	oder
	Lüftungssystem für Nutzungseinheiten freie Lüftungssysteme	☐ Querlüftung ☐ Schachtlüftung	oder
	Lüftungssystem für Nutzungseinheiten ventilatorgestützte Lüftungssysteme	☐ Abluftsystem ☐ Zuluftsystem ☑ Zu-/Abluftsystem	oder
	Kombination von Lüftungssystemen	Abluftsystem und - und Zu-/Abluftsystem	

Abbildung 5.6: Lüftungskonzept – Dreiraumwohnung – Variante B

5.4 Beispiel 4: Einfamilienhaus

5.4.1 Konstellation

- Neubau, $n_{50,\mathrm{Planungswert}} = 1{,}0\ h^{-1}$
- Standort Frankfurt/M., Stadtrandlage, keine Schallschutzauflagen
- im EnEV-Nachweis wird mit Fensterlüftung gerechnet
- Bad, WC, Küche, Wohnzimmer, Schlafzimmer, 2 Kinderzimmer, Flur

5.4.2 Zusammenstellung der notwendigen Daten

a) Beheizte Grundfläche der Nutzungseinheit

EG:	
Wohnen/Essen	36 m²
Küche	12 m²
WC	3 m²
Flur EG	14 m²
1. OG	
Schlafen	16 m²
Kind	16 m²
Arbeiten	16 m²
Bad	9 m²
Flur OG	8 m²
Summe	130 m²

Die beheizte Grundfläche der Nutzungseinheit beträgt 130 m².

$A_{NE,LK} = 130\ m^2$

b) Wärmeschutz des Gebäudes

Das Gebäude ist ein Neubau. Der Wärmeschutz des Gebäudes ist hoch.

c) Belegung der Nutzungseinheit

Die Gesamtfläche der Nutzungseinheit beträgt 130 m². Es wird von einer Belegung mit drei Personen ausgegangen. Die Belegung der Nutzungseinheit ist gering (>= 40 m²/Person).

d) Lage des Bauvorhabens

Das Gebäude steht in Frankfurt/M., Frankfurt zählt zu den windschwachen Gebieten. Die Lage des Bauvorhabens ist windschwach.

e) Anzahl der Geschosse der Nutzungseinheit

Das EFH ist mehrgeschossig. Das EFH ist nach vier Seiten dem Wind ausgesetzt (mehr als eine Außenfassade).

f) Dichtheit der Gebäudehülle

Für die Dichtheit der Gebäudehülle wird mit dem Tabellenwert nach DIN 1946-6 für Kategorie A ($n_{50} = 1{,}0\ h^{-1}$) gerechnet.

5.4.3 Notwendigkeit lüftungstechnischer Maßnahmen

a) Luftaustausch zur Sicherstellung des Feuchteschutzes

$q_{v,ges,NE,FL} = f_{ws} \cdot (-0{,}002 \cdot A_{NE}^2 + 1{,}15 \cdot A_{NE} + 11)$

$f_{ws} = 0{,}2$ (Wärmeschutz hoch, geringe Belegung)

$A_{NE,LK} = 130\ m^2$

$q_{v,inf,NE,FL} = 25\ m^3/h$

b) Bestimmung der wirksamen Infiltration

$q_{v,inf,Konzept} = e_{z,Konzept} \cdot V_{NE} \cdot n_{50}$

$e_{z,Konzept} =$ 0,06 (windschwach, mehrgeschossige NE)

$V_{NE} = A_{NE} \cdot H_R$

$V_{NE} = 130\ m^2 \cdot 2{,}5\ m$

$n_{50} = 1{,}0\ h^{-1}$

$q_{v,inf,Konzept} = 19\ m^3/h$

c) Notwendigkeit lüftungstechnischer Maßnahmen

Da $q_{v,ges,NE,FL} > q_{v,inf,Konzept}$ gilt, sind lüftungstechnische Maßnahmen notwendig.

5.4.4 Lüftung besonderer Räume wie fensterloser Küchen und Bäder

Es liegen keine besonderen Räume vor.

5.4.5 Andere Anforderungen

Es liegen keine Schallschutzanforderungen vor.

Es sind keine gesundheitlichen Aspekte hinsichtlich des Nutzers bekannt.

Im öffentlich-rechtlichen Nachweis nach Energieeinsparrecht wird mit Fensterlüftung gerechnet, es bestehen keine energetischen Anforderungen an das Lüftungssystem.

Es sind keine Kellerräume vorhanden.

5.4.6 Vorschlag für ein nutzerunabhängig wirksames Lüftungssystem

- Variante A (Abbildung 5.7):

  Als ventilatorgestütztes Lüftungssystem wird ein Zu-/Abluftsystem vorgeschlagen.

- Variante B (Abbildung 5.8):

  Als Alternative wird ein freies Lüftungssystem als Querlüftungssystem vorgeschlagen.

a) Brandschutzanforderungen

Es bestehen keinen Anforderungen hinsichtlich Brand- und Rauchübertragung.

b) Anforderungen an den Schallschutz

Für die Variante A ist das Zu-/Abluftsystem so zu planen, dass der in die Nutzungseinheit eingetragene Schall den Anforderungen genügt.

Für Variante B ist zu prüfen, ob das geforderte Schalldämm-Maß der Außenbauteile auch mit Außenbauteil-Luftdurchlässen erreicht wird.

c) Anforderungen an die thermische Behaglichkeit

Für die Varianten A und B ist zu prüfen, ob das geforderte Zugluftrisiko eingehalten wird.

d) Anforderungen an die Realisierung der Luftvolumenströme

Für Variante A muss das ventilatorgestützte Lüftungssystem mindestens nach der Nennlüftung ausgelegt werden. Es ist eine geeignete Regeleinrichtung vorzusehen.

Für Variante B muss das freie Lüftungssystem mindestens nach der Lüftung zum Feuchteschutz ausgelegt werden.

e) Anforderungen an die Raumluftqualität

Für Variante A ist eine Filterung der Abluft und der Außenluft vorzusehen.

f) Anforderungen an die Energieeffizienz

Für Variante A ist eine Abluftwärmenutzung sowie entweder eine 3-Stufen-Schaltung des Anlagenvolumenstroms oder eine Bedarfsregelung vorzusehen.

g) Erhöhte Anforderungen an die Zuluftqualität

Bei einer erhöhten Anforderung an die Zuluftqualität sind für Variante A Außenluftfilter in Ausführung „H“ vorzusehen.

Variante B ist nicht für erhöhte Anforderungen an die Zuluftqualität geeignet.

h) Realisierung der Luftvolumenströme in besonderen Räumen

Es sind keine besonderen Räume vorhanden.

i) Betrieb von Feuerstätten und Lüftungsanlagen bzw. -geräten

Es werden keine raumluftabhängigen Feuerstätten vorgesehen.

Notwendigkeit lüftungstechnischer Maßnahmen - DIN 1946-6 : 2019-12, Kap. 4 & 5

Nr.	Maßnahme	Ausführung	
1		Daten Gebäude und Nutzungseinheit	
	Gebäudetyp	☐ MFH oder	☑ EFH
	Gebäudelage	☑ windschwach oder	☐ windstark
	Wohnfläche/Raumhöhe	A_{NE} = 130 m²	H_R = 2,5 m
	Besondere Räume	☐ ja oder	☑ nein
	Typ der Nutzungseinheit	☐ eingeschossig oder	☑ mehrgeschossig
	Volumenstromkoeffizient	$e_{z,Konzept}$ = 0,06	
	Belegungsdichte	☑ gering oder ≥ 40 m²/Person (z.B. EFH)	☐ hoch < 40 m²/Person (z.B. MFH)
	Wärmeschutz	☑ hoch oder	☐ niedrig
	Faktor zur Berücksichtigung Wärmeschutz	f_{WS} = 0,2	
	Infiltration (n_{50}-Wert)	n_{50} = 1 1/h	Klasse A
2		Lüftungstechnische Maßnahmen notwendig (Infiltration ausreichend für Feuchteschutz?)	
	Außenluftvolumenstrom zum Feuchteschutz $q_{v,ges,NE,FL}$	$q_{v,ges,NE,FL} = f_{WS} * (-0{,}002 * A_{NE}^2 + 1{,}15 * A_{NE} + 11)$ $q_{v,ges,NE,FL}$ = 25 m³/h	
	Außenluftvolumenstrom durch Infiltration $q_{v,Inf,wirk}$	$q_{v,Inf,Konzept} = e_{z,Konzept} * V_{NE} * n_{50}$ $q_{v,Inf,Konzept}$ = 20 m³/h	
	Notwendigkeit lüftungstechnischer Maßnahmen	☑ ja oder $q_{v,ges,NE,FL} > q_{v,Inf,Konzept}$	☐ nein $q_{v,ges,NE,FL} \leq q_{v,Inf,Konzept}$
3			
		☐ fensterlose Sanitärräume	☐ andere besondere Räume
	max. / min. Außenluftvolumenstrom	$q_{v,max}$ = m³/h $q_{v,min}$ = m³/h	$q_{v,max}$ = m³/h $q_{v,min}$ = m³/h
	Nutzung als lüftungstechnische Maßnahme für die NE möglich?	☐ ja oder ☐ nein	☐ ja oder ☐ nein
4			
	Lüftungssystem für besondere Räume z.B. Sanitärräume	☐ Entlüftungssystem nach DIN 18017-3 ☐ Anderes System	oder
	Lüftungssystem für Nutzungseinheiten freie Lüftungssysteme	☐ Querlüftung ☐ Schachtlüftung	oder
	Lüftungssystem für Nutzungseinheiten ventilatorgestützte Lüftungsysteme	☐ Abluftsystem ☐ Zuluftsystem ☑ Zu-/Abluftsystem	oder
	Kombination von Lüftungssystemen	- - Zu-/Abluftsystem	und und

Abbildung 5.7: Lüftungskonzept – Einfamilienhaus – Variante A

Notwendigkeit lüftungstechnischer Maßnahmen - DIN 1946-6 : 2019-12, Kap. 4 & 5

Nr.	**Maßnahme**	**Ausführung**	
1	Daten Gebäude und Nutzungseinheit		
	Gebäudetyp	☐ MFH oder	☑ EFH
	Gebäudelage	☑ windschwach oder	☐ windstark
	Wohnfläche/Raumhöhe	A_{NE} = 130 m²	H_R = 2,5 m
	Besondere Räume	☐ ja oder	☑ nein
	Typ der Nutzungseinheit	☐ eingeschossig oder	☑ mehrgeschossig
	Volumenstromkoeffizient	$e_{z,Konzept}$ = 0,06	
	Belegungsdichte	☑ gering oder ≥ 40 m²/Person (z.B. EFH)	☐ hoch < 40 m²/Person (z.B. MFH)
	Wärmeschutz	☑ hoch oder	☐ niedrig
	Faktor zur Berücksichtigung Wärmeschutz	f_{WS} = 0,2	
	Infiltration (n_{50}-Wert)	n_{50} = 1 1/h	Klasse A
2	Lüftungstechnische Maßnahmen notwendig (Infiltration ausreichend für Feuchteschutz?)		
	Außenluftvolumenstrom zum Feuchteschutz $q_{v,ges,NE,FL}$	$q_{v,ges,NE,FL} = f_{WS} * (-0{,}002 * A_{NE}^2 + 1{,}15 * A_{NE} + 11)$ $q_{v,ges,NE,FL}$ = 25 m³/h	
	Außenluftvolumenstrom durch Infiltration $q_{v,Inf,wirk}$	$q_{v,Inf,Konzept} = e_{z,Konzept} * V_{NE} * n_{50}$ $q_{v,Inf,Konzept}$ = 20 m³/h	
	Notwendigkeit lüftungstechnischer Maßnahmen	☑ ja oder $q_{v,ges,NE,FL} > q_{v,Inf,Konzept}$	☐ nein $q_{v,ges,NE,FL} \leq q_{v,Inf,Konzept}$
3			
		☐ fensterlose Sanitärräume	☐ andere besondere Räume
	max. / min. Außenluftvolumenstrom	$q_{v,max}$ = m³/h $q_{v,min}$ = m³/h	$q_{v,max}$ = m³/h $q_{v,min}$ = m³/h
	Nutzung als lüftungstechnische Maßnahme für die NE möglich?	☐ ja oder ☐ nein	☐ ja oder ☐ nein
4			
	Lüftungssystem für besondere Räume z.B. Sanitärräume	☐ Entlüftungssystem nach DIN 18017-3 ☐ Anderes System	oder
	Lüftungssystem für Nutzungseinheiten freie Lüftungssysteme	☑ Querlüftung ☐ Schachtlüftung	oder
	Lüftungssystem für Nutzungseinheiten ventilatorgestützte Lüftungssysteme	☐ Abluftsystem ☐ Zuluftsystem ☐ Zu-/Abluftsystem	oder
	Kombination von Lüftungssystemen	- Querlüftung -	und und

Abbildung 5.8: Lüftungskonzept – Einfamilienhaus – Variante B

Fazit:

Die im Rahmen des Lüftungskonzepts ermittelte Notwendigkeit lüftungstechnischer Maßnahmen wird durch

- den Gebäudetyp (EFH oder MFH),
- die Gebäudelage (windschwach oder windstark),
- die Gebäudedichtheit (n_{50}-Wert),
- den Gebäudewärmeschutz (hoch oder niedrig),
- die Wohnfläche,
- den Wohnungstyp (eingeschossig oder mehrgeschossig) sowie
- die Belegungsdichte (Wohnfläche pro Person)

beeinflusst.

Der Vorschlag geeigneter lüftungstechnischer Maßnahmen soll immer objektspezifisch und unter Beachtung evtl. weiterer Anforderungen (z.B. Schallschutz, Raumluftqualität oder Energieeffizienz) erfolgen.

6 System- und Komponentenauslegung

6.1 Außenluftvolumenströme

6.1.1 Grundlagen

Der in Gebäuden wirksame Gesamt-Außenluftvolumenstrom setzt sich nach DIN 1946-6:2019-12 zusammen aus

- dem Luftvolumenstrom durch lüftungstechnische Maßnahmen $q_{v,LtM}$,
- dem wirksamen Luftvolumenstrom durch Infiltration $q_{v,Inf,wirk}$ und
- dem wirksamen Luftvolumenstrom durch manuelles Fensterlüften $q_{v,Fe,wirk}$.

In der Neufassung der DIN 1946-6 erfolgt bei der Auslegung der Lüftungssysteme die Berechnung der Infiltration nur noch für Außenbauteil-Luftdurchlässe ALD. Für alle anderen Lüftungskomponenten erfolgt keine Anrechnung der Infiltration mehr.

Wie bereits in der Normenfassung 2009 wird generell davon ausgegangen, dass die Auslegung der Lüftungssysteme für geschlossene Fenster ($q_{v,Fe,wirk} = 0$) erfolgt. Das bedeutet allerdings keinesfalls, dass im Betrieb Fensterlüften nicht zulässig ist (siehe Abbildung 4.1).

Der notwendige Gesamt-Außenluftvolumenstrom $q_{v,ges}$ wird aus den Anforderungen an

- die gesamte Nutzungseinheit,
- bestimmte Räume sowie
- personenbezogene Volumenströme (wenn Personenanzahl bekannt)

bestimmt.

6.1.2 Notwendiger Außenluftvolumenstrom Nutzungseinheit

Die Anforderungen an die gesamte Nutzungseinheit werden in Abhängigkeit von der Fläche der Nutzungseinheit und der zu realisierenden Lüftungsstufe wie folgt bestimmt:

$$q_{v,ges,NE} = f_{LSt} \cdot (-0{,}002 \cdot A_{NE}^2 + 1{,}15 \cdot A_{NE} + 11)$$

mit

$q_{v,ges,NE}$ Luftvolumenstrom für die Lüftungsstufe, in m^3/h

f_{LSt} Faktor zur Berücksichtigung der Lüftungsstufe (LSt) des Gebäudes

A_{NE} Fläche der Nutzungseinheit, in m^2

Diese Gleichung gilt für Nutzungseinheiten mit einer Fläche bis zu 210 m^2. Für größere Nutzungseinheiten sind diese Luftvolumenströme anzupassen, indem der für Nennlüftung für $A_{NE} = 210\ m^2$ bestimmte Luftvolumenstrom um 4 m^3/h je 10 m^2 zusätzliche Wohnfläche erhöht wird. Für alle anderen Lüftungsstufen ergibt sich die Erhöhung aus dem Verhältnis der Faktoren zur Berücksichtigung der Lüftungsstufe.

Für den Faktor zur Berücksichtigung der Lüftungsstufe f_{LSt} sind nach DIN 1946-6 die Werte nach Tabelle 6.1 anzusetzen.

Tabelle 6.1: Faktoren zur Berücksichtigung der Lüftungsstufe f_{LSt}, nach DIN 1946-6:2019-12

	Wärmeschutz hoch	Wärmeschutz gering
Lüftung zum Feuchteschutz geringe Belegung [a]	0,2	0,3
Lüftung zum Feuchteschutz hohe Belegung	0,3	0,4
Reduzierte Lüftung	0,7	
Nennlüftung	1,0	
Intensivlüftung	1,3	

[a] Geringe Belegung liegt üblicherweise in selbstgenutztem Eigentum wie z. B. EFH vor.

Die Einteilung des Wärmeschutzes erfolgt anhand des Baualters bzw. des Sanierungszustandes. Alle seit 1995 errichteten Gebäude oder mit entsprechendem Wärmeschutzniveau komplett sanierten Gebäude fallen unter die Kategorie „Wärmeschutz hoch".

Zur Bewertung der Belegungsdichte wird die pro Person verfügbare Wohnfläche herangezogen. Sind bei der bestimmungsgemäßen Nutzung mehr als 40 m² Wohnfläche pro Person vorhanden, spricht man von geringer Belegung, die üblicherweise in Einfamilienhäusern vorliegt. Ist die Belegung zum Zeitpunkt der Lüftungsplanung unklar oder soll nicht festgelegt werden, liegt die Annahme einer hohen Belegung lüftungstechnisch auf der sicheren Seite.

Die Werte für den notwendigen Außenluftvolumenstrom für Nutzungseinheiten können alternativ zur oben genannten Gleichung näherungsweise auch aus Tabelle 6.2 nach DIN 1946-6 entnommen werden. Zu beachten ist lediglich, dass in der Tabelle 6.2 auf 5 gerundete Werte dargestellt werden und damit kleine Abweichungen zu den mit der Gleichung bestimmten Werten möglich sind.

Abbildung 6.1 zeigt die Anforderungen an den Gesamt-Außenluftvolumenstrom für Nutzungseinheiten im Vergleich der Normenfassungen von 2009 und 2019.

Tabelle 6.2: Außenluftvolumenstrom für Nutzungseinheiten nach DIN 1946-6:2019-12

Fläche der Nutzungseinheit A_{NE} [c] m^2		**≤ 20**	**30**	**50**	**70**	**90**	**110**	**130**	**150**	**170**	**190**	**210**
Lüftung zum Feuchteschutz Wärmeschutz hoch $q_{v,ges,NE,FLh}$	geringe Belegung [d]	k.A.	k.A.	15	15	20	25	25	30	30	30	35
	hohe Belegung	10	15	20	25	30	35	40	40	45	45	50
Lüftung zum Feuchteschutz Wärmeschutz gering $q_{v,ges,NE,FLg}$	geringe Belegung [d]	k.A.	k.A.	20	25	30	35	40	40	45	45	50
	hohe Belegung	15	20	25	35	40	45	50	55	60	65	65
Reduzierte Lüftung $q_{v,ges,NE,RL}$		25	30	45	55	70	80	90	95	105	110	115
Nennlüftung [e] $q_{v,ges,NE,NL}$		35	45	65	80	100	115	125	140	150	155	165
Intensivlüftung $q_{v,ges,NE,IL}$		45	55	85	105	130	145	165	180	195	205	215

[a] Die Tabellenwerte sind auf 5 m^3/h gerundet.

[b] Einschließlich Infiltration.

[c] Beheizte Fläche A_{NE} innerhalb der Gebäudehülle, die im Rahmen des Lüftungskonzeptes zu berücksichtigen ist:

- bei Flächen der NE $A_{NE} < 20$ m^2 (je Wohnung bzw. Nutzungseinheit) wird $A_{NE} = 20$ m^2 gesetzt,
- bei Flächen der NE $A_{NE} > 210$ m^2 (je Wohnung bzw. Nutzungseinheit) sind die planmäßigen Außenluftvolumenströme anzupassen, indem der für 210 m^2 bestimmte Volumenstrom für die Nennlüftung um 4 m^3/h je 10 m^2 zusätzliche Wohnfläche erhöht wird. Eine Verringerung der Luftvolumenströme mit größer werdender Fläche der Nutzungseinheit ist nicht zulässig.

[d] Lüftung zum Feuchteschutz: Von einer geringen Belegung kann ausgegangen werden, wenn bei planmäßiger Nutzung eine Nutzungsfläche von ≥ 40 m^2/Person vorhanden ist.

[e] Nennlüftung: Eine aus Lüftungssicht planmäßig zulässige Personenzahl in einer Nutzungseinheit kann bestimmt werden, indem der für Nennlüftung angegebene Gesamt-Außenluftvolumenstrom durch ungefähr 30 m^3/h je Person geteilt wird, z. B. Nutzungseinheit mit 110 m^2: 120 m^3/h/30 m^3/(h*Pers.) = 4 Personen (gerundeter Wert). Das entspricht in Bezug auf die NE Kat I bis Kat II der DIN EN 15251:2012-12[2], Tabelle B.5.

In Ausnahmefällen kann bei intensiv genutzten Nutzungseinheiten die aus Lüftungssicht planmäßig zulässige Personenzahl bestimmt werden, indem der für Nennlüftung angegebene Gesamt-Außenluftvolumenstrom durch 20 m^3/h je Person geteilt wird (entspricht in Bezug auf die NE Kat III der DIN EN 15251:2012-12[2], Tabelle B.5).

Bei erhöhten Anforderungen (z. B. bei über die üblichen Werte hinausgehenden, hohen Schadstofflasten) können die Außenluftvolumenströme erhöht werden, siehe Nationaler Anhang NA der DIN EN 15251:2012-12[2].

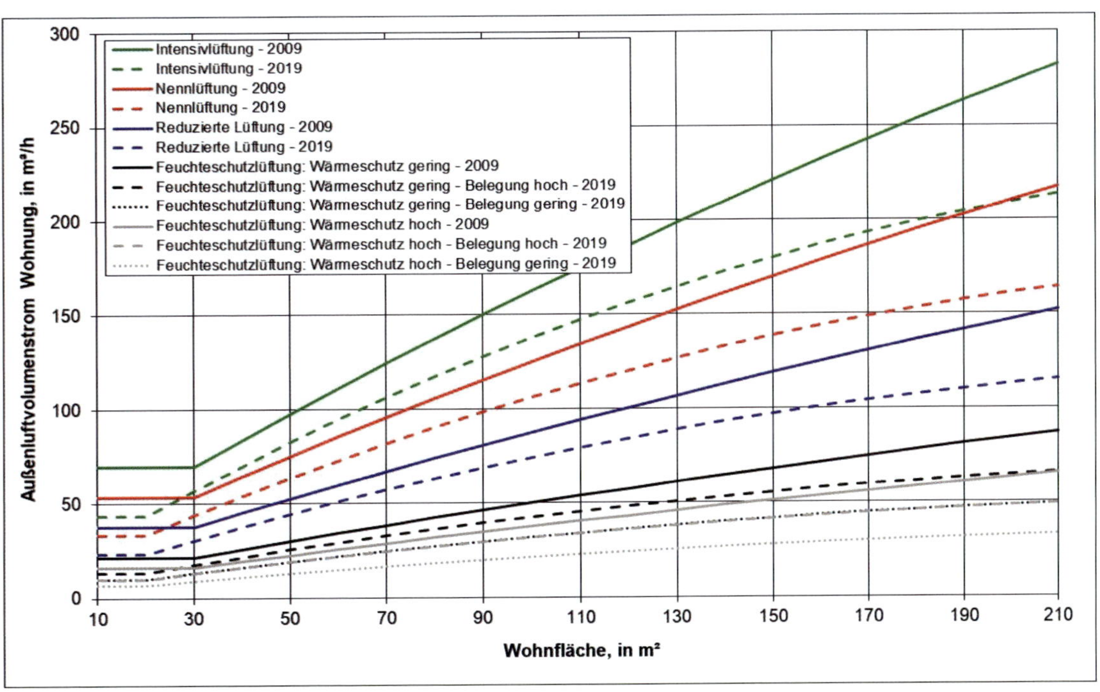

Abbildung 6.1: Anforderungen an den Außenluftvolumenstrom für Nutzungseinheiten im Vergleich der Normenfassungen von 2009 und 2019 der DIN 1946-6

6.1.3 Notwendiger Außenluftvolumenstrom Räume

Die Anforderungen an einzelne Räume werden differenziert für freie Lüftung (für die Lüftung zum Feuchteschutz) und für ventilatorgestützte Lüftung (Nennlüftung) gestellt (siehe Tabelle 6.3 und Tabelle 6.4). Das detaillierte Vorgehen zur Berücksichtigung dieser Volumenströme beim Gesamt-Außenluftvolumenstrom wird im folgenden Abschnitt vorgestellt.

Tabelle 6.3: Gesamt-Außenluftvolumenstrom für einzelne Räume – freie Lüftung nach DIN 1946-6:2019-12

<table>
<tr><th rowspan="3">Raum</th><th colspan="5">Gesamt-Außenluftvolumenströme $q_{v,ges,R}$ in m^3/h</th></tr>
<tr><th colspan="2">Lüftung zum Feuchteschutz</th><th rowspan="2">reduzierte Lüftung</th><th rowspan="2">Nennlüftung</th><th rowspan="2">Intensivlüftung</th></tr>
<tr><th>Wärmeschutz hoch[a]</th><th>Wärmeschutz gering[b]</th></tr>
<tr><td>Küche, Kochnische, Bad, Duschraum, WC[e]</td><td rowspan="4">8</td><td rowspan="4">12</td><td rowspan="6" colspan="3">Umrechnung aus Lüftung zum Feuchteschutz

teilweise durch Nutzerunterstützung (manuelles Fensteröffnen)</td></tr>
<tr><td>Hausarbeitsraum, Abstellraum[e]</td></tr>
<tr><td>Kellerraum (z. B. Hobbyraum)[c, d, e]</td></tr>
<tr><td>Arbeitszimmer, Gästezimmer</td></tr>
<tr><td>Wohnzimmer, Esszimmer</td><td rowspan="2">10</td><td rowspan="2">18</td></tr>
<tr><td>Schlafzimmer, Kinderzimmer</td></tr>
</table>

a Wärmeschutz hoch: Neubau nach 1995 oder Komplett-Modernisierung mit entsprechendem Wärmeschutzniveau (mindestens nach WSchV 95, schließt die EnEV ein).
b Wärmeschutz gering: nicht oder teilmodernisierte (z. B. nur Fensterwechsel, dadurch Erhöhung der Dichtheit der Gebäudehülle bei niedrigem Wärmedämmstandard) Gebäude.
c nur innerhalb der thermischen Hülle.
d Räume bei deren Nutzungen erhöhten Feuchte bzw. Stofflasten verursacht werden, sind gesondert zu behandeln.
e Abluftraum bei Schachtlüftung

Tabelle 6.4: Gesamt-Außenluftvolumenstrom für einzelne Räume – ventilatorgestützte Lüftung nach DIN 1946-6:2019-12

Raum[h]	Gesamt-Abluftvolumenströme $q_{v,ges,R,ab}$ in m^3/h			
	Lüftung zum Feuchteschutz	reduzierte Lüftung	Nennlüftung[g,h]	Intensivlüftung
Hausarbeitsraum	Umrechnung aus Nennlüftung		20[c,d]	Umrechnung aus Nennlüftung
Kellerraum (z. B. Hobbyraum)[a,f]				
WC[b]				
Küche, Kochnische, Bad[b], Duschraum			40	tlw. durch Nutzerunterstützung
Sauna bzw. Fitnessraum			40[e]	

a beheizt und innerhalb der thermischen Hülle.
b Intensivlüftung fensterloser Räume: Die Bauaufsichtliche Richtlinie verlangt für fensterlose Küchen 200 m^3/h.
c Wenn es für das Lüftungskonzept der Nutzungseinheit erforderlich ist, kann auch der Flur mit einem Abluftvolumenstrom von 20 m^3/h geplant werden.
d Wird in dem Raum Wäsche z. B. mit Wäscheständer getrocknet ist mit einem Abluftvolumenstrom von 40 m^3/h zu planen.
e Der Volumenstrom kann alternativ entsprechend dem zu erwartenden Feuchtelastanfall unter Aspekten des Bautenschutzes festgelegt werden.
f Räume, bei deren Nutzungen erhöhte Feuchte bzw. Stofflasten verursacht werden, sind gesondert zu behandeln.
g Bei der Auslegung nach Gleichung (28) ist eine Reduzierung unter 50 % der Werte der Tabelle 16 nicht zulässig.
h Es können auch weitere Räume wie z. B. Abstell-, Ankleide- oder Hauswirtschaftsräume unter Beachtung der planerisch anzusetzenden Nutzungsbedingungen (zu erwartende Feuchtelasten) als Ablufträume in das Lüftungskonzept einbezogen werden.

6.1.4 Notwendiger Gesamt-Außenluftvolumenstrom

Die Bestimmung des notwendigen Gesamt-Außenluftvolumenstroms erfolgt bei freier Lüftung in Abhängigkeit vom Lüftungssystem und basierend auf der Lüftung zum Feuchteschutz.

Querlüftung – Lüftung zum Feuchteschutz:

$$q_{v,ges,FL} = \max\left\{ q_{v,ges,NE,FL}; 0{,}5 \cdot \sum_{R} q_{v,ges,R,FL} \right\}$$

Schachtlüftung – Lüftung zum Feuchteschutz:

$$q_{v,ges,FL} = \max\left\{ q_{v,ges,NE,FL}; \sum_{R,ab} q_{v,ges,R,ab,FL} \right\}$$

mit

$q_{v,ges,FL}$ Gesamt-Außenluftvolumenstrom Lüftung zum Feuchteschutz, in m^3/h

$q_{v,ges,NE,FL}$ Außenluftvolumenstrom Nutzungseinheit Lüftung zum Feuchteschutz nach Tabelle 6.2, in m^3/h

$q_{v,ges,R,FL}$ Außenluftvolumenstrom Räume Lüftung zum Feuchteschutz nach Tabelle 6.3, in m^3/h

$q_{v,ges,R,ab,FL}$ Außenluftvolumenstrom Ablufträume Lüftung zum Feuchteschutz nach Tabelle 6.3, in m^3/h

Die Umrechnung auf andere Lüftungsstufen erfolgt als Verhältnisgleichung nach dem folgenden Prinzip:

$$q_{v,ges,LSt} = \frac{q_{v,ges,FL}}{q_{v,ges,NE,FL}} \cdot q_{v,ges,NE,LSt}$$

mit

$q_{v,ges,LSt}$ Gesamt-Außenluftvolumenstrom Lüftungsstufe, in m^3/h

$q_{v,ges,NE,LSt}$ Außenluftvolumenstrom Nutzungseinheit Lüftungsstufe nach Tabelle 6.2, in m^3/h

Die Bestimmung des notwendigen Gesamt-Außentluftvolumenstroms erfolgt bei ventilatorgestützter Lüftung für die Nennlüftung:

$$q_{v,ges,NL} = \max\left\{q_{v,ges,NE,NL}; \min\left(\sum_{R,ab} q_{v,ges,R,ab,NL}; 1{,}2 \cdot q_{v,ges,NE,NL}\right)\right\}$$

mit

$q_{v,ges,NL}$ Gesamt-Außenluftvolumenstrom Nennlüftung, in m^3/h

$q_{v,ges,NE,FL}$ Außenluftvolumenstrom Nutzungseinheit Nennlüftung nach Tabelle 6.2, in m^3/h

$q_{v,ges,R,ab,NL}$ Abluftvolumenstrom Räume Nennlüftung nach Tabelle 6.4, in m^3/h

In Wohnungen mit sehr vielen Feuchträumen, die kaum alle gleichzeitig intensiv genutzt werden können, besteht die Gefahr der Überdimensionierung des Lüftungssystems. Um das zu vermeiden, ist die Gleichung zur Bestimmung des Gesamtaußenluftvolumenstroms in der Neufassung der Norm um den Term $1{,}2 \cdot q_{v,ges,NE,NL}$ erweitert worden. Damit ist nur noch das Minimum aus der Summe der Luftvolumenströme der Ablufträume und des 1,2-fachen des Luftvolumenstroms für die Nutzungseinheit anzurechnen, um eine Überdimensionierung ventilatorgestützter Lüftungssysteme bei vielen Ablufträumen zu vermeiden.

Die Umrechnung auf andere Lüftungsstufen erfolgt als Verhältnisgleichung nach dem folgenden Prinzip:

$$q_{v,ges,LSt} = \frac{q_{v,ges,NL}}{q_{v,ges,NE,NL}} \cdot q_{v,ges,NE,LSt}$$

mit

$q_{v,ges,LSt}$ Gesamt-Außenluftvolumenstrom Lüftungsstufe, in m^3/h

$q_{v,ges,NE,LSt}$ Außenluftvolumenstrom Nutzungseinheit Lüftungsstufe nach Tabelle 6.2, in m^3/h

Ist die Personenanzahl in der Nutzungseinheit definitiv bekannt (vorstellbar z. B. in Studentenappartements) kann mit dem in DIN 1946-6 genannten personenspezifischen Luftvolumenstrom von 30 $m^3/(h \cdot Pers.)$, mindestens jedoch 20 $m^3/(h \cdot Pers.)$, die Plausibilität der für die gesamte Nutzungseinheit und für einzelne Räume bestimmten Luftvolumenströme in Relation zur konkreten Belegungsdichte in der Lüftungsstufe Nennlüftung geprüft werden.

6.1.5 Wirksamer Luftvolumenstrom durch Infiltration

Der wirksame Luftvolumenstrom durch Infiltration ermittelt sich mit folgender Gleichung:

$$q_{v,Inf,wirk} = e_z \cdot V_{NE} \cdot n_{50}$$

mit

$q_{v,inf,wirk}$ wirksamer Luftvolumenstrom durch Infiltration, in m^3/h

$e_{z,wirk}$ Volumenstromkoeffizient

V_{NE} Luftvolumen der Nutzungseinheit

$V_{NE} = A_{NE} \cdot H_R$

mit

A_{NE} Fläche der Nutzungseinheit, in m²

H_R Raumhöhe, in m

n_{50} Luftwechsel bei 50 Pa Differenzdruck, in h^{-1}

Für die Auslegung von Außenbauteil-Luftdurchlässen bei freier Lüftung wird der Volumenstromkoeffizient e_z nach den folgenden Gleichungen bestimmt. Für alle anderen Lüftungskomponenten wird keine Infiltration angerechnet ($q_{v,Inf,wirk} = 0$).

$$e_z = 0{,}04 \cdot \sqrt{f_{Wind}^2 + f_{Therm}^2}$$

$$f_{Wind} = f_{Ort} \cdot f_{Lage} \cdot f_{Höhe} \cdot f_{Fassade}$$

mit

f_{Wind} Korrekturfaktor für Einfluss des Windes

f_{Therm} Korrekturfaktor für Einfluss des thermischen Auftriebs, siehe Tabelle 6.5

f_{Ort} Korrekturfaktor für Gebäudestandort, siehe Tabelle 6.5

f_{Lage} Korrekturfaktor für Gebäudelage, siehe Tabelle 6.5

$f_{Höhe}$ Korrekturfaktor für Höhe der Nutzungseinheit über Grund, siehe Tabelle 6.5

$f_{Fassade}$ Korrekturfaktor für Fassadenanzahl für einseitig orientierte Nutzungseinheiten (1 Fassade), siehe Tabelle 6.5

Tabelle 6.5: Korrekturfaktoren zur Bestimmung des Außenluftvolumenstroms durch Infiltration bei freier Lüftung nach DIN 1946-6:2019-12

Korrekturfaktor für Gebäudestandort f_{Ort}	
windschwach	1,0
windstark	2,0
Korrekturfaktor für Gebäudelage f_{Lage}	
normale Lage	1,0
offene Lage (z. B. ohne Nachbarbebauung, siehe DIN EN 16798-7)	1,4
geschlossene Lage (z. B. Stadtzentrum, siehe DIN EN 16798-7)	0,6
Korrekturfaktor für Höhe der Nutzungseinheit über Grund $f_{Höhe}$	
mittlere Höhe Nutzungseinheit über Grund $H_{NE} \leq 15$ m	1,0
mittlere Höhe Nutzungseinheit über Grund $H_{NE} > 15$ m	1,3
Korrekturfaktor für Fassadenanzahl für einseitig orientierte Nutzungseinheiten (1 Fassade) $f_{Fassade}$	
mehr als eine windausgesetzte Fassade	1,0
eine windausgesetzte Fassade	0,15
Korrekturfaktor für Einfluss des thermischen Auftriebs f_{Therm}	
Querlüftung in eingeschossigen Nutzungseinheiten (ohne wesentlichen Höhenunterschied zwischen Leckagen und ALD)	0
Querlüftung in eingeschossigen Nutzungseinheiten (mit wesentlichem Höhenunterschied zwischen Leckagen und ALD)	0,75
Querlüftung in mehrgeschossigen Nutzungseinheiten	1,1
Schachtlüftung	1,7

Für die Auslegung von Außenbauteil-Luftdurchlässen bei ventilatorgestützter Lüftung wird der Volumenstromkoeffizient e_z nach Tabelle 6.6 festgelegt. Für alle anderen Lüftungskomponenten wird keine Infiltration angerechnet ($q_{v,Inf,wirk} = 0$).

Tabelle 6.6: Volumenstromkoeffizient zur Bestimmung des Außenluftvolumenstroms durch Infiltration bei ventilatorgestützter Lüftung nach DIN 1946-6:2019-12

Lüftungssystem			Volumenstrom-koeffizient e_z
ventilatorgestützte Lüftung	Abluft-system	ohne raumluftabhängige Feuerstätte	0,21
		mit raumluftabhängiger Feuerstätte[a]	0,17
	Zuluftsystem		0,17
	Zu/Abluftsystem		nicht benötigt
Entlüftungs-system nach DIN 18017-3	ohne raumluftabhängige Feuerstätte		0,21
	mit raumluftabhängiger Feuerstätte[a]		0,17

[a] Mit dem verminderten e_z wird sichergestellt, dass bei Betrieb kein größerer Unterdruck als 4 Pa auftritt.

Die Auslegungswerte des n_{50}-Wertes in Abhängigkeit von Gebäudekonstellation und Lüftungssystem (siehe Tabelle 4.3) sowie die Zuordnung der Landkreise zum windschwachen oder windstarken Gebiet (siehe Abbildung 4.2) bleiben in der Neufassung der Norm unverändert.

Wird die Gebäudedichtheit mit einer Messung bestimmt, kann eine rechnerische Korrektur für kleine Öffnungen erfolgen, die bei der Messung abgedichtet, bei bestimmungsgemäßer Nutzung aber offen sind:

$$n_{50} = n_{50,m} + 2\frac{\text{m}^3}{\text{h}\cdot\text{cm}^2}\cdot\frac{A_{\text{Öff}}}{V_{\text{NE}}}$$

mit

$n_{50,m}$ Messwert des Luftwechsels bei 50 Pa Differenzdruck, in h^{-1}

$A_{\text{Öff}}$ Fläche von kleinen Öffnungen, die bei der Messung der Luftdichtheitnicht erfasst (abgedichtet) worden sind, aber bei bestimmungsgemäßer Nutzung des Gebäudes geöffnet sind, in cm^2

6.1.6 Notwendiger Außenluftvolumenstrom durch lüftungstechnische Maßnahmen

Aus dem notwendigen Gesamt-Außenluftvolumenstrom $q_{v,ges}$ kann der Außenluftvolumenstrom durch lüftungstechnische Maßnahmen bestimmt werden.

$$q_{v,LtM} = q_{v,ges} - (q_{v,Inf,wirk} + q_{v,Fe,wirk})$$

mit

$q_{v,LtM}$ Notwendiger Außenluftvolumenstrom durch lüftungstechnische Maßnahmen, in m^3/h

$q_{v,ges}$ Notwendiger Gesamt-Außenluftvolumenstrom, in m^3/h

$q_{v,Inf,wirk}$ Wirksamer Luftvolumenstrom durch Infiltration, in m^3/h

$q_{v,Fe,wirk}$ Wirksamer Luftvolumenstrom durch Fensterlüften, in m^3/h

Der Gesamt-Außenluftvolumenstrom und der wirksame Luftvolumenstrom durch Infiltration können wie oben beschrieben bestimmt werden. Zu beachten ist, dass die Infiltration nur für ALD angerechnet wird, während für alle anderen Lüftungskomponenten $q_{v,inf,wirk} = 0$ gilt.

Für den wirksamen Luftvolumenstrom durch Fensteröffnen gilt für die Auslegung von Systemen der freien Lüftung und der ventilatorgestützten Lüftung $q_{v,Fe,wirk} = 0$.

6.1.7 Aufteilung der Luftvolumenströme auf die Räume

Bei freier Lüftung wird die Aufteilung des Außenluftvolumenstroms durch lüftungstechnische Maßnahmen auf die einzelnen Räume in Abhängigkeit vom Lüftungssystem vorgenommen.

a) Querlüftung – Auslegung für Lüftung zum Feuchteschutz (oder für Reduzierte Lüftung):

$$q_{v,LtM,R} = 2 \cdot \frac{q_{v,ges,R,FL}}{\sum_R q_{v,ges,R,FL}} \cdot q_{v,LtM,FL}$$

mit

$q_{v,LtM,R}$ Notwendiger Außenluftvolumenstrom durch lüftungstechnische Maßnahmen für den Raum, in m^3/h

$q_{v,ges,R,FL}$ Notwendiger Außenluftvolumenstrom für den Raum bei Lüftung zum Feuchteschutz nach Tabelle 6.3, in m^3/h

$q_{v,LtM,FL}$ Notwendiger Außenluftvolumenstrom durch lüftungstechnische Maßnahmen (Lüftung zum Feuchteschutz), in m^3/h

b) Schachtlüftung – Auslegung für Reduzierte Lüftung – Ablufträume:

$$q_{v,LtM,R,ab} = \frac{q_{v,ges,R,ab,FL}}{\sum_{R,ab} q_{v,ges,R,ab,FL}} \cdot q_{v,LtM,RL}$$

mit

$q_{v,LtM,R,ab}$ Notwendiger Abluftvolumenstrom durch lüftungstechnische Maßnahmen für den Abluftraum, in m^3/h

$q_{v,ges,R,ab,FL}$ Notwendiger Abluftvolumenstrom für den Abluftraum bei Lüftung zum Feuchteschutz nach Tabelle 6.3, in m^3/h

$q_{v,LtM,RL}$ Notwendiger Außenluftvolumenstrom durch lüftungstechnische Maßnahmen (Reduzierte Lüftung), in m^3/h

c) Schachtlüftung – Auslegung für Reduzierte Lüftung – Zulufträume:

$$q_{v,LtM,R,zu} = \frac{q_{v,ges,R,zu,FL}}{\sum_{R,zu} q_{v,ges,R,zu,FL}} \cdot q_{v,LtM,RL}$$

mit

$q_{v,LtM,R,zu}$ Notwendiger Außenluftvolumenstrom durch lüftungstechnische Maßnahmen für den Zuluftraum, in m^3/h

$q_{v,ges,R,zu,FL}$ Notwendiger Außenluftvolumenstrom für den Zuluftraum bei Lüftung zum Feuchteschutz nach Tabelle 6.3, in m^3/h

$q_{v,LtM,RL}$ Notwendiger Außenluftvolumenstrom durch lüftungstechnische Maßnahmen (Reduzierte Lüftung), in m^3/h

Bei ventilatorgestützter Lüftung wird die Aufteilung der Luftvolumenströme durch lüftungstechnische Maßnahmen separat für Abluft- und Zulufträume vorgenommen.

d) Ventilatorgestützte Lüftung – Ablufträume:

$$q_{v,LtM,R,ab} = \frac{q_{v,ges,R,ab,NL}}{\sum_{R,ab} q_{v,ges,R,ab,NL}} \cdot q_{v,LtM,NL}$$

mit

$q_{v,LtM,R,ab}$ Notwendiger Abluftvolumenstrom durch lüftungstechnische Maßnahmen für den Abluftraum, in m³/h

$q_{v,ges,R,ab,FL}$ Notwendiger Abluftvolumenstrom für den Abluftraum bei Nennlüftung nach Tabelle 6.4, in m³/h

$q_{v,LtM,NL}$ Notwendiger Außenluftvolumenstrom durch lüftungstechnische Maßnahmen (Nennlüftung), in m³/h

Von dieser Aufteilung kann im Einzelfall abgewichen werden, dann ist aber sicherzustellen, dass in jedem Abluftraum mindestens 50 % der Werte aus Tabelle 6.4 erreicht werden.

e) Ventilatorgestützte Lüftung – Zulufträume:

$$q_{v,LtM,R,zu} = \frac{f_{R,zu}}{\sum_{R,zu} f_{R,zu}} \cdot q_{v,LtM,NL}$$

mit

$q_{v,LtM,R,zu}$ Notwendiger Zuluftvolumenstrom durch lüftungstechnische Maßnahmen für den Zuluftraum, in m³/h

$f_{R,zu}$ Faktor zur Aufteilung der Zuluftvolumenströme nach Tabelle 6.7, in m³/h

$q_{v,LtM,NL}$ Notwendiger Außenluftvolumenstrom durch lüftungstechnische Maßnahmen (Nennlüftung), in m³/h

Bei der Aufteilung der Zuluftvolumenströme ist zu beachten, dass in Anlehnung an DIN EN 15251 in allen Schlafräumen der Zuluftvolumenstrom nicht kleiner als 15 m³/h pro Person ausgelegt werden darf.

Tabelle 6.7: Empfohlene Aufteilung der Zuluftvolumenströme nach DIN 1946-6:2019-12

Raum	Faktor $f_{R,zu}$ zur planmäßigen Aufteilung der Zuluftvolumenströme
Wohnzimmer	3 (± 0,5)
Schlaf-/Kinderzimmer	2 (± 1,0)
Esszimmer	1,5 (± 0,5)
Arbeitszimmer	
Gästezimmer	
In Schlafräumen (Schlaf-/Kinderzimmer, Gästezimmer) darf der Zuluftvolumenstrom für die Nennlüftung nach DIN EN 15251, Kategorie III nicht kleiner als 15 m³/h je Person ausgelegt werden. Erhöht sich dadurch der Gesamtvolumenstrom, ist der Abluftvolumenstrom entsprechend anzupassen.	
ANMERKUNG Sofern eine von einer üblichen Belegung stark abweichende Nutzung gegeben ist, können die Faktoren geändert werden, Dokumentation notwendig.	

6.1.8 Formblätter nach DIN 1946-6

In einem informativen Anhang enthält DIN 1946-6 drei Formblätter, die für die Abarbeitung des Algorithmus genutzt werden können:

- Blatt 1: Daten zu Gebäude/Nutzungseinheit und Lüftungskonzept (Tabelle 6.8)
- Blatt 2: Bestimmung Luftvolumenströme für die Nutzungseinheit (Tabelle 6.9)
- Blatt 3: Bestimmung Luftvolumenströme für Räume (Tabelle 6.10)

Projekt-Nr./Bezeichnung:	Datum:	Seite 1

DATEN GEBÄUDE / NUTZUNGSEINHEIT

Gebäude		Nutzungseinheit	
Höhe und Lage		**Geometrie**	
Anzahl Geschosse		beheizte Wohnfläche A_{NE} =	m^2
Gebäudehöhe	m	mittlere Raumhöhe h_{NE} =	m
Windgebiet	☐ windschwach ☐ windstark	Luftvolumen V_{NE} =	m^3
Wärmeschutz		gelüftete Wohnfläche A_L =	m^2
☐ hoch (Neubau/Modernisierung mind. WSchV 1995)		gelüftetes Luftvolumen V_L =	m^3
☐ niedrig (Gebäudebestand vor 1995)		Personenzahl (falls bekannt) n_{Pers} =	Pers.
Geplante Belegung		Volumenstrom je Person $q_{v,Pers}$ =	m^3/(h*Pers.)
☐ hoch			
☐ gering (üblich in selbstgenutztem Eigentum, z. B. EFH)		**Fensterlose Räume**	
Luftdichtheit der Gebäudehülle		☐ ja	
☐ Messwert (Luftdichtheits-Messung)		☐ nein	
Luftwechsel bei 50 Pa (Messung) $n_{50,m}$ =	h^{-1}	**Raumluftabhängige Feuerstätte**	
Fläche kleine Öffnungen $A_{Öff}$ =	cm^2	☐ ja	
Luftwechsel bei 50 Pa n_{50} =	h^{-1}	☐ nein	
Druckexponent n =	-	**Höhe und Lage**	
☐ Vorgabewert (mit Druckexponent n =2/3)		Anzahl der Geschosse in der Nutzungseinheit	
☐ Kategorie A mit n_{50} = 1,0 h^{-1} (für ventilatorgestützte Lüftung)		☐ mehrgeschossig	☐ eingeschossig
		Anzahl der Außenfassaden in der Nutzungseinheit:	
☐ Kategorie B mit n_{50} = 1,5 h^{-1} (für freie Lüftung bei ab 2002 errichteten Gebäuden und bei Modernisierung in eingeschossigen Nutzungseinheiten)		☐ 1 Außenfassade	☐ > 1 Außenfassade
		Höhe der Nutzungseinheit:	
		☐ 0 bis 15 m über Geländeoberkante	
☐ Kategorie C mit n_{50} = 2,0 h^{-1} (für freie Lüftung bei Modernisierung in mehrgeschossigen Nutzungseinheiten, vor 2002 errichtet)		☐ > 15 m über Geländeoberkante	
		Lage der Nutzungseinheit:	
		☐ offen ☐ normal	☐ geschützt

NOTWENDIGKEIT LÜFTUNGSTECHNISCHE MAßNAHMEN

Faktor Wärmeschutz: f_{WS} =	Volumenstromkoeffizient: $e_{z,Konzept}$ =	
Luftvolumenstrom zum Feuchteschutz:	$q_{v,ges,NE,FL}$ = ______	m^3/h
Luftvolumenstrom durch Infiltration im Ausgangszustand:	$q_{v,Inf,wirk,Konzept}$ = ______	m^3/h
Lüftungstechnische Maßnahmen erforderlich?	☐ **ja** ($q_{v,ges,NE,FL} > q_{v,Inf,wirk,Konzept}$)	☐ **nein** ($q_{v,ges,NE,FL} \leq q_{v,Inf,wirk,Konzept}$)

FESTLEGUNG LÜFTUNGSTECHNISCHE MAßNAHMEN

☐ **Freie Lüftung**	☐ **Ventilatorgestützte Lüftung**
☐ Querlüftung	☐ Abluftsystem
Höhenunterschied zwischen Leckagen und ALD	☐ Zentralventilator-Lüftungsanlage
☐ ja ☐ nein	☐ Gebäude ☐ Strang ☐ Wohnung
☐ Schachtlüftung / Auftriebslüftung	☐ Einzelventilator-Lüftungsanlage
☐ **Entlüftungssystem nach DIN 18017-3**	☐ Zuluftsystem
☐ Bemessung nur nach DIN 18017-3	☐ Zentralventilator-Lüftungsanlage
☐ Bemessung zusätzlich nach DIN 1946-6	☐ Gebäude ☐ Strang ☐ Wohnung
☐ Zentralentlüftung	☐ (Einzel-)Raum-Lüftungsgerät
☐ Einzelentlüftung	☐ Zu-/Abluftsystem
	☐ Zentralventilator-Lüftungsanlage
☐ **Kombinierte Lüftungssysteme**	☐ Gebäude ☐ Strang ☐ Wohnung
Mehrere Lüftungstechnische Maßnahmen sind anzukreuzen!	☐ (Einzel-)Raum-Lüftungsgerät

Tabelle 6.8: Formblatt 1 für Lüftungskonzept nach DIN 1946-6:2019-12

Projekt-Nr./Bezeichnung:			Datum:		Seite 2
BESTIMMUNG GESAMT-AUßENLUFTVOLUMENSTRÖME $q_{v,ges}$					
Freie Lüftung (Minimalanforderungen)			**Ventilatorgestützte Lüftung** (Minimalanforderungen)		
Lüftung zum Feuchteschutz	$q_{v,ges,FL}$ = ____	m^3/h	Lüftung zum	$q_{v,ges,FL}$ = ____	m^3/h
informativ:	$n_{v,ges,FL}$ =	h^{-1}	*informativ:*	$n_{v,ges,FL}$ = ____	h^{-1}
oder					
Reduzierte Lüftung	$q_{v,ges,RL}$ = ____	m^3/h	Reduzierte Lüftung	$q_{v,ges,RL}$ = ____	m^3/h
informativ:	$n_{v,ges,RL}$ =	h^{-1}	*informativ:*	$n_{v,ges,RL}$ =	h^{-1}
Nennlüftung	$q_{v,ges,NL}$ = ____	m^3/h	**Nennlüftung**	$q_{v,ges,NL}$ = ____	m^3/h
informativ:	$n_{v,ges,NL}$ =	h^{-1}	***informativ:***	$n_{v,ges,NL}$ =	h^{-1}
Intensivlüftung durch Nutzerunterstützung (Fensteröffnen)			Intensivlüftung	$q_{v,ges,IL}$ = ____	m^3/h
			informativ:	$n_{v,ges,IL}$ =	h^{-1}
BESTIMMUNG LUFTVOLUMENSTRÖME durch lüftungstechnische Maßnahmen $q_{v,LtM}$					
NUTZUNGSEINHEIT					
Freie Lüftung (Minimalanforderungen) Bemessung nach Lüftung zum Feuchteschutz oder nach Reduzierter Lüftung			**Ventilatorgestützte Lüftung** (Minimalanforderungen) Bemessung nach Nennlüftung		
Lüftung Feuchteschutz, ALD:	____		—		
Luftvolumenstrom:	$q_{v,LtM,FL}$ =	m^3/h			
Luftwechsel (informativ):	$n_{v,LtM,FL}$ = ____	h^{-1}			
Lüftung Feuchteschutz, andere Lüftungskomponenten:					
Luftvolumenstrom:	$q_{v,LtM,FL}$ =	m^3/h			
Luftwechsel (informativ):	$n_{v,LtM,FL}$ =	h^{-1}			
oder					
Reduzierte Lüftung, ALD:			Reduzierte Lüftung, ALD:		
Luftvolumenstrom:	$q_{v,LtM,RL}$ =	m^3/h	Luftvolumenstrom:	$q_{v,LtM,RL}$ =	m^3/h
Luftwechsel (informativ):	$n_{v,LtM,RL}$ =	h^{-1}	*Luftwechsel (informativ):*	$n_{v,LtM,RL}$ =	h^{-1}
Reduzierte Lüftung, andere Lüftungskomponenten:			Reduzierte Lüftung, andere Lüftungskomponenten:		
Luftvolumenstrom:	$q_{v,LtM,RL}$ =	m^3/h	Luftvolumenstrom:	$q_{v,LtM,RL}$ =	m^3/h
Luftwechsel (informativ):	$n_{v,LtM,RL}$ =	h^{-1}	*Luftwechsel (informativ):*	$n_{v,LtM,RL}$ =	h^{-1}
Nennlüftung, ALD:			**Nennlüftung, ALD:**		
Luftvolumenstrom:	$q_{v,LtM,NL}$ =	m^3/h	Luftvolumenstrom:	$q_{v,LtM,NL}$ =	m^3/h
Luftwechsel (informativ):	$n_{v,LtM,NL}$ =	h^{-1}	*Luftwechsel (informativ):*	$n_{v,LtM,NL}$ =	h^{-1}
Nennlüftung, andere Lüftungskomponenten:			**Nennlüftung, andere Lüftungskomponenten:**		
Luftvolumenstrom:	$q_{v,LtM,NL}$ =	m^3/h	Luftvolumenstrom:	$q_{v,LtM,NL}$ =	m^3/h
Luftwechsel (informativ):	$n_{v,LtM,NL}$ =	h^{-1}	*Luftwechsel (informativ):*	$n_{v,LtM,NL}$ =	h^{-1}
—			Intensivlüftung, ALD:		
			Luftvolumenstrom:	$q_{v,LtM,IL}$ =	m^3/h
			Luftwechsel (informativ):	$n_{v,LtM,IL}$ =	h^{-1}
			Intensivlüftung, andere Lüftungskomponenten:		
			Luftvolumenstrom:	$q_{v,LtM,IL}$ =	m^3/h
			Luftwechsel (informativ):	$n_{v,LtM,IL}$ =	h^{-1}
AUSLEGUNGS-DIFFERENZDRUCK Δp					
ALD:	Δp_{ALD} =	Pa	ALD:	Δp_{ALD} =	Pa
ÜLD:	$\Delta p_{ÜLD}$ =	Pa	ÜLD:	$\Delta p_{ÜLD}$ =	Pa

Tabelle 6.9: Formblatt 2 für Luftvolumenströme Nutzungseinheit nach DIN 1946-6:2019-12

Projekt-Nr./Bezeichnung:						Datum:		Seite 3
RAUM		ALD	ÜLD	AbLD	ZuLD	Schacht	Leitung	Ventilator
Wohnzimmer $f_{R,zu}$ =	A_{Raum} ______ m^2 $q_{v,LtM}$ = (in m^3/h)	☐	☐	☐	☐	☐	☐	☐
	A_{Raum} ______ m^2 $q_{v,LtM}$ = (in m^3/h)	☐	☐	☐	☐	☐	☐	☐
	A_{Raum} ______ m^2 $q_{v,LtM}$ = (in m^3/h)	☐	☐	☐	☐	☐	☐	☐
	A_{Raum} ______ m^2 $q_{v,LtM}$ = (in m^3/h)	☐	☐	☐	☐	☐	☐	☐
	A_{Raum} ______ m^2 $q_{v,LtM}$ = (in m^3/h)	☐	☐	☐	☐	☐	☐	☐
	A_{Raum} ______ m^2 $q_{v,LtM}$ = (in m^3/h)	☐	☐	☐	☐	☐	☐	☐
	A_{Raum} ______ m^2 $q_{v,LtM}$ = (in m^3/h)	☐	☐	☐	☐	☐	☐	☐
	A_{Raum} ______ m^2 $q_{v,LtM}$ = (in m^3/h)	☐	☐	☐	☐	☐	☐	☐
	A_{Raum} ______ m^2 $q_{v,LtM}$ = (in m^3/h)	☐	☐	☐	☐	☐	☐	☐
	A_{Raum} ______ m^2 $q_{v,LtM}$ = (in m^3/h)	☐	☐	☐	☐	☐	☐	☐
	A_{Raum} ______ m^2 $q_{v,LtM}$ = (in m^3/h)	☐	☐	☐	☐	☐	☐	☐
	A_{Raum} ______ m^2 $q_{v,LtM}$ = (in m^3/h)	☐	☐	☐	☐	☐	☐	☐
	A_{Raum} ______ m^2 $q_{v,LtM}$ = (in m^3/h)	☐	☐	☐	☐	☐	☐	☐
	A_{Raum} ______ m^2 $q_{v,LtM}$ = (in m^3/h)	☐	☐	☐	☐	☐	☐	☐
	A_{Raum} ______ m^2 $q_{v,LtM}$ = (in m^3/h)	☐	☐	☐	☐	☐	☐	☐
	A_{Raum} ______ m^2 $q_{v,LtM}$ = (in m^3/h)	☐	☐	☐	☐	☐	☐	☐
	A_{Raum} ______ m^2 $q_{v,LtM}$ = (in m^3/h)	☐	☐	☐	☐	☐	☐	☐
	A_{Raum} ______ m^2 $q_{v,LtM}$ = (in m^3/h)	☐	☐	☐	☐	☐	☐	☐
	A_{Raum} ______ m^2 $q_{v,LtM}$ = (in m^3/h)	☐	☐	☐	☐	☐	☐	☐
	A_{Raum} ______ m^2 $q_{v,LtM}$ = (in m^3/h)	☐	☐	☐	☐	☐	☐	☐
ZONE/RAUMGRUPPE		ALD	ÜLD	AbLD	ZuLD	Schacht	Leitung	Ventilator
Zulufträume	$\Sigma q_{v,LtM}$ = (in m^3/h)			–				
Überströmräume	$\Sigma q_{v,LtM}$ = (in m^3/h)	–						
Ablufträume	$\Sigma q_{v,LtM}$ = (in m^3/h)				–			

[a] Der Faktor zur Aufteilung der Zuluftvolumenströme $f_{R,Zu}$ ist nur für ventilatorgestützte Lüftungssysteme anzugeben.

Tabelle 6.10: Formblatt 3 für Luftvolumenströme Räume nach DIN 1946-6:2019-12

6.2 Auslegung der Lüftungskomponenten

6.2.1 Außenbauteil-Luftdurchlässe ALD

Neben den für die einzelnen Räume für Außenbauteil-Luftdurchlässe ALD unter Anrechnung der Infiltration bestimmten Außenluftvolumenströmen, sind noch die Auslegungsdifferenzdrücke zu bestimmen, um mithilfe der Druck-Volumenstrom-Kennlinie geeignete Produkte auswählen zu können. Für ALD können diese Differenzdrücke bei freier Lüftung der Tabelle 6.11 und bei ventilatorgestützter Lüftung der Tabelle 6.12 entnommen werden.

Tabelle 6.11: Auslegungsdifferenzdruck von ALD bei freier Lüftung nach DIN 1946-6:2019-12

Lüftungssystem/Lüftungskomponente			Windgebiet	
			windschwach	**windstark**
freie Lüftung [a]	Querlüftung	ALD	2 Pa	4 Pa
	Schachtlüftung	ALD	3 Pa	5 Pa

ANMERKUNG 1 Die angegebenen Differenzdrücke Δp gelten für folgende Randbedingungen:
- normale Gebäudelage mit moderater Abschirmung (z. B. mit Nachbarbebauung in Vorstadtlage);
- Gebäude mit maximal 4 Vollgeschossen (Gebäudehöhe $\leq$ 15 m);
- Nutzungseinheit mit mehr als einer windausgesetzten Fassade.

Die Berechnung (auch für abweichende Randbedingungen) erfolgt nach Gleichung (24).

ANMERKUNG 2 Die Auslegungsdifferenzdrücke werden nach unten auf 2 Pa (Δp_{min} = 2 Pa) begrenzt. Zusätzlich wird empfohlen, ALD einzusetzen, die den Volumenstrom bei hohen Differenzdrücken begrenzen.

[a] Der Infiltrationsluftvolumenstrom zur Auslegung der ALD bei freier Lüftung wird ohne Berücksichtigung von raumluftabhängigen Feuerstätten ermittelt.

Tabelle 6.12: Auslegungsdifferenzdruck von ALD bei ventilatorgestützter Lüftung nach DIN 1946-6:2019-12

Lüftungssystem	Raumluftabhängige Feuerstätte	Windgebiet	
		windschwach	**windstark**
Abluftsystem	nein	8 Pa	
	ja	4 Pa	
Zuluftsystem	möglich	4 Pa	
Entlüftungssystem nach DIN 18017-3 in Kombination mit ventilatorgestützter Lüftung	nein	8 Pa	
	ja	4 Pa	

6.2.2 Überström-Luftdurchlässe ÜLD

Neben den für die einzelnen Räume für Überström-Luftdurchlässe ÜLD ohne Anrechnung der Infiltration bestimmten Außenluftvolumenströmen, sind noch die Auslegungsdifferenzdrücke zu bestimmen. Für ÜLD gilt bei freier Lüftung in der Regel $\Delta p_{ÜLD}$ = 0,5 Pa und bei ventilatorgestützter Lüftung $\Delta p_{ÜLD}$ = 1,5 Pa.

Für Überströmluftdurchlässe enthält DIN 1946-6:2019-12 auch Hinweise zu den notwendigen freien Querschnitten in Abhängigkeit von den erforderlichen Volumenströmen, siehe Tabelle 6.13 für freie Lüftung und Tabelle 6.14 für ventilatorgestützte Lüftung.

Tabelle 6.13: Freie Fläche von Überströmluftdurchlässen bei freier Lüftung nach DIN 1946-6:2019-12

Überström-Luftvolumenstrom $q_{v,ÜLD}$ in m³/h		**10**	**20**	**30**	**40**	**50**	**60**	**70**	**80**	**90**	**100**
Türen mit Dichtung seitlich und oben	freie Mindestfläche $A_{ÜLD}$ in cm^2	44	88	132	175	219	263	307	351	395	438
Türen ohne Dichtung		19	63	107	150	194	238	282	336	370	413

Tabelle 6.14: Freie Fläche von Überströmluftdurchlässen bei ventilatorgestützter Lüftung nach DIN 1946-6:2019-12

Überström-Luftvolumenstrom $q_{v,ÜLD}$ in m³/h		10	20	30	40	50	60	70	80	90	100
Türen mit Dichtung seitlich und oben	freie Mindestfläche $A_{ÜLD}$ in cm²	25	50	75	100	125	150	175	200	225	250
Türen ohne Dichtung		0	25	50	75	100	125	150	175	200	225

6.2.3 Luftleitungen

Nach DIN 1946-6:2019-12 können die Luftleitungen für 3 m/s (z. B. für die Installation in den Aufenthaltsräumen, siehe Abbildung 6.2) oder für 5 m/s (z. B. für Leitungen an Lüftungsgeräten in Technikräumen, siehe Abbildung 6.3) dimensioniert werden.

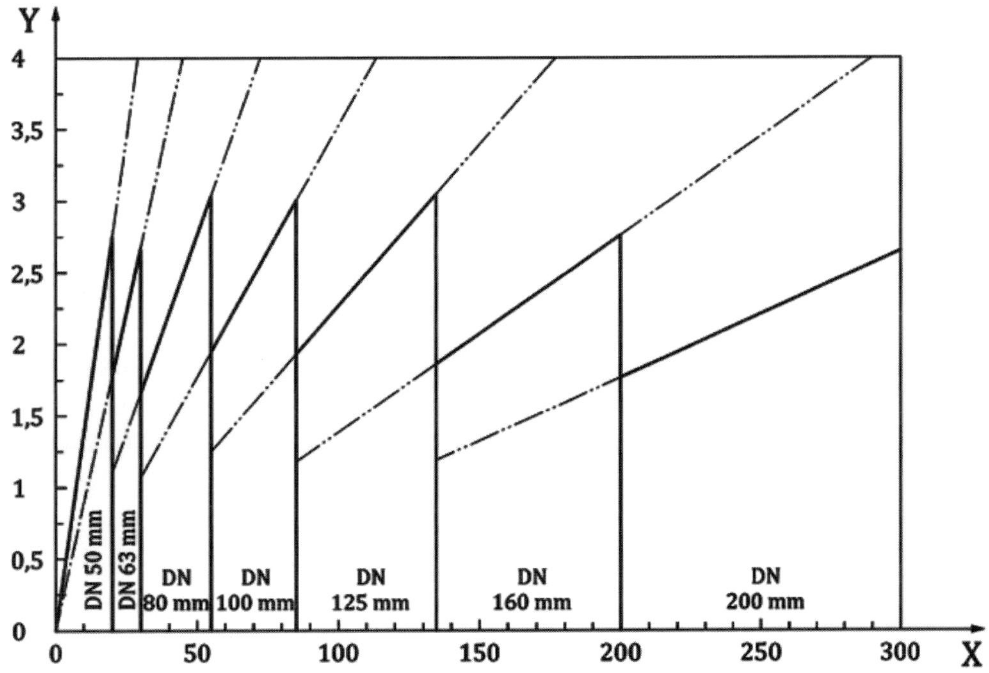

Legende

X Luftvolumenstrom (m³/h)
Y Luftgeschwindigkeit (m/s)

Abbildung 6.2: Überschlägige Auslegung von Luftleitungen in Abhängigkeit vom Luftvolumenstrom für Luftgeschwindigkeiten ≤ 3 m/s nach DIN 1946-6:2019-12

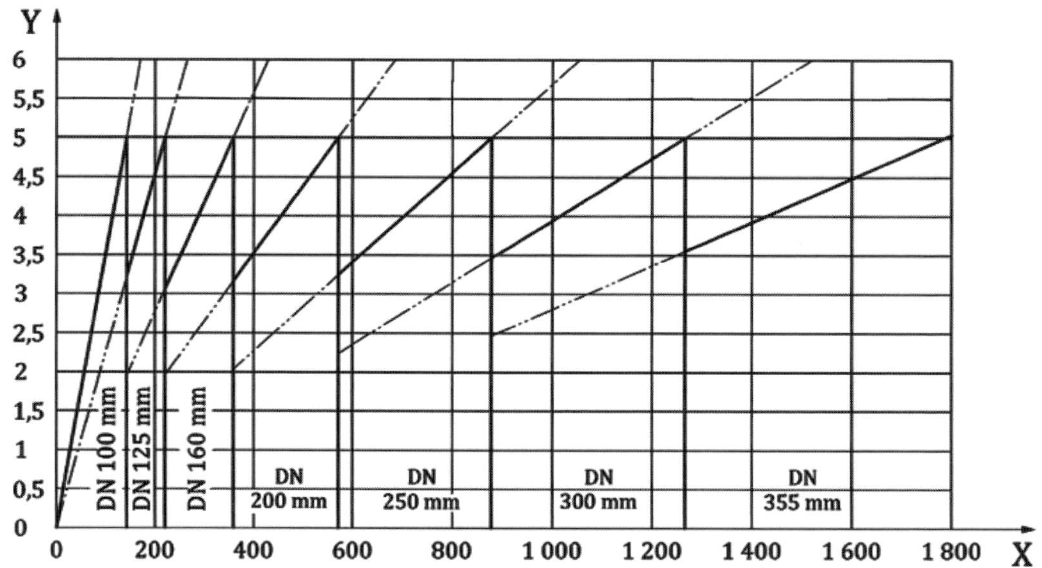

Abbildung 6.3: Überschlägige Auslegung von Luftleitungen in Abhängigkeit vom Luftvolumenstrom für Luftgeschwindigkeiten ≤ 5 m/s nach DIN 1946-6:2019-12

Die Anforderungen an die Wärmedämmung der Luftleitungen müssen vielfältigen Randbedingungen Rechnung tragen. Die Wärmeverluste sollten minimiert werden, der Platzbedarf muss insbesondere auch bei der Sanierung berücksichtigt werden und die Bemessung der Wärmedämmung sollte in der Umsetzung einfach sein. Diese Anforderungen sind allerdings nicht widerspruchsfrei lösbar. Aus diesem Grund gibt es drei Optionen, die individuell gewählt werden können (Tabelle 6.15).

Tabelle 6.15: Kategorien für die Wärmedämmung der Luftleitungen nach DIN 1946-6:2019-12

Kategorie	Anforderung
W-K	Kondensatvermeidung als Grundanforderung (gilt für Zuluft- und Abluftleitungen innerhalb der thermischen Hülle sowie für Außenluft- und Fortluftleitungen bis zu einer maximalen Länge von 3 m innerhalb der thermischen Hülle)
W-E	Erhöhte Anforderungen zur Vermeidung von Energieverlusten als Empfehlung (detaillierte Angaben nach Tabelle 6.16)
W-I	Individuelle Berechnung der Wärmedämmung

Tabelle 6.16: Anforderungen an die Wärmedämmung der Luftleitungen in Kategorie W-E nach DIN 1946-6:2019-12

Luftart und Temperatur der Luft in der Leitung (θL)	**Umgebungs-Lufttemperatur und Dämmdicke bei Leitungsverlegung** (λ = 0,038 W/(m·K))			
	innerhalb unbeheizter Gebäudeteile			**innerhalb der thermischen Hülle**
Minimaltemperatur	**≤ 0 °C** (z. B. Dachraum ohne Wärmedämmung nach außen) mm	**> 0 °C bis ≤ 14 °C** (z. B. Dachraum mit Wärmedämmung nach außen oder Keller) mm	**> 14 °C bis ≤ 18 °C** (z. B. Kellerraum mit Abwärme aus Heizungsinstallationen) mm	**> 18 °C** mm
Außenluft θ_{AUL} (dampfdicht)	≥ 20	≥ 20 [d]	≥ 32 [d]	≥ 50 [e]
Zuluft θ_{ZUL} < 20 °C mit WRG ohne Feuchterückgewinnung	≥ 50 [e]	≥ 50 [e]	≥ 20 [e]	0
Zuluft θ_{ZUL} < 20 °C mit WRG mit Feuchterückgewinnung	≥ 80 [b]	≥ 50 [e]	≥ 20 [e]	0
Zuluft θ_{ZUL} ≥ 20 °C, z. B. Abluft-WP, Luftheizung	nicht zulässig	≥ 80 [b]	≥ 80	≥ 50 [c]
Abluft θ_{ABL} mit WRG und/oder Abluft-WP	≥ 80 [b]	≥ 50 [e]	≥ 20 [e]	0
Fortluft θ_{FOL} (dampfdicht) mit WRG und/oder Abluft-WP	≥ 20 [b]	≥ 20 [d]	≥ 32	≥ 50 [e]

[a] Dämmstufen: 20 mm/32 mm/50 mm/80 mm/120 mm.

[b] Bei Zentralleitungen > 6 m und Einzelleitungen > 3 m rechnerischer Nachweis oder bis zur doppelten Länge nächst höhere Dämmstufe.
Einzelleitung: Zu-/Abluft-Leitung für einen einzelnen Wohnraum.

[c] Darf im zu versorgenden Raum verringert werden.

[d] Bei Leitungen mit metallischer Oberfläche (ε < 0,7) nächst höhere Dämmstufe.

[e] Bei wohnungszentralen Zu-/Abluftgeräten bis 3 m Leitungslänge: ≥ 32 mm.

6.2.4 Filter

Auf Basis der projektbezogenen vereinbarten Anforderungen an die Zuluftqualität (Tabelle 6.17) ergeben sich nach DIN 1946-6:2019-12 die mindestens erforderlichen Filterklassen (Tabelle 6.18).

Eine „H“-gekennzeichnete Lüftungsanlage erfüllt auch die Anforderungen der VDI 6022, wenn

- keine aktive Befeuchtung, Entfeuchtung und Kühlung möglich ist,
- nur eine Nutzungseinheit mit der Anlage gelüftet wird,
- das Lüftungsgerät im Rahmen der Ecodesign-Anforderungen als Wohnungslüftungsgerät deklariert ist und
- bei der Übergabe eine Einweisung bezüglich der Kontrollen und Filterwechsel (Umgang und Art sinngemäß nach Unterweisung C nach VDI 6022-4).

Eigengenutzte Lüftungsanlagen (z. B. im Einfamilienhaus) mit „H“-Kennzeichnung dürfen von den eingewiesenen Personen (z. B. Eigentümer) eigenständig kontrolliert werden.

Tabelle 6.17: Bezeichnung der Zuluftqualität nach DIN 1946-6:2019-12

Anlage/Gerät			
Art	**ohne Filter**	**Grundanforderungen mit Filter**	**Hygieneanforderungen mit Filter (empfohlen)**
Bezeichnung	O	G	H

Tabelle 6.18: Hygienische Anforderungen an die Zuluftqualität nach DIN 1946-6:2019-12

	„O" (ohne Filter)	**„G"**		**„H"**	
		Außen-/Zuluft	**Abluft**	**Außen-/Zuluft**	**Abluft**
freie Lüftung	keine Anforderungen	—	—	—	—
Abluftsystem	keine Anforderungen	ISO Coarse ≥ 45 % [a]	ISO Coarse ≥ 30 % [a]	ISO ePM1 ≥ 50 % [a]	ISO Coarse ≥ 30 % [a]
Zuluftsystem	nicht zulässig	ISO Coarse ≥ 45 % [a]	keine Anforderungen	ISO ePM1 ≥ 50 % [a]	keine Anforderungen
Zu-/Abluft-system	nicht zulässig	ISO Coarse ≥ 45 % [a]	ISO Coarse ≥ 30 % [a]	ISO ePM1 ≥ 50 % [a]	ISO Coarse ≥ 30 % [a]
Die Anforderungen gelten für die Standardrandbedingungen zeitweise staubbelastet ODA 1 (P) nach DIN EN 16798-3.					
[a] Anforderungen nach DIN EN ISO 16890.					

6.2.5 Außenluft- und Fortluftdurchlässe

Bei der Anordnung von Außenluft- und Fortluftdurchlässen bei ventilatorgestützter Lüftung sind Kurzschlussströmungen zwischen Außenluft und Fortluft sowie die Ansaugung von Fremdstoffen zu vermeiden. Die Festlegungen in DIN 1946-6 erfolgen in Anlehnung an die schweizerische SIA-Norm:

- Eine Ansaugung direkt über Erdgleiche (Keime, Staubbelastung, Schnee) sowie in engen Gruben und Schächten (z. B. Lichtschächten) ist nicht zulässig.
- Die Mindesthöhe der Ansaugung über Erdgleiche sollte 0,7 m betragen.
- Fortluft soll vorzugsweise über Dach geführt werden.
- Fortluft an der Fassade ist zulässig, wenn:
  - Geeignete Kombigitter für den gemeinsamen Außen- und Fortluftbetrieb eingesetzt werden oder
  - Einzelraumlüftungsgeräte eingesetzt werden, deren Fortluftübertragung nach DIN EN 13141-8 gemessen und dokumentiert wird oder
  - die Mindestabstände zwischen Außenluftansaugung und Fortluft nach Abbildung 6.4 eingehalten werden oder
  - ein individueller Nachweis geführt wird, dass gegenseitige Beeinflussung ausgeschlossen ist.

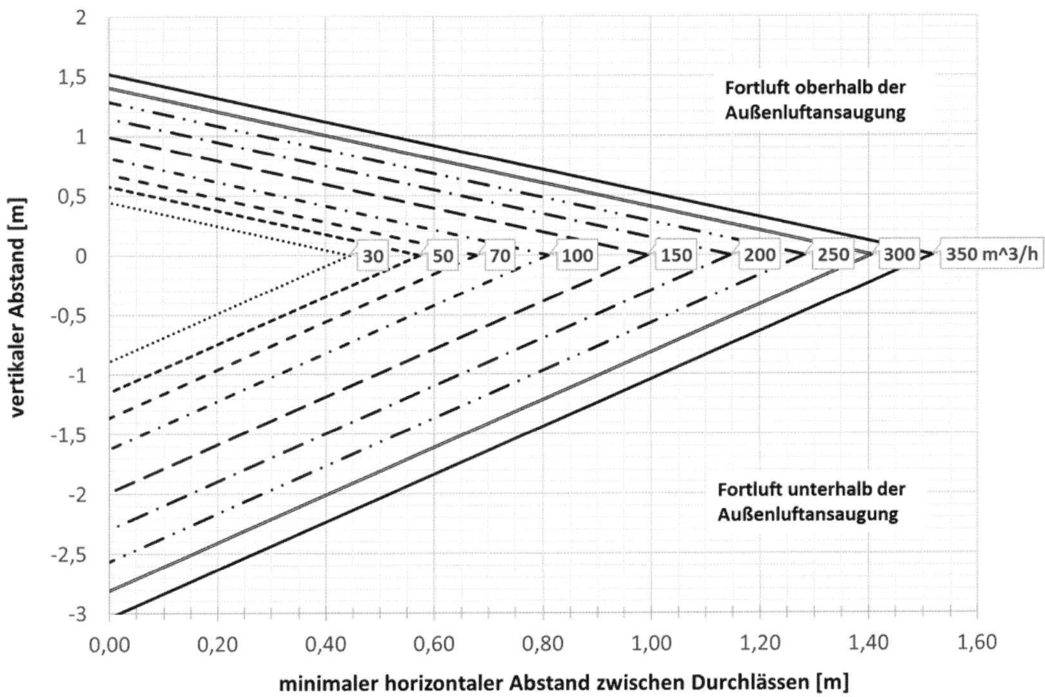

Abbildung 6.4: Mindestabstände zwischen Außenluft- und Fortluftdurchlass in einer Fassade (ohne Kombigitter) nach DIN 1946-6:2019-12

6.3 Zusammenspiel von DIN 1946-6 und DIN 18017-3

6.3.1 Anforderungen der Neufassung der DIN 18017-3

Für Wohnungen bzw. Nutzungseinheiten mit wohnähnlicher Nutzung, in denen Bäder bzw. Toiletten innen liegend sind, greifen sowohl die DIN 1946-6:2019-12 als auch die DIN 18017-3:2020-05. Während die DIN 1946-6 als Regel der Technik für das Lüftungskonzept der gesamten Nutzungseinheit maßgeblich ist, ist die DIN 18017-3 bauaufsichtlich eingeführt und für die Lüftung der innen liegenden Bäder bzw. Toiletten heranzuziehen. Das Zusammenwirken beider Normen erweist sich als komplex und macht die Unterscheidung verschiedener Anwendungsfälle erforderlich.

Mit der Neufassung der DIN 18017-3:2020-05 erfolgt eine moderate Überarbeitung und Anpassung an die neue DIN 1946-6:2019-12. Folgende Änderungen sind zu beachten:

- Aktualisierung der Tabellen für die anrechenbaren Infiltrationsluftvolumenströme (jetzt mit $n_{50} = 0{,}8/1/1{,}5/2{,}0\ h^{-1}$)
- Überarbeitung der Anforderungen an die planmäßigen Abluftvolumenströme (siehe Tabelle 6.19)
- Visualisierung der Abluftvolumenströme in einem informativen Anhang

Tabelle 6.19: Planmäßige Abluftvolumenströme nach DIN 18017-3:2020-05

	Kategorie R-ZD	**Kategorie R-BD**	**Kategorie R-PN**	**Kategorie R-PD**
	zeitabhängig 100/50 % – 12 h/d	**bedarfs-abhängig Dauerlüftung**	**präsenzgeführt mit Nachlauf**	**präsenzgeführt Dauerlüftung**
Bad (mit/ohne WC)	40/20 m³/h	40/15 m³/h	60/0 m³/h	60/15 m³/h
Toilette (WC)	20/10 m³/h	20/7,5 m³/h	30/0 m³/h	30/7,5 m³/h

Insbesondere die (bereits in DIN 1946-6) überarbeitete Infiltrationsberechnung und die neu eingeführten Kategorien der planmäßigen Abluftvolumenströme haben konkrete Auswirkungen auf die Auslegung von lüftungstechnischen Maßnahmen. Nach Kategorie R-BD dürfen bedarfsabhängig betriebene, also mit einem geeigneten Raumluftsensor ausgestattete Entlüftungsanlagen zukünftig für 40/20 m^3/h (Bad/WC) statt wie bisher mit 60/30 m^3/h ausgelegt werden.

6.3.2 Fallunterscheidung beim Zusammenspiel der Normen

Insgesamt können vier mögliche Kombinationen der Normen DIN 1946-6 und DIN 18017-3 unterschieden werden, in allen Varianten existieren innen liegende Bäder bzw. Toiletten.

1. **Fall 0: Keine Anforderungen nach DIN 1946-6:**

   Es sind keine lüftungstechnischen Maßnahmen nach DIN 1946-6 erforderlich, da der Luftvolumenstrom zum Feuchteschutz kleiner ist als der Luftvolumenstrom durch Infiltration ($q_{v,ges,NE,FL} \leq q_{v,Inf,wirk}$). Die Auslegung der Entlüftungsanlage erfolgt nur nach DIN 18017-3:2020-05:

   - Innen liegende Räume werden nach DIN 18017-3 berücksichtigt.
   - Es sind geeignete Zulufträume zur Luftnachströmung festzulegen und (soweit zusätzlich zur Infiltration erforderlich) mit Außenluft- und Überströmluftdurchlässen auszustatten.
   - Die übrigen Räume werden nicht betrachtet.
   - Weitere Hinweise zur Auslegung enthält DIN 18017-3:2020-05.

2. **Fall 1: Lüftung zum Feuchteschutz durch Entlüftung nach DIN 18017-3 im Dauerbetrieb:**

   Es sind lüftungstechnische Maßnahmen nach DIN 1946-6 erforderlich, da der Luftvolumenstrom zum Feuchteschutz größer ist als der Luftvolumenstrom durch Infiltration ($q_{v,ges,NE,FL} > q_{v,Inf,wirk}$). Die Auslegung der Entlüftungsanlage erfolgt nach DIN 18017-3, die Entlüftung nach DIN 18017-3 reicht im Dauerbetrieb für die gesamte Nutzungseinheit für die Lüftung zum Feuchteschutz aus:

   - Innen liegende Räume werden mit einer Entlüftungsanlage nach DIN 18017-3 ausgestattet.
   - Im Dauerbetrieb der Entlüftungsanlage ist die Lüftung zum Feuchteschutz für die gesamte Nutzungseinheit sichergestellt.
   - Alle nicht innen liegenden Räume (auch Küchen!) werden für die Luftnachströmung genutzt und sind (soweit zusätzlich zur Infiltration erforderlich) mit Außenluft- und Überströmluftdurchlässen auszustatten.
   - Der Strömungsweg Küche → Aufenthaltsraum → Bad sollte vermieden werden.
   - Weitere Hinweise zur Auslegung enthält DIN 1946-6:2019-12 als kombinierte Lüftung im Kapitel 9.3.2 („Fall 1").

3. **Fall 2: Lüftung zum Feuchteschutz durch Querlüftung in Verbindung mit Entlüftung nach DIN 18017-3 im Dauerbetrieb**

   Es sind lüftungstechnische Maßnahmen nach DIN 1946-6 erforderlich, da der Luftvolumenstrom zum Feuchteschutz größer ist als der Luftvolumenstrom durch Infiltration ($q_{v,ges,NE,FL} > q_{v,Inf,wirk}$). Die Auslegung der Entlüftungsanlage erfolgt nach DIN 18017-3, die Entlüftung nach DIN 18017-3 reicht im Dauerbetrieb für die gesamte Nutzungseinheit nicht für die Lüftung zum Feuchteschutz aus und es ist zusätzliche Querlüftung erforderlich:

   - Innen liegende Räume werden mit einer Entlüftungsanlage nach DIN 18017-3 ausgestattet.
   - Im Dauerbetrieb der Entlüftungsanlage ist die Lüftung zum Feuchteschutz für die gesamte Nutzungseinheit nicht sichergestellt.

- Alle nicht innen liegenden Räume (auch Küchen!) werden für die Luftnachströmung sowie die Querlüftung zum Feuchteschutz genutzt und sind mit Außenluft- und Überströmluftdurchlässen auszustatten.
- Der Strömungsweg Küche → Aufenthaltsraum → Bad sollte vermieden werden.
- Weitere Hinweise zur Auslegung enthält DIN 1946-6:2019-12 als kombinierte Lüftung im Kapitel 9.3.2 („Fall 2").

4. **Fall 3: Nennlüftung mit Lüftungsanlage nach DIN 1946-6 untwer Sicherstellung der Entlüftung nach DIN 18017-3**

   Es sind lüftungstechnische Maßnahmen nach DIN 1946-6 erforderlich, da der Luftvolumenstrom zum Feuchteschutz größer ist als der Luftvolumenstrom durch Infiltration ($q_{v,ges,NE,FL} > q_{v,Inf,wirk}$). Die Auslegung einer Abluftanlage oder einer Zu-/Abluftanlage erfolgt für Nennlüftung nach DIN 1946-6 unter Einhaltung der Anforderungen der DIN 18017-3 an innen liegende Räume:

   - Alle Ablufträume (innen und außen liegend) werden mit einer Abluftanlage nach DIN 1946-6 unter Einhaltung der Volumenströme nach DIN 18017-3 ausgestattet.
   - Alle Zulufträume werden für die Luftnachströmung genutzt. Die erforderlichen Lüftungskomponenten ergeben sich aus dem gewählten System (Abluftanlage oder Zu-/Abluftanlage).
   - Die Auslegung des Lüftungssystems erfolgt für Nennlüftung nach DIN 1946-6 unter Einhaltung der Anforderungen der DIN 18017-3 für innen liegende Räume.
   - Weitere Hinweise zur Auslegung enthält DIN 1946-6:2019-12 als ventilatorgestützte Lüftung im Kapitel 8 sowie DIN 18017-3:2020-05.

In Tabelle 6.20 sind die wesentlichen Randbedingungen für die Fallunterscheidung an der Schnittstelle der Normen DIN 1946-6 und DIN 18017-3 zusammengefasst.

Tabelle 6.20: Randbedingungen für die Fallunterscheidung an der Schnittstelle von DIN 1946-6 und DIN 18017-3

<table>
<tr><th>Randbedingung</th><th>Fall 0</th><th>Fall 1</th><th>Fall 2</th><th>Fall 3</th></tr>
<tr><td>Innen liegende Räume nach DIN 18017-3?</td><td colspan="4">ja</td></tr>
<tr><td>Lüftungstechnische Maßnahmen nach DIN 1946-6?</td><td>nein</td><td colspan="3">ja
$q_{v,ges,NE,FL} > q_{v,Inf,wirk}$</td></tr>
<tr><td colspan="5">Geplantes Lüftungssystem</td></tr>
<tr><td>Entlüftungsanlage nach DIN 18017-3?</td><td colspan="3">ja</td><td>inkl.</td></tr>
<tr><td>Querlüftung nach DIN 1946-6?</td><td colspan="2">nein</td><td>ja</td><td>nein</td></tr>
<tr><td>Abluftanlage/Zu-/Abluftanlage nach DIN 1946-6 erforderlich?</td><td colspan="3">nein</td><td>ja</td></tr>
<tr><td colspan="5">Geplante Lüftungsstufe</td></tr>
<tr><td>Lüftung zum Feuchteschutz?</td><td>nein</td><td colspan="2">ja</td><td rowspan="2">inkl.</td></tr>
<tr><td>Reduzierte Lüftung?</td><td colspan="2">nein</td><td>möglich</td></tr>
<tr><td>Nennlüftung?</td><td colspan="3">nein</td><td>ja</td></tr>
<tr><td colspan="5">Luftnachströmung aus ...</td></tr>
<tr><td>... einzelnen Zulufträumen?</td><td>ja</td><td colspan="3">nein</td></tr>
<tr><td>... allen Zulufträumen?</td><td>möglich</td><td colspan="3">ja</td></tr>
<tr><td>... Feuchträumen (z. B. Küchen)?</td><td>nein</td><td colspan="2">ja</td><td>nein</td></tr>
</table>

Fazit:

DIN 1946-6 enthält eine detaillierte Beschreibung des Algorithmus einschließlich eines Satzes Formblätter zur Auslegung von Lüftungssystemen. Im Einzelnen sind folgende Rechenschritte durchzuführen:

- Bestimmung notwendiger Außenluftvolumenstrom der Nutzungseinheit
- Bestimmung notwendige Außenluftvolumenströme der Räume
- Bestimmung notwendiger Gesamt-Außenluftvolumenstrom
- Bestimmung wirksamer Luftvolumenstrom durch Infiltration
- Bestimmung notwendiger Außenluftvolumenstrom durch lüftungstechnische Maßnahmen
- Aufteilung der Luftvolumenströme auf die Räume

Für die Auslegung wesentlicher Lüftungskomponenten, wie Luftdurchlässe, Luftleitungen und Filter, werden detaillierte Hinweise gegeben, die strömungstechnische, energetische und hygienische Aspekte berücksichtigen.

Für Wohnungen bzw. Nutzungseinheiten mit wohnähnlicher Nutzung, in denen Bäder bzw. Toiletten innen liegend sind, greifen sowohl die DIN 1946-6:2019-12 als auch die DIN 18017-3:2020-05. Das Zusammenwirken beider Normen erweist sich als komplex und macht die Unterscheidung von vier verschiedenen Anwendungsfällen erforderlich.

7 Beispiele Systemauslegung

7.1 Variantenübersicht

Nachfolgend wird die Auslegung von Lüftungssystemen detailliert und in verschiedenen Varianten vorgestellt. Tabelle 7.1 beinhaltet eine Übersicht über die Varianten und die wesentlichen Randbedingungen.

Tabelle 7.1: Variantenübersicht der Beispiele zur Systemauslegung

Nr.	Wohnung	Dichtheit	Bad	Lüftungssystem 1	Lüftungssystem 2
1	1-Raum-Wohnung	$n_{50} = 1{,}0\ h^{-1}$	ohne Fenster	Querlüftung	Entlüftung Bad
2	1-Raum-Wwohnung	$n_{50} = 1{,}0\ h^{-1}$	ohne Fenster	Zu-/Abluft zentral	–
3	2-Raum-Wohnung	$n_{50} = 0{,}5\ h^{-1}$	mit Fenster	Querlüftung	Zu-/Abluft SZ
4	2-Raum-Wohnung	$n_{50} = 0{,}5\ h^{-1}$	mit Fenster	Abluft	–
5A	3-Raum-Wohnung	$n_{50} = 0{,}8\ h^{-1}$	ohne Fenster	Zu-/Abluft dezentral (alternierend, Schaltung A)	Entlüftung Bad
5B	3-Raum-Wohnung	$n_{50} = 0{,}8\ h^{-1}$	ohne Fenster	Zu-/Abluft dezentral (alternierend, Schaltung B)	Entlüftung Bad
6	3-Raum-Wohnung	$n_{50} = 0{,}8\ h^{-1}$	ohne Fenster	Zu-/Abluft dezentral	Abluft Bad
7	Einfamilienhaus	$n_{50} = 1{,}0\ h^{-1}$	mit Fenster	Zu-/Abluft zentral	–
8	Einfamilienhaus	$n_{50} = 1{,}0\ h^{-1}$	mit Fenster	Querlüftung	–

7.2 Beispiel 1 – 1-Raum-Wohnung – Querlüftung und Entlüftung Bad kombiniert

7.2.1 Grundriss und Flächen

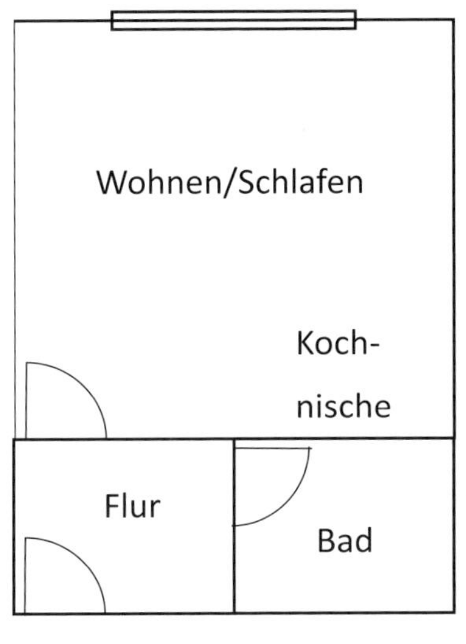

Raum	Fläche Zuluft	Fläche Abluft	Fläche Überströmen
	m²	m²	m²
Wohnen/Schlafen	18,0		
Kochnische		6,0	
Bad		5,0	
Flur			5,0
Gesamt	18,0	11,0	5,0
Beheizte Wohnfläche A_{NE} in m²			34,0
Gelüftete Wohnfläche A_L in m²			34,0
Mittlere Raumhöhe h in m			2,70
Luftvolumen V_{NE} in m³			91,8
Gelüftetes Luftvolumen V_L in m³			91,8

Abbildung 7.1: Grundriss und Flächenaufteilung

Weitere Angaben zum Gebäude und zur Nutzungseinheit enthält Abschnitt 5.1.

7.2.2 Allgemeines

Das fensterlose Bad wird über ein Entlüftungssystem nach DIN 18017-3 als Einzelraumventilator belüftet, die restliche Nutzungseinheit wird durch Querlüftung gelüftet.

Das Entlüftungssystem wird nach den Anforderungen der DIN 18017-3 für bedarfsabhängige Dauerlüftung und die Querlüftung wird nach Feuchteschutzlüftung ausgelegt.

Die Auslegung der lüftungstechnischen Maßnahme erfolgt nach Abschnitt 9.3.2 (Fall 1) der DIN 1946-6.

Es wird davon ausgegangen, dass es zu Wechselwirkungen zwischen dem Entlüftungssystem und der Querlüftung in der restlichen Nutzungseinheit kommt.

Die Ergebnisse werden in Abbildung 7.2 bis Abbildung 7.4 zusammengefasst.

7.2.3 Auslegung Entlüftung Bad

a) Notwendiger Abluftvolumenstrom

DIN 18017-3 lässt unterschiedliche Möglichkeiten zu, ein fensterloses Bad zu belüften. Wenn das Entlüftungssystem für eine bedarfsabhängige Dauerlüftung (Kategorie R-BD nach DIN 18017-3, Tabelle 2) ausgelegt wird, muss in Bädern bei Nutzung ein Abluftvolumenstrom von 40 m^3/h und in der übrigen Zeit bedarfsabhängig, aber mindestens von 15 m^3/h dauerhaft sichergestellt werden. In diesem Beispiel wird der mindestens geförderte Abluftvolumenstrom mit 20 m^3/h festgelegt.

$q_{v,ab,max} = 40\ m^3/h$

$q_{v,ab,min} = 20\ m^3/h$

b) Bestimmung der wirksamen Infiltration

$q_{v,inf} = e_z \cdot V_{NE} \cdot n_{50}$

$e_z = 0{,}21$ (für Auslegungsdifferenzdruck 8 Pa)

Es wird davon ausgegangen, dass in der Nutzungseinheit keine raumluftabhängige Feuerstätte vorhanden ist.

$V_{NE} = A_{NE} \cdot H_R$

$V_{NE} = 34\ m^2 \cdot 2{,}70\ m$

$V_{NE} = 91{,}8\ m^3$

$n_{50} = 1{,}0\ h^{-1}$

$q_{v,inf} = 0{,}21 \cdot 91{,}8\ m^3 \cdot 1{,}0\ h^{-1}$

$q_{v,inf} = 19\ m^3/h$

c) notwendiger Außenluftvolumenstrom durch lüftungstechnische Maßnahmen

Die Anrechnung der Infiltration erfolgt nur für die Auslegung von ALD.

$q_{v,ALD} = q_{v,ges,ab,max} - q_{v,inf}$

$q_{v,ALD} = 40\ m^3/h - 19\ m^3/h$

$q_{v,ALD} = 21\ m^3/h$ (für Auslegungsdifferenzdruck 8 Pa)

d) Aufteilung des Außenluftvolumenstroms über ALD auf die Räume

DIN 18017-3 macht keine Angaben, wie eine Aufteilung des notwendigen Außenluftvolumenstroms auf einzelne Räume der Nutzungseinheit erfolgen soll. In diesem Beispiel können ALD aber ohnehin nur im Raum „Wohnen/Schlafen“ angeordnet werden.

$q_{v,ALD} = q_{v,ALD,Wohnen} = 21\ m^3/h$

e) Aufteilung der Überströmluftvolumenströme auf die Räume

- Bad:

  $q_{v,\text{ÜLD}} = q_{v,\text{ab,max}}$

  $q_{v,\text{ÜLD}} = 40\ \text{m}^3/\text{h}$

- Wohnen/Schlafen:

  Die Volumenströme über die ÜLD ergeben sich aus dem Wohnungsgrundriss sowie den Anforderungen aus DIN 1946-6 und DIN 18017-3. In diesem Beispiel handelt es sich bei den Räumen „Wohnen/Schlafen" und „Kochnische" um einen offenen Bereich, die Luftnachströmung erfolgt von „Wohnen/Schlafen" über den Flur als Überströmbereich zum Bad. Eine Aufteilung der Überströmluftdurchlässe kann für diesen Grundriss nicht erfolgen.

  $q_{v,\text{ÜLD}} = q_{v,\text{ab,max}}$

  $q_{v,\text{ÜLD}} = 40\ \text{m}^3/\text{h}$

7.2.4 Auslegung Querlüftungssystem

a) notwendiger Außenluftvolumenstrom

Die Teilfläche der Nutzungseinheit, die über ein Querlüftungssystem belüftet werden soll, umfasst die Räume „Wohnen/Schlafen", „Kochnische" und „Flur".

$$q_{v,\text{ges,FL}} = \max\left\{q_{v,\text{ges,NE,FL}}\,;\,0{,}5\cdot\sum_R q_{v,\text{ges,R,FL}}\right\}$$

$A_{\text{Teilfläche}} = 29\ \text{m}^2$ (ohne Bad)

$q_{v,\text{ges,NE,FL}} = 17\ \text{m}^3/\text{h}$

$\sum_R q_{v,\text{ges,R,FL}} = 30\ \text{m}^3/\text{h}$

(Wärmeschutz gering mit Wohnen 18 m^3/h und Kochnische 12 m^3/h)

$q_{v,\text{ges,FL}} = \max\{17\ \text{m}^3/\text{h};\ 0{,}5\cdot 30\ \text{m}^3/\text{h}\}$

$q_{v,\text{ges,FL}} = 17\ \text{m}^3/\text{h}$

b) Fallunterscheidung für überlagernde lüftungstechnische Maßnahmen

Nach DIN 1946-6, Abschnitt 9.3.2 können für kombinierte Lüftungssysteme mit einem Lüftungsbereich und mit Entlüftung und Querlüftung als sich überlagernde lüftungstechnische Maßnahmen zwei Fälle unterschieden werden:

- Fall 1: Die Lüftung zum Feuchteschutz ist über das Entlüftungssystem nach DIN 18017-3 sichergestellt ($q_{v,\text{ab,min}} \geq q_{v,\text{ges,FL}}$).
- Fall 2: Die Lüftung zum Feuchteschutz ist über das Entlüftungssystem nach DIN 18017-3 nicht sichergestellt ($q_{v,\text{ab,min}} < q_{v,\text{ges,FL}}$).

Mit

$q_{v,\text{ab,min}} = 20\ \text{m}^3/\text{h}$

$q_{v,\text{ges,FL}} = 17\ \text{m}^3/\text{h}$

gilt

$q_{v,\text{ab,min}} > q_{v,\text{ges,FL}}$

und die Beispielkonstellation mit den gewählten Randbedingungen kann dem Fall 1 zugeordnet werden. Das bedeutet, dass im Dauerbetrieb des Entlüftungssystems auch mit dem minimalen Abluftvolumenstrom die Lüftung zum Feuchteschutz in der gesamten Wohnung sichergestellt ist.

c) Bestimmung der wirksamen Infiltration

Durch die Zuordnung zu Fall 1 kann die Berechnung für das Entlüftungssystem übernommen werden.

d) Aufteilung der Außenluftvolumenströme auf die Räume

Durch die Zuordnung zu Fall 1 kann die Berechnung für das Entlüftungssystem übernommen werden.

e) Aufteilung der Überströmluftvolumenströme auf die Räume

Durch die Zuordnung zu Fall 1 kann die Berechnung für das Entlüftungssystem übernommen werden.

Projekt-Nr. / Bezeichnung:	Datum:	Seite 1

DATEN GEBÄUDE / NUTZUNGSEINHEIT:

Gebäude				Nutzungseinheit			
Höhe und Lage				**Geometrie**			
Anzahl Geschosse		4		beheizte Wohnfläche	A_{NE} =	34	m^2
Gebäudehöhe		14	m	mittlere Raumhöhe	h_{NE} =	2,70	m
Windgebiet	☒ windschwach	☐ windstark		Luftvolumen	V_{NE} =	92	m^3
Wärmeschutz				gelüftete Wohnfläche	A_L =	34	m^2
☐ hoch (Neubau / Modernisierung mind. WSchV 1995)				gelüftetes Luftvolumen	V_L =	92	m^3
☒ niedrig (Gebäudebestand vor 1995)				Personenzahl (falls bekannt)	n_{Pers} =	1	Pers.
Geplante Belegung				Volumenstrom pro Person	$q_{v,Pers}$ =		$m^3/(h{*}Pers.)$
☒ hoch							
☐ gering (üblich in selbstgenutztem Eigentum, z.B. EFH)				**Fensterlose Räume**			
Luftdichtheit der Gebäudehülle				☒ ja			
☒ Messwert (Luftdichtheits-Messung)				☐ nein			
Luftwechsel bei 50 Pa (Mes-	$n_{50,m}$ =	1,0	h^{-1}	**Raumluftabhängige Feuerstätte**			
Fläche kleine Öffnungen	$A_{Öff}$ =		cm^2	☐ ja			
Luftwechsel bei 50 Pa (Ausle-	n_{50} =		h^{-1}	☒ nein			
				Höhe und Lage			
☐ Vorgabewert				Anzahl der Geschosse in der Nutzungseinheit			
☐ Kategorie A mit n_{50} = 1,0 h^{-1} (für ventilatorgestützte Lüftung)				☐ mehrgeschossig	☒ eingeschossig		
				Anzahl der Außenfassaden in der Nutzungseinheit:			
☐ Kategorie B mit n_{50} = 1,5 h^{-1} (für freie Lüftung bei ab 2002 errichteten Gebäuden und bei Modernisierung in eingeschossigen Nutzungseinheiten)				☒ 1 Außenfassade	☐ > 1 Außenfassade		
				Höhe der Nutzungseinheit:			
				☒ 0 bis 15 m über Geländeoberkante			
☐ Kategorie C mit n_{50} = 2,0 h^{-1} (für freie Lüftung bei Modernisierung in mehrgeschossigen Nutzungseinheiten, vor 2002 errichtet)				☐ > 15 m über Geländeoberkante			
				Lage der Nutzungseinheit:			
				☐ offen	☒ normal	☐ geschützt	

NOTWENDIGKEIT LÜFTUNGSTECHNISCHE MAßNAHMEN

Faktor Wärmeschutz: f_{WS} = 0,4		Volumenstromkoeffizient: $e_{Z,Konzept}$ = 0,04	
Luftvolumenstrom zum Feuchteschutz:		$q_{v,ges,NE,FL}$ = 19	m^3/h
Luftvolumenstrom durch Infiltration im Ausgangszustand:		$q_{v,Inf,Konzept}$ = 3	m^3/h
Lüftungstechnische Maßnahmen erforderlich?	☒ **ja** ($q_{v,ges,NE,FL} > q_{v,Inf,Konzept}$)	☐ **nein** ($q_{v,ges,NE,FL} \leq q_{v,Inf,Konzept}$)	

FESTLEGUNG LÜFTUNGSTECHNISCHE MAßNAHMEN

☒ **Freie Lüftung**	☐ **Ventilatorgestützte Lüftung**
☒ Querlüftung Höhenunterschied zwischen Leckagen und ALD ☒ ja ☐ nein ☐ Schachtlüftung / Auftriebslüftung	☐ Abluftsystem ☐ Zentralventilator-Lüftungsanlage ☐ Gebäude ☐ Strang ☐ Wohnung Einzelventilator-Lüftungsanlage
☒ **Entlüftungssystem nach DIN 18017-3** ☒ Bemessung nur nach DIN 18017-3 ☐ Bemessung zusätzlich nach DIN 1946-6 ☐ Zentralentlüftung ☐ Einzelentlüftung	☐ Zuluftsystem ☐ Zentralventilator-Lüftungsanlage ☐ Strang ☐ Wohnung ☐ (Einzel-)Raum-Lüftungsgerät
☒ **Kombinierte Lüftungssysteme** Mehrere Lüftungstechnische Maßnahmen sind anzukreuzen!	☐ Zu-/Abluftsystem ☐ Zentralventilator-Lüftungsanlage ☐ Strang ☐ Wohnung ☐ (Einzel-)Raum-Lüftungsgerät

Projekt-Nr. / Bezeichnung:	Datum:	Seite 2

BESTIMMUNG GESAMT-AUßENLUFTVOLUMENSTRÖME $q_{v,ges}$

Freie Lüftung (Minimalanforderungen)	**Ventilatorgestützte Lüftung** (Minimalanforderungen)
Lüftung zum Feuchteschutz $q_{v,ges,FL}$ = **17** m^3/h *informativ:* $n_{v,ges,FL}$ = *0,16* h^{-1}	Lüftung zum Feuchteschutz $q_{v,ges,FL}$ = ___ m^3/h *informativ:* $n_{v,ges,FL}$ = ___ h^{-1}
oder	
Reduzierte Lüftung $q_{v,ges,RL}$ = 40 m^3/h *informativ:* $n_{v,ges,RL}$ = *0,38* h^{-1}	Reduzierte Lüftung $q_{v,ges,RL}$ = ___ m^3/h *informativ:* $n_{v,ges,RL}$ = ___ h^{-1}
Nennlüftung $q_{v,ges,NL}$ = 57 m^3/h *informativ:* $n_{v,ges,NL}$ = *0,54* h^{-1}	**Nennlüftung** $q_{v,ges,NL}$ = ___ m^3/h *informativ:* $n_{v,ges,NL}$ = ___ h^{-1}
Intensivlüftung durch Nutzerunterstützung (Fensteröffnen)	Intensivlüftung $q_{v,ges,IL}$ = ___ m^3/h *informativ:* $n_{v,ges,IL}$ = ___ h^{-1}

BESTIMMUNG LUFTVOLUMENSTRÖME durch lüftungstechnische Maßnahmen

NUTZUNGSEINHEIT

Freie Lüftung (Minimalanforderungen) Bemessung nach Lüftung zum Feuchteschutz oder nach Reduzierter Lüftung	**Ventilatorgestützte Lüftung** (Minimalanforderungen) Bemessung nach Nennlüftung
Lüftung Feuchteschutz, ALD:	Lüftung Feuchteschutz, ALD:
Luftvolumenstrom: $q_{V,LtM,FL}$ = ___ m^3/h	Luftvolumenstrom: $q_{V,LtM,FL}$ = ___ m^3/h
Luftwechsel (informativ): $n_{V,LtM,FL}$ = ___ h^{-1}	*Luftwechsel (informativ):* $n_{V,LtM,FL}$ = ___ h^{-1}
Lüftung Feuchteschutz, andere Lüftungskomponenten:	Lüftung Feuchteschutz, andere Lüftungskomponenten:
Luftvolumenstrom: $q_{V,LtM,FL}$ = ___ m^3/h	Luftvolumenstrom: $q_{V,LtM,FL}$ = ___ m^3/h
Luftwechsel (informativ): $n_{v,LtM,FL}$ = ___ h^{-1}	*Luftwechsel (informativ):* $n_{v,LtM,FL}$ = ___ h^{-1}
oder	
Reduzierte Lüftung, ALD:	Reduzierte Lüftung, ALD:
Luftvolumenstrom: $q_{V,LtM,RL}$ = ___ m^3/h	Luftvolumenstrom: $q_{v,LtM,RL}$ = ___ m^3/h
Luftwechsel (informativ): $n_{V,LtM,RL}$ = ___ h^{-1}	*Luftwechsel (informativ):* $n_{v,LtM,RL}$ = ___ h^{-1}
Reduzierte Lüftung, andere Lüftungskomponenten:	Reduzierte Lüftung, andere Lüftungskomponenten:
Luftvolumenstrom: $q_{V,LtM,RL}$ = ___ m^3/h	Luftvolumenstrom: $q_{v,LtM,RL}$ = ___ m^3/h
Luftwechsel (informativ): $n_{v,LtM,RL}$ = ___ h^{-1}	*Luftwechsel (informativ):* $n_{v,LtM,RL}$ = ___ h^{-1}
Nennlüftung, ALD:	Nennlüftung, ALD:
Luftvolumenstrom: $q_{v,LtM,NL}$ = **21** m^3/h	Luftvolumenstrom: $q_{v,LtM,NL}$ = ___ m^3/h
Luftwechsel (informativ): $n_{v,LtM,NL}$ = *0,23* h^{-1}	*Luftwechsel (informativ):* $n_{v,LtM,NL}$ = ___ h^{-1}
Nennlüftung, andere Lüftungskomponenten:	**Nennlüftung, andere Lüftungskomponenten:**
Luftvolumenstrom: $q_{v,LtM,NL}$ = **40** m^3/h	Luftvolumenstrom: $q_{v,LtM,NL}$ = ___ m^3/h
Luftwechsel (informativ): $n_{v,LtM,NL}$ = *0,43* h^{-1}	*Luftwechsel (informativ):* $n_{v,LtM,NL}$ = ___ h^{-1}
–	Intensivlüftung, ALD:
	Luftvolumenstrom: $q_{v,LtM,IL}$ = ___ m^3/h
	Luftwechsel (informativ): $n_{v,LtM,IL}$ = ___ h^{-1}
	Intensivlüftung, andere Lüftungskomponenten:
	Luftvolumenstrom: $q_{v,LtM,IL}$ = ___ m^3/h
	Luftwechsel (informativ): $n_{v,LtM,IL}$ = ___ h^{-1}

AUSLEGUNGS-DIFFERENZDRUCK Δp

ALD: Δp_{ALD} = 8 Pa	ALD: Δp_{ALD} = ___ Pa
ÜLD: $\Delta p_{ÜLD}$ = 1,5 Pa	ÜLD: $\Delta p_{ÜLD}$ = ___ Pa

Projekt-Nr. / Bezeichnung:	Datum:	Seite 3

RAUM		ALD	ÜLD	AbLD	ZuLD	Schacht	Leitung	Ventilator
Wohnen/SZ	A_{Raum} = 18 m^2	☒	☒	☐	☐	☐	☐	☐
	$q_{v,LtM}$ = (in m^3/h)	21	40					
Kochnische	A_{Raum} = 6 m^2	☐	☐	☐	☐	☐	☐	☐
	$q_{v,LtM}$ = (in m^3/h)							
Bad	A_{Raum} = 5 m^2	☐	☒	☐	☐	☐	☐	☒
	$q_{v,LtM}$ = (in m^3/h)		40					20/40
Flur	A_{Raum} = 5 m^2	☐	☐	☐	☐	☐	☐	☐
	$q_{v,LtM}$ = (in m^3/h)							
ZONE / RAUMGRUPPE		ALD	ÜLD	AbLD	ZuLD	Schacht	Leitung	Ventilator
Zulufträume	$\Sigma q_{v,LtM}$ = (in m^3/h)	21	40					20/40
Überströmräume	$\Sigma q_{v,LtM}$ = (in m^3/h)							
Ablufträume	$\Sigma q_{v,LtM}$ = (in m^3/h)		40					

Abbildung 7.2: Auslegung der lüftungstechnischen Maßnahmen, Darstellung in den Formblättern

7.2.5 Darstellung der Lüftungskomponenten im Grundriss

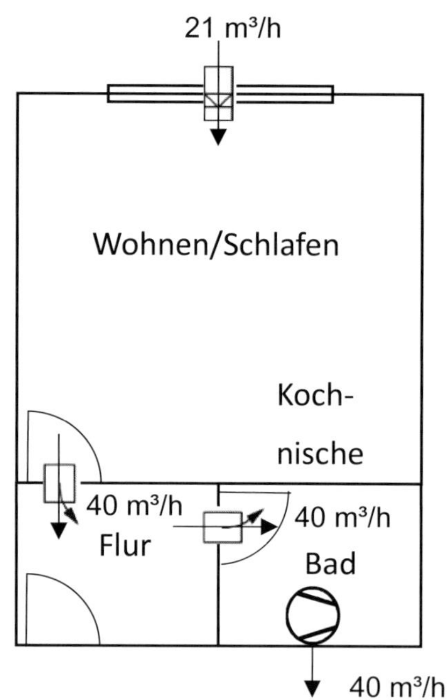

Raum	Zuluft		Abluft	Überströmen	
	m³/h	Δ*p* Pa	m³/h	m³/h	Δ*p* Pa
Wohnen/SZ	21	8		40	1,5
Kochnische					
Bad (fensterlos)				40	1,5
Flur					

Außenbauteil-Luftdurchlass ALD

Überström-Luftdurchlass ÜLD

Abluftventilator (dezentral)

Abbildung 7.3: Darstellung der Lüftungskomponenten im Grundriss – maximaler Abluftvolumenstrom

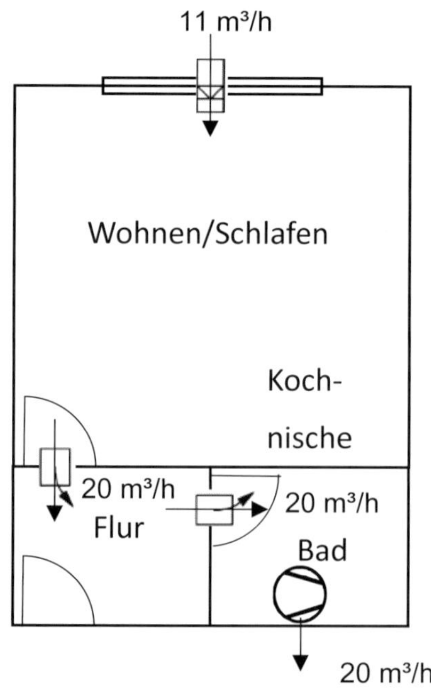

Raum	Zuluft		Abluft	Überströmen	
	m³/h	Δ*p* Pa	m³/h	m³/h	Δ*p* Pa
Wohnen/SZ	11	8		20	1,5
Kochnische					
Bad (fensterlos)				20	1,5
Flur					

Außenbauteil-Luftdurchlass ALD

Überström-Luftdurchlass ÜLD

Abluftventilator (dezentral)

Abbildung 7.4: Darstellung der Lüftungskomponenten im Grundriss – minimaler Abluftvolumenstrom

7.3 Beispiel 2 – Einraumwohnung – Zu-/Abluftsystem wohnungszentral

7.3.1 Grundriss und Flächen

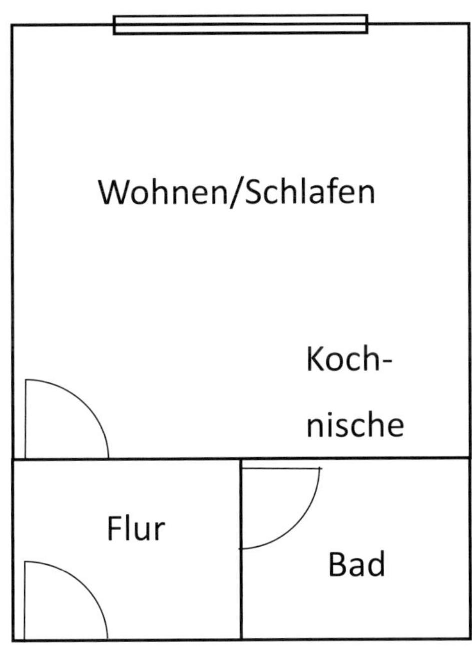

Raum	Fläche Zuluft	Fläche Abluft	Fläche Über-strömen
	m²	m²	m²
Wohnen/Schlafen	18,0		
Kochnische		6,0	
Bad		5,0	
Flur			5,0
Gesamt	18,0	11,0	5,0
Beheizte Wohnfläche A_{NE} in m²			34,0
Gelüftete Wohnfläche A_L in m²			34,0
Mittlere Raumhöhe h in m			2,70
Luftvolumen V_{NE} in m³			91,8
Gelüftetes Luftvolumen V_L in m³			91,8

Abbildung 7.5: Grundriss und Flächenaufteilung

Weitere Angaben zum Gebäude und zur Nutzungseinheit enthält Abschnitt 5.1.

7.3.2 Allgemeines

Die gesamte Wohnung wird mit einem wohnungszentralen Zu-/Abluftsystem gelüftet. Im fensterlosen Bad wird neben DIN 1946-6 auch DIN 18017-3 eingehalten.

Das Zu-/Abluftsystem wird nach Nennlüftung ausgelegt. Die Entlüftung im fensterlosen Bad soll im Dauerbetrieb mit einem maximalen Abluftvolumenstrom von 40 m³/h (z. B. Kategorie R-ZD nach DIN 18017-3, Tabelle 2) erfolgen.

Die Ergebnisse werden in Abbildung 7.6 und Abbildung 7.7 zusammengefasst.

7.3.3 Auslegung Zu-/Abluftsystem wohnungszentral

a) notwendiger Außenluftvolumenstrom

$$q_{v,ges,NL} = \max\left(q_{v,ges,NE,NL}; \min\left(\sum_{R,ab} q_{v,ges,R,ab,NL}; 1{,}2 \cdot q_{v,ges,NE,NL}\right)\right)$$

$A = 34$ m²

$q_{v,ges,NE,FL} = 48$ m³/h

$\sum_R q_{v,ges,R,ab,NL} = 80$ m³/h (Kochnische und Bad)

$q_{v,ges,NL} = \max(48\ \text{m}^3/\text{h}; \min(80\ \text{m}^3/\text{h}; 1{,}2 \cdot 48\ \text{m}^3/\text{h}))$

$q_{v,ges,NL} = 58$ m³/h

b) Berücksichtigung der Anforderungen an die Entlüftung im fensterlosen Bad nach DIN 18017-3

Nach DIN 18017-3 muss im fensterlosen Bad ein Abluftvolumenstrom von 40 m³/h sichergestellt werden können.

c) Berücksichtigung der Anforderungen an einzelne Ablufträume nach DIN 1946-6

Nach DIN 1946-6 darf der Abluftvolumenstrom bei ventilatorgestützter Lüftung in keinem Abluftraum weniger als 50 % des Wertes aus DIN 1946-6, Tabelle 16 betragen. Für Küchen/Kochnischen ist der Tabellenwert für den Abluftvolumenstrom 40 m³/h, es muss also mindestens eine Auslegung für 20 m³/h erfolgen.

d) Konsequenzen der Einzelanforderungen auf den notwendigen Außenluftvolumenstrom

Die in b) und c) erläuterten Einzelanforderungen führen zu einem insgesamt zu realisierenden Gesamtabluftvolumenstrom von 60 m³/h (Bad 40 m³/h und Kochnische 20 m³/h). Der unter a) ermittelte Wert muss entsprechend angepasst werden.

$$q_{v,ges,NL} = 60\ m^3/h$$

e) Bestimmung der wirksamen Infiltration

Bei der Auslegung von Zu-/Abluftsystemen erfolgt keine Anrechnung der Infiltration auf die Auslegung der lüftungstechnischen Maßnahmen.

f) Luftvolumenstrom durch lüftungstechnische Maßnahmen

$$q_{v,Ventilator} = q_{v,ges,NL}$$

$$q_{v,Ventilator} = 60\ m^3/h$$

$$q_{v,ÜLD} = q_{v,ges,NL}$$

$$q_{v,ÜLD} = 60\ m^3/h$$

g) Aufteilung des Zu- und Abluftvolumenstroms auf die Räume

- Zulufträume – Wohnen/Schlafen:

  $$q_{v,Ventilator,Wohnen,NL} = \frac{f_{R,zu}}{\sum_{R,zu} f_{R,zu}} \cdot q_{v,Ventilator}$$

  Da nur ein Zuluftraum vorhanden ist, muss im Raum „Wohnen/Schlafen“ der gesamte Zuluftvolumenstrom von 60 m³/h sichergestellt werden.

  $$q_{v,Zuluftdurchlass,Wohnen,NL} = 60\ m^3/h$$

- Ablufträume – Bad, Kochnische:

  Die Aufteilung ergibt sich aus den Punkten b) und c)

  $$q_{v,Abluftdurchlass,Bad} = 40\ m^3/h$$

  $$q_{v,Abluftdurchlass,Kochnische} = 20\ m^3/h$$

h) Aufteilung der Überströmluftvolumenströme auf die Räume

- Wohnen/Schlafen:

  In diesem Beispiel handelt es sich bei den Räumen „Wohnen/Schlafen“ und „Kochnische“ um einen offenen Bereich, für die Überströmung ist hier kein ÜLD vorzusehen.

  Die Luftnachströmung erfolgt von „Wohnen/Schlafen“ zum „Bad“ über den Flur als Überströmbereich.

  $q_{v,ÜLD,Wohnen,NL} = 40\ m^3/h$ (nur Luftvolumenstrom in Richtung Bad)

- Kochnische:

  $$q_{v,ÜLD,Kochnische,NL} = 0\ m^3/h$$

- Bad:

  $$q_{v,ÜLD,Bad,NL} = 40\ m^3/h$$

Projekt-Nr. / Bezeichnung:	Datum:	Seite 1

DATEN GEBÄUDE / NUTZUNGSEINHEIT:

Gebäude			Nutzungseinheit			
Höhe und Lage			**Geometrie**			
Anzahl Geschosse	4		beheizte Wohnfläche	A_{NE} =	34	m^2
Gebäudehöhe	14	m	mittlere Raumhöhe	h_{NE} =	2,70	m
Windgebiet	☒ windschwach	☐ windstark	Luftvolumen	V_{NE} =	92	m^3
Wärmeschutz			gelüftete Wohnfläche	A_L =	34	m^2
☐ hoch (Neubau / Modernisierung mind. WSchV 1995)			gelüftetes Luftvolumen	V_L =	92	m^3
☒ niedrig (Gebäudebestand vor 1995)			Personenzahl (falls bekannt)	n_{Pers} =	1	Pers.
Geplante Belegung			Volumenstrom pro Person	$q_{v,Pers}$ =		m^3/(h*Pers.)
☒ hoch						
☐ gering (üblich in selbstgenutztem Eigentum, z.B. EFH)			**Fensterlose Räume**			
Luftdichtheit der Gebäudehülle			☒ ja			
☒ Messwert (Luftdichtheits-Messung)			☐ nein			
Luftwechsel bei 50 Pa (Mes-	$n_{50,m}$ = 1,0	h^{-1}	**Raumluftabhängige Feuerstätte**			
Fläche kleine Öffnungen	$A_{Öff}$ =	cm^2	☐ ja			
Luftwechsel bei 50 Pa (Ausle-	n_{50} =	h^{-1}	☒ nein			
			Höhe und Lage			
☐ Vorgabewert			Anzahl der Geschosse in der Nutzungseinheit			
☐ Kategorie A mit n_{50} = 1,0 h^{-1} (für ventilatorgestützte Lüftung)			☐ mehrgeschossig	☒ eingeschossig		
			Anzahl der Außenfassaden in der Nutzungseinheit:			
☐ Kategorie B mit n_{50} = 1,5 h^{-1} (für freie Lüftung bei ab 2002 errichteten Gebäuden und bei Modernisierung in eingeschossigen Nutzungseinheiten)			☒ 1 Außenfassade	☐ > 1 Außenfassade		
			Höhe der Nutzungseinheit:			
			☒ 0 bis 15 m über Geländeoberkante			
☐ Kategorie C mit n_{50} = 2,0 h^{-1} (für freie Lüftung bei Modernisierung in mehrgeschossigen Nutzungseinheiten, vor 2002 errichtet)			☐ > 15 m über Geländeoberkante			
			Lage der Nutzungseinheit:			
			☐ offen	☒ normal	☐ geschützt	

NOTWENDIGKEIT LÜFTUNGSTECHNISCHE MAßNAHMEN

Faktor Wärmeschutz:	f_{WS} = 0,4	Volumenstromkoeffizient:	$e_{Z,Konzept}$ = 0,04
Luftvolumenstrom zum Feuchteschutz:		$q_{v,ges,NE,FL}$ =	19 m^3/h
Luftvolumenstrom durch Infiltration im Ausgangszustand:		$q_{v,Inf,Konzept}$ =	3 m^3/h
Lüftungstechnische Maßnahmen erforderlich?	☒ **ja** ($q_{v,ges,NE,FL} > q_{v,Inf,Konzept}$)		☐ **nein** ($q_{v,ges,NE,FL} \leq q_{v,Inf,Konzept}$)

FESTLEGUNG LÜFTUNGSTECHNISCHE MAßNAHMEN

☒ **Freie Lüftung**	☐ **Ventilatorgestützte Lüftung**
☐ Querlüftung Höhenunterschied zwischen Leckagen und ALD ☐ ja ☐ nein ☐ Schachtlüftung / Auftriebslüftung	☐ Abluftsystem ☐ Zentralventilator-Lüftungsanlage ☐ Gebäude ☐ Strang ☐ Wohnung Einzelventilator-Lüftungsanlage
☒ **Entlüftungssystem nach DIN 18017-3** ☒ Bemessung nur nach DIN 18017-3 ☒ Bemessung zusätzlich nach DIN 1946-6 ☐ Zentralentlüftung ☐ Einzelentlüftung	☐ Zuluftsystem ☐ Zentralventilator-Lüftungsanlage ☐ Strang ☐ Wohnung ☐ (Einzel-)Raum-Lüftungsgerät
☒ **Kombinierte Lüftungssysteme** Mehrere Lüftungstechnische Maßnahmen sind anzukreuzen!	☒ Zu-/Abluftsystem ☒ Zentralventilator-Lüftungsanlage ☐ Strang ☒ Wohnung ☐ (Einzel-)Raum-Lüftungsgerät

Projekt-Nr. / Bezeichnung:	Datum:	Seite 2

BESTIMMUNG GESAMT-AUẞENLUFTVOLUMENSTRÖME $q_{v,ges}$

Freie Lüftung (Minimalanforderungen)	**Ventilatorgestützte Lüftung** (Minimalanforderungen)
Lüftung zum Feuchteschutz $q_{v,ges,FL}$ = ___ m^3/h	Lüftung zum Feuchteschutz $q_{v,ges,FL}$ = 24 m^3/h
informativ: $n_{v,ges,FL}$ = ___ h^{-1}	*informativ:* $n_{v,ges,FL}$ = *0,26* h^{-1}
oder	
Reduzierte Lüftung $q_{v,ges,RL}$ = ___ m^3/h	Reduzierte Lüftung $q_{v,ges,RL}$ = 42 m^3/h
informativ: $n_{v,ges,RL}$ = ___ h^{-1}	*informativ:* $n_{v,ges,RL}$ = *0,46* h^{-1}
Nennlüftung $q_{v,ges,NL}$ = ___ m^3/h	**Nennlüftung** $q_{v,ges,NL}$ = **60** m^3/h
informativ: $n_{v,ges,NL}$ = ___ h^{-1}	*informativ:* $n_{v,ges,NL}$ = *0,65* h^{-1}
Intensivlüftung durch Nutzerunterstützung (Fensteröffnen)	Intensivlüftung $q_{v,ges,IL}$ = 78 m^3/h
	informativ: $n_{v,ges,IL}$ = *0,85* h^{-1}

BESTIMMUNG LUFTVOLUMENSTRÖME durch lüftungstechnische Maßnahmen

NUTZUNGSEINHEIT

Freie Lüftung (Minimalanforderungen) Bemessung nach Lüftung zum Feuchteschutz oder nach Reduzierter Lüftung	**Ventilatorgestützte Lüftung** (Minimalanforderungen) Bemessung nach Nennlüftung
Lüftung Feuchteschutz, ALD:	Lüftung Feuchteschutz, ALD:
Luftvolumenstrom: $q_{V,LtM,FL}$ = ___ m^3/h	Luftvolumenstrom: $q_{V,LtM,FL}$ = - m^3/h
Luftwechsel (informativ): $n_{V,LtM,FL}$ = ___ h^{-1}	*Luftwechsel (informativ):* $n_{V,LtM,FL}$ = - h^{-1}
Lüftung Feuchteschutz, andere Lüftungskomponenten:	Lüftung Feuchteschutz, andere Lüftungskomponenten:
Luftvolumenstrom: $q_{V,LtM,FL}$ = ___ m^3/h	Luftvolumenstrom: $q_{V,LtM,FL}$ = 24 m^3/h
Luftwechsel (informativ): $n_{v,LtM,FL}$ = ___ h^{-1}	*Luftwechsel (informativ):* $n_{v,LtM,FL}$ = *0,26* h^{-1}
oder	
Reduzierte Lüftung, ALD:	Reduzierte Lüftung, ALD:
Luftvolumenstrom: $q_{V,LtM,RL}$ = ___ m^3/h	Luftvolumenstrom: $q_{v,LtM,RL}$ = - m^3/h
Luftwechsel (informativ): $n_{V,LtM,RL}$ = ___ h^{-1}	*Luftwechsel (informativ):* $n_{v,LtM,RL}$ = - h^{-1}
Reduzierte Lüftung, andere Lüftungskomponenten:	Reduzierte Lüftung, andere Lüftungskomponenten:
Luftvolumenstrom: $q_{V,LtM,RL}$ = ___ m^3/h	Luftvolumenstrom: $q_{v,LtM,RL}$ = 42 m^3/h
Luftwechsel (informativ): $n_{v,LtM,RL}$ = ___ h^{-1}	*Luftwechsel (informativ):* $n_{v,LtM,RL}$ = *0,46* h^{-1}
Nennlüftung, ALD:	Nennlüftung, ALD:
Luftvolumenstrom: $q_{v,LtM,NL}$ = ___ **m^3/h**	Luftvolumenstrom: $q_{v,LtM,NL}$ = - m^3/h
Luftwechsel (informativ): $n_{v,LtM,NL}$ = ___ h^{-1}	*Luftwechsel (informativ):* $n_{v,LtM,NL}$ = - h^{-1}
Nennlüftung, andere Lüftungskomponenten:	**Nennlüftung, andere Lüftungskomponenten:**
Luftvolumenstrom: $q_{v,LtM,NL}$ = ___ **m^3/h**	Luftvolumenstrom: $q_{v,LtM,NL}$ = **60** m^3/h
Luftwechsel (informativ): $n_{v,LtM,NL}$ = ___ h^{-1}	*Luftwechsel (informativ):* $n_{v,LtM,NL}$ = *0,65* h^{-1}
—	Intensivlüftung, ALD:
	Luftvolumenstrom: $q_{v,LtM,IL}$ = - m^3/h
	Luftwechsel (informativ): $n_{v,LtM,IL}$ = - h^{-1}
	Intensivlüftung, andere Lüftungskomponenten:
	Luftvolumenstrom: $q_{v,LtM,IL}$ = 78 m^3/h
	Luftwechsel (informativ): $n_{v,LtM,IL}$ = *0,85* h^{-1}

AUSLEGUNGS-DIFFERENZDRUCK Δp

ALD: Δp_{ALD} = ___ Pa	ALD: Δp_{ALD} = - Pa
ÜLD: $\Delta p_{ÜLD}$ = ___ Pa	ÜLD: $\Delta p_{ÜLD}$ = 1,5 Pa

Projekt-Nr. / Bezeichnung:	Datum:	Seite 3

RAUM		ALD	ÜLD	AbLD	ZuLD	Schacht	Leitung	Ventilator
Wohnen/SZ	A_{Raum} = 18 m^2	☐	☒	☐	☒	☐	☒	☐
	$q_{v,LtM}$ = (in m^3/h)		40		60		60	
Kochnische	A_{Raum} = 6 m^2	☐	☐	☒	☐	☐	☒	☐
	$q_{v,LtM}$ = (in m^3/h)			20			20	
Bad	A_{Raum} = 5 m^2	☐	☒	☒	☐	☐	☒	☐
	$q_{v,LtM}$ = (in m^3/h)		40	40			40	
Flur	A_{Raum} = 5 m^2	☐	☐	☐	☐	☐	☐	☐
	$q_{v,LtM}$ = (in m^3/h)							
ZONE / RAUMGRUPPE		ALD	ÜLD	AbLD	ZuLD	Schacht	Leitung	Ventilator
Zulufträume	$\Sigma q_{v,LtM}$ = (in m^3/h)		40		60		60	
Überströmräume	$\Sigma q_{v,LtM}$ = (in m^3/h)							
Ablufträume	$\Sigma q_{v,LtM}$ = (in m^3/h)		40	60			60	

Abbildung 7.6: Auslegung der lüftungstechnischen Maßnahmen, Darstellung in den Formblättern

7.3.4 Darstellung der Lüftungskomponenten im Grundriss

Raum	Zuluft		Abluft	Überströmen	
		Δp	m^3/h	m^3/h	Δp
		Pa			Pa
Wohnen/SZ	60	–		40	1,5
Kochnische			20		
Bad (fensterlos)			40	40	1,5
Flur					

Überström-Luftdurchlass ÜLD

Unit – wohnungszentrales Zu-/Abluftgerät

Abbildung 7.7: Darstellung der Lüftungskomponenten im Grundriss

7.4 Beispiel 3 – Zweiraumwohnung – Querlüftung und Zu-/Abluftgerät im Schlafzimmer kombiniert

7.4.1 Grundriss und Flächen

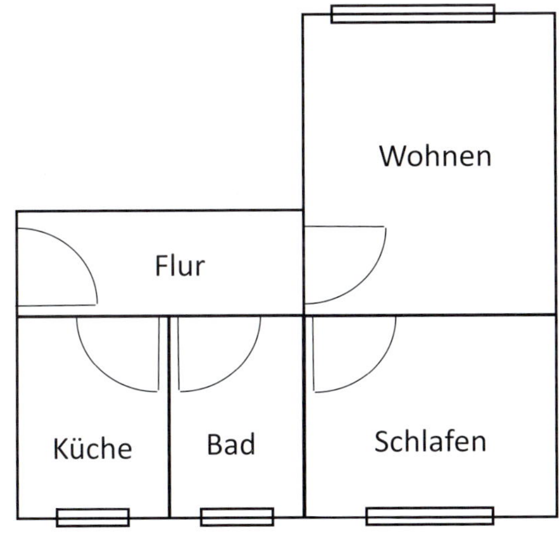

Raum	Fläche Zuluft	Fläche Abluft	Fläche Überströmen
	m^2	m^2	m^2
Wohnen	24,0		
Schlafen	16,0		
Küche		7,0	
Bad		6,0	
Flur			5,0
Gesamt	40,0	13,0	5,0
Beheizte Wohnfläche A_{NE} in m^2			58,0
Gelüftete Wohnfläche A_L in m^2			58,0
Mittlere Raumhöhe h in m			2,59
Luftvolumen V_{NE} in m^3			150,2
Gelüftetes Luftvolumen V_L in m^3			150,2

Abbildung 7.8: Grundriss und Flächenaufteilung

Weitere Angaben zum Gebäude und zur Nutzungseinheit enthält Abschnitt 5.2.

7.4.2 Allgemeines

Das Schlafzimmer wird über ein dezentrales Zu-/Abluftgerät belüftet, die restliche Nutzungseinheit wird mit einem freien Querlüftungssystem belüftet. Das Zu-/Abluftgerät wird nach der Nennlüftung, das Querlüftungssystem nach der Lüftung zum Feuchteschutz ausgelegt.

Die Auslegung der lüftungstechnischen Maßnahme erfolgt nach Abschnitt 9.2 der DIN 1946-6.

Es wird davon ausgegangen, dass das Schlafzimmer für sich gelüftet wird und es aufgrund der geschlossenen Schlafzimmertür nicht zu Wechselwirkungen mit dem freien Querlüftungssystem der restlichen Nutzungseinheit kommt.

Die Ergebnisse werden in Abbildung 7.9 und Abbildung 7.10 zusammengefasst.

7.4.3 Auslegung Querlüftungssystem

a) notwendiger Außenluftvolumenstrom

Die Teilfläche der Nutzungseinheit, die über ein Querlüftungssystem belüftet werden soll, umfasst die Räume „Wohnen“, „Küche“, „Bad“ und „Flur“.

$$q_{v,ges,FL} = \max\left\{ q_{v,ges,NE,FL}\,;\, 0{,}5 \cdot \sum_R q_{v,ges,R,FL} \right\}$$

$A_{Teilfläche} = 42\ m^2$

$q_{v,ges,NE,FL} = 17\ m^3/h$

$\sum_R q_{v,ges,R,FL} = 26\ m^3/h$

$q_{v,ges,FL} = \max\{17\ m^3/h;\ 0.5 \cdot 26\ m^3/h\}$

$q_{v,ges,FL} = 17\ m^3/h$

b) Bestimmung der wirksamen Infiltration

$q_{v,inf} = e_z \cdot V_{NE} \cdot n_{50}$

$$e_z = 0{,}04 \cdot \sqrt{f_{Wind}^2 + f_{Therm}^2}$$

Korrekturfaktor für den Einfluss des Windes:

$f_{Wind} = f_{Ort} \cdot f_{Lage} \cdot f_{Höhe} \cdot f_{Fassade}$

Korrekturfaktor für Gebäudestandort: $f_{Ort} = 1$ (windschwach)

Korrekturfaktor für Gebäudelage: $f_{Lage} = 1$ (normale Lage)

Korrekturfaktor für Höhe über Grund: $f_{Höhe} = 1$ (bis 15 m)

Korrekturfaktor für Fassadenanzahl: $f_{Fassade} = 1$ ($>$ 1 Fassade)

$f_{Wind} = 1 \cdot 1 \cdot 1 \cdot 1$

$f_{Wind} = 1{,}0$

Korrekturfaktor für den Einfluss des thermischen Auftriebs:

$f_{Therm} = 0{,}75$ (Querlüftung in eingeschossigen Nutzungseinheiten mit wesentlichem Höhenunterschied zwischen Leckagen und ALD)

$$e_z = 0{,}04 \cdot \sqrt{1^2 + 0{,}75^2}$$

$e_z = 0{,}05$

$V_{NE} = A_{NE} \cdot H_R$

$V_{NE} = 42\ m^2 \cdot 2{,}59\ m$

$V_{NE} = 109\ m^3$

$n_{50} = 0{,}5\ h^{-1}$

$q_{v,inf} = 0{,}05 \cdot 109\ m^3 \cdot 0{,}5\ h^{-1}$

$q_{v,inf} = 3\ m^3/h$

c) Luftvolumenstrom durch lüftungstechnische Maßnahmen

$q_{v,ALD,fr} = q_{v,ges,FL} - q_{v,inf,wirk}$

$q_{v,ALD,fr} = 17\ m^3/h - 3\ m^3/h$

$q_{v,ALD,fr} = 14\ m^3/h$

$q_{v,ÜLD,fr} = q_{v,ges,FL}$

$q_{v,ÜLD,fr} = 17\ m^3/h$

d) Aufteilung der Außenluftvolumenströme auf die Räume

Der Faktor 2 in der Gleichung zur Aufteilung der Außenluftvolumenströme berücksichtigt, dass bei einem Querlüftungssystem die notwendige Außenluft luvseitig in die Nutzungseinheit einströmen und leeseitig wieder abströmen muss. Die ALD müssen sowohl das Zu- als auch das Abströmen gewährleisten.

- Wohnen:

$$q_{v,ALD,Wohnen,FL} = 2 \cdot \frac{q_{v,ges,R,FL}}{\sum_R q_{v,ges,R,FL}} \cdot q_{v,ALD,fr}$$

$$q_{v,ALD,Wohnen,FL} = 2 \cdot \frac{10\ m^3/h}{26\ m^3/h} \cdot 14\ m^3/h$$

$q_{v,ALD,Wohnen,FL} = 11\ m^3/h$

- Küche, Bad:

$$q_{v,ALD,Küche,FL} = 2 \cdot \frac{8\ m^3/h}{26\ m^3/h} \cdot 14\ m^3/h$$

$q_{v,ALD,Küche,FL} = 9\ m^3/h$

$q_{v,ALD,Bad,FL} = 9\ m^3/h$

e) Aufteilung der Überströmluftvolumenströme auf die Räume

- Wohnen:

$$q_{v,ÜLD,Wohnen,FL} = 2 \cdot \frac{q_{v,ges,R,FL}}{\sum_R q_{v,ges,R,FL}} \cdot q_{v,ÜLD,fr}$$

$$q_{v,ÜLD,Wohnen,FL} = 2 \cdot \frac{10\ m^3/h}{26\ m^3/h} \cdot 17\ m^3/h$$

$q_{v,ÜLD,Wohnen,FL} = 13\ m^3/h$

- Küche, Bad:

$$q_{v,ÜLD,Küche,FL} = 2 \cdot \frac{8\ m^3/h}{26\ m^3/h} \cdot 17\ m^3/h$$

$q_{v,ÜLD,Küche,FL} = 10\ m^3/h$

$q_{v,ÜLD,Bad,FL} = 10\ m^3/h$

f) Bestimmung der Auslegungsdifferenzdrücke

- ALD

  Bei freier Lüftung können unter definierten Randbedingungen (normale Gebäudelage, Gebäudehöhe max. 15 m, mehr als eine windausgesetzte Fassade in der Nutzungseinheit) die Werte aus DIN 1946-6, Tabelle 13 angesetzt werden. Diese Randbedingungen treffen für das Beispiel zu und für Querlüftung in windschwacher Lage gilt dann:

  $\Delta p_{\text{ALD}} = 2\ \text{Pa}$

  Bei abweichenden Randbedingungen erfolgt die Berechnung nach DIN 1946-6:

  $$\Delta p_{\text{ALD}} = \max\left(2\,\text{Pa}\,;\min\left(8\,\text{Pa}\,;50\,\text{Pa}\cdot(2\cdot e_z)^{3/2}\right)\right)$$

- ÜLD

  Bei freier Lüftung kann angesetzt werden:

  $\Delta p_{\text{ÜLD}} = 0{,}5\ \text{Pa}$

7.4.4 Auslegung Zu-/Abluftsystem als Einzelraum-Lüftungsgerät

a) notwendiger Außenluftvolumenstrom

Die Teilfläche der Nutzungseinheit, die über ein Zu-/Abluftsystem als Einzelraum-Lüftungsgerät belüftet werden soll, umfasst den Raum „Schlafen".

$$q_{\text{v,ges,NL}} = \max\left(q_{\text{v,ges,NE,NL}}\,;\min\left(\sum_{\text{R,ab}} q_{\text{v,ges,R,ab,NL}}\,;1{,}2\cdot q_{\text{v,ges,NE,NL}}\right)\right)$$

$A_{\text{Teilfläche}} = 16\ \text{m}^2$

$q_{\text{v,ges,NE,NL}} = 33\ \text{m}^3/\text{h}$

$\sum_R q_{\text{v,ges,R,ab,NL}} = 0\ \text{m}^3/\text{h}$

$q_{\text{v,ges,NL}} = \max(33\ \text{m}^3/\text{h};\ \min(0\ \text{m}^3/\text{h};\ 1{,}2\cdot 33\ \text{m}^3/\text{h}))$

$q_{\text{v,ges,NL}} = 33\ \text{m}^3/\text{h}$

b) Bestimmung der wirksamen Infiltration

Bei der Auslegung von Zu-/Abluftsystemen erfolgt keine Anrechnung der Infiltration auf die Auslegung der lüftungstechnischen Maßnahmen.

c) Luftvolumenstrom durch lüftungstechnische Maßnahmen

$q_{\text{v,LtM,vg}} = q_{\text{v,ges,NL}}$

$q_{\text{v,LtM,vg}} = 33\ \text{m}^3/\text{h}$

d) Aufteilung der Außenluftvolumenströme auf die Räume

- Schlafen:

  $$q_{\text{v,LtM,Schlafen,NL}} = \frac{f_{\text{R,zu}}}{\sum_{\text{R,zu}} f_{\text{R,zu}}}\cdot q_{\text{v,LtM,vg}}$$

  $$q_{\text{v,LtM,Schlafen,NL}} = \frac{2}{2}\cdot 33\,\text{m}^3/\text{h}$$

  $q_{\text{v,Ltm,Schlafen,NL}} = 33\ \text{m}^3/\text{h}$

  Pro Person darf im Schlafraum der ausgelegte Zuluftvolumenstrom nicht kleiner als 15 m³/h je Person sein. Der ausgelegte Volumenstrom lässt eine Nutzung des Raums „Schlafen" durch zwei Personen zu.

  Bei der Auswahl des Zu-/Abluftgeräts muss zudem das benötigte Schalldämm-Maß berücksichtigt werden.

Projekt-Nr. / Bezeichnung:	Datum:	Seite 1

DATEN GEBÄUDE / NUTZUNGSEINHEIT:

Gebäude

Höhe und Lage

Anzahl Geschosse	4	
Gebäudehöhe	14	m
Windgebiet	☒ windschwach	☐ windstark

Wärmeschutz

☒ hoch (Neubau / Modernisierung mind. WSchV 1995)
☐ niedrig (Gebäudebestand vor 1995)

Geplante Belegung

☒ hoch
☐ gering (üblich in selbstgenutztem Eigentum, z.B. EFH)

Luftdichtheit der Gebäudehülle

☒ Messwert (Luftdichtheits-Messung)

Luftwechsel bei 50 Pa (Mes-	$n_{50,m}$ =	0,5	h^{-1}
Fläche kleine Öffnungen	$A_{Öff}$ =		cm^2
Luftwechsel bei 50 Pa (Ausle-	n_{50} =		h^{-1}

☐ Vorgabewert
- ☐ Kategorie A mit n_{50} = 1,0 h^{-1} (für ventilatorgestützte Lüftung)
- ☐ Kategorie B mit n_{50} = 1,5 h^{-1} (für freie Lüftung bei ab 2002 errichteten Gebäuden und bei Modernisierung in eingeschossigen Nutzungseinheiten)
- ☐ Kategorie C mit n_{50} = 2,0 h^{-1} (für freie Lüftung bei Modernisierung in mehrgeschossigen Nutzungseinheiten, vor 2002 errichtet)

Nutzungseinheit

Geometrie

beheizte Wohnfläche	A_{NE} =	58	m^2
mittlere Raumhöhe	h_{NE} =	2,59	m
Luftvolumen	V_{NE} =	145	m^3
gelüftete Wohnfläche	A_L =	58	m^2
gelüftetes Luftvolumen	V_L =	145	m^3
Personenzahl (falls bekannt)	n_{Pers} =	2	Pers.
Volumenstrom pro Person	$q_{v,Pers}$ =		$m^3/(h^*Pers.)$

Fensterlose Räume

☐ ja
☐ nein

Raumluftabhängige Feuerstätte

☐ ja
☒ nein

Höhe und Lage

Anzahl der Geschosse in der Nutzungseinheit

☐ mehrgeschossig ☒ eingeschossig

Anzahl der Außenfassaden in der Nutzungseinheit:

☐ 1 Außenfassade ☒ > 1 Außenfassade

Höhe der Nutzungseinheit:

☒ 0 bis 15 m über Geländeoberkante
☐ > 15 m über Geländeoberkante

Lage der Nutzungseinheit:

☐ offen ☒ normal ☐ geschützt

NOTWENDIGKEIT LÜFTUNGSTECHNISCHE MAßNAHMEN

Faktor Wärmeschutz: f_{WS} = 0,3	Volumenstromkoeffizient:	$e_{Z,Konzept}$ =	0,04
Luftvolumenstrom zum Feuchteschutz:		$q_{v,ges,NE,FL}$ =	21 m^3/h
Luftvolumenstrom durch Infiltration im Ausgangszustand:		$q_{v,Inf,Konzept}$ =	3 m^3/h
Lüftungstechnische Maßnahmen erforderlich?	☒ **ja** ($q_{v,ges,NE,FL} > q_{v,Inf,Konzept}$)	☐ **nein** ($q_{v,ges,NE,FL} \leq q_{v,Inf,Konzept}$)	

FESTLEGUNG LÜFTUNGSTECHNISCHE MAßNAHMEN

☒ **Freie Lüftung**
- ☒ Querlüftung
  Höhenunterschied zwischen Leckagen und ALD
  ☒ ja ☐ nein
- ☐ Schachtlüftung / Auftriebslüftung

☐ **Entlüftungssystem nach DIN 18017-3**
- ☐ Bemessung nur nach DIN 18017-3
- ☐ Bemessung zusätzlich nach DIN 1946-6
- ☐ Zentralentlüftung
- ☐ Einzelentlüftung

☒ **Kombinierte Lüftungssysteme**
Mehrere Lüftungstechnische Maßnahmen sind anzukreuzen!

☒ **Ventilatorgestützte Lüftung**
- ☐ Abluftsystem
  - ☐ Zentralventilator-Lüftungsanlage
    ☐ Gebäude ☐ Strang ☐ Wohnung
    Einzelventilator-Lüftungsanlage
- ☐ Zuluftsystem
  - ☐ Zentralventilator-Lüftungsanlage
    ☐ Strang ☐ Wohnung
  - ☐ (Einzel-)Raum-Lüftungsgerät
- ☒ Zu-/Abluftsystem
  - ☐ Zentralventilator-Lüftungsanlage
    ☐ Strang ☐ Wohnung
  - ☒ (Einzel-)Raum-Lüftungsgerät

Projekt-Nr. / Bezeichnung:	Datum:	Seite 2

BESTIMMUNG GESAMT-AUßENLUFTVOLUMENSTRÖME $q_{v,ges}$

Freie Lüftung (Minimalanforderungen)	**Ventilatorgestützte Lüftung** (Minimalanforderungen)
Lüftung zum Feuchteschutz $q_{v,ges,FL}$ = **17 m³/h**	Lüftung zum Feuchteschutz $q_{v,ges,FL}$ = 10 m³/h
informativ: $n_{v,ges,FL}$ = *0,16* h^{-1}	*informativ:* $n_{v,ges,FL}$ = *0,25* h^{-1}
oder	
Reduzierte Lüftung $q_{v,ges,RL}$ = 40 m³/h	Reduzierte Lüftung $q_{v,ges,RL}$ = 23 m³/h
informativ: $n_{v,ges,RL}$ = *0,38* h^{-1}	*informativ:* $n_{v,ges,RL}$ = *0,57* h^{-1}
Nennlüftung $q_{v,ges,NL}$ = 57 m³/h	**Nennlüftung** $q_{v,ges,NL}$ = **33 m³/h**
informativ: $n_{v,ges,NL}$ = *0,54* h^{-1}	*informativ:* $n_{v,ges,NL}$ = *0,83* h^{-1}
Intensivlüftung durch Nutzerunterstützung (Fensteröffnen)	Intensivlüftung $q_{v,ges,IL}$ = 43 m³/h
	informativ: $n_{v,ges,IL}$ = *1,08* h^{-1}

BESTIMMUNG LUFTVOLUMENSTRÖME durch lüftungstechnische Maßnahmen

NUTZUNGSEINHEIT

Freie Lüftung (Minimalanforderungen) Bemessung nach Lüftung zum Feuchteschutz oder nach Reduzierter Lüftung	**Ventilatorgestützte Lüftung** (Minimalanforderungen) Bemessung nach Nennlüftung
Lüftung Feuchteschutz, ALD:	Lüftung Feuchteschutz, ALD:
Luftvolumenstrom: $q_{V,LtM,FL}$ = **14 m³/h**	Luftvolumenstrom: $q_{V,LtM,FL}$ = m³/h
Luftwechsel (informativ): $n_{V,LtM,FL}$ = *0,13* h^{-1}	*Luftwechsel (informativ):* $n_{V,LtM,FL}$ = h^{-1}
Lüftung Feuchteschutz, andere Lüftungskomponenten:	Lüftung Feuchteschutz, andere Lüftungskomponenten:
Luftvolumenstrom: $q_{V,LtM,FL}$ = m³/h	Luftvolumenstrom: $q_{V,LtM,FL}$ = 10 m³/h
Luftwechsel (informativ): $n_{v,LtM,FL}$ = h^{-1}	*Luftwechsel (informativ):* $n_{v,LtM,FL}$ = *0,25* h^{-1}
oder	
Reduzierte Lüftung, ALD:	Reduzierte Lüftung, ALD:
Luftvolumenstrom: $q_{V,LtM,RL}$ = m³/h	Luftvolumenstrom: $q_{v,LtM,RL}$ = m³/h
Luftwechsel (informativ): $n_{V,LtM,RL}$ = h^{-1}	*Luftwechsel (informativ):* $n_{v,LtM,RL}$ = h^{-1}
Reduzierte Lüftung, andere Lüftungskomponenten:	Reduzierte Lüftung, andere Lüftungskomponenten:
Luftvolumenstrom: $q_{V,LtM,RL}$ = m³/h	Luftvolumenstrom: $q_{v,LtM,RL}$ = 23 m³/h
Luftwechsel (informativ): $n_{v,LtM,RL}$ = h^{-1}	*Luftwechsel (informativ):* $n_{v,LtM,RL}$ = *0,57* h^{-1}
Nennlüftung, ALD:	Nennlüftung, ALD:
Luftvolumenstrom: $q_{v,LtM,NL}$ = m³/h	Luftvolumenstrom: $q_{v,LtM,NL}$ = m³/h
Luftwechsel (informativ): $n_{v,LtM,NL}$ = h^{-1}	*Luftwechsel (informativ):* $n_{v,LtM,NL}$ = h^{-1}
Nennlüftung, andere Lüftungskomponenten:	**Nennlüftung, andere Lüftungskomponenten:**
Luftvolumenstrom: $q_{v,LtM,NL}$ = m³/h	Luftvolumenstrom: $q_{v,LtM,NL}$ = **33 m³/h**
Luftwechsel (informativ): $n_{v,LtM,NL}$ = h^{-1}	*Luftwechsel (informativ):* $n_{v,LtM,NL}$ = *0,83* h^{-1}
—	Intensivlüftung, ALD:
	Luftvolumenstrom: $q_{v,LtM,IL}$ = m³/h
	Luftwechsel (informativ): $n_{v,LtM,IL}$ = h^{-1}
	Intensivlüftung, andere Lüftungskomponenten:
	Luftvolumenstrom: $q_{v,LtM,IL}$ = 43 m³/h
	Luftwechsel (informativ): $n_{v,LtM,IL}$ = *1,08* h^{-1}

AUSLEGUNGS-DIFFERENZDRUCK Δp

ALD: Δp_{ALD} = 2 Pa	ALD: Δp_{ALD} = Pa
ÜLD: $\Delta p_{ÜLD}$ = 0,5 Pa	ÜLD: $\Delta p_{ÜLD}$ = Pa

Projekt-Nr. / Bezeichnung:	Datum:	Seite 3

RAUM		ALD	ÜLD	AbLD	ZuLD	Schacht	Leitung	Ventilator
Wohnzimmer	A_{Raum} = 24 m²	☒	☒	☐	☐	☐	☐	☐
	$q_{v,LtM}$ = (in m³/h)	11	13					
Schlafen[a]	A_{Raum} = 16 m²	☐	☐	☐	☐	☐	☐	☒
$f_{R,zu}$ = 2	$q_{v,LtM}$ = (in m³/h)							zu/ab: 33/33
Küche	A_{Raum} = 7 m²	☒	☒	☐	☐	☐	☐	☐
	$q_{v,LtM}$ = (in m³/h)	9	10					
Bad	A_{Raum} = 6 m²	☒	☒	☐	☐	☐	☐	☐
	$q_{v,LtM}$ = (in m³/h)	9	10					
Flur	A_{Raum} = 5 m²	☐	☐	☐	☐	☐	☐	☐
	$q_{v,LtM}$ = (in m³/h)							
ZONE / RAUMGRUPPE		ALD	ÜLD	AbLD	ZuLD	Schacht	Leitung	Ventilator
Zulufträume	$\Sigma q_{v,LtM}$ = (in m³/h)	11	13					33
Überströmräume	$\Sigma q_{v,LtM}$ = (in m³/h)							
Ablufträume	$\Sigma q_{v,LtM}$ = (in m³/h)	18	20					

Abbildung 7.9: Auslegung der lüftungstechnischen Maßnahmen, Darstellung in den Formblättern

7.4.5 Darstellung der Lüftungskomponenten im Grundriss

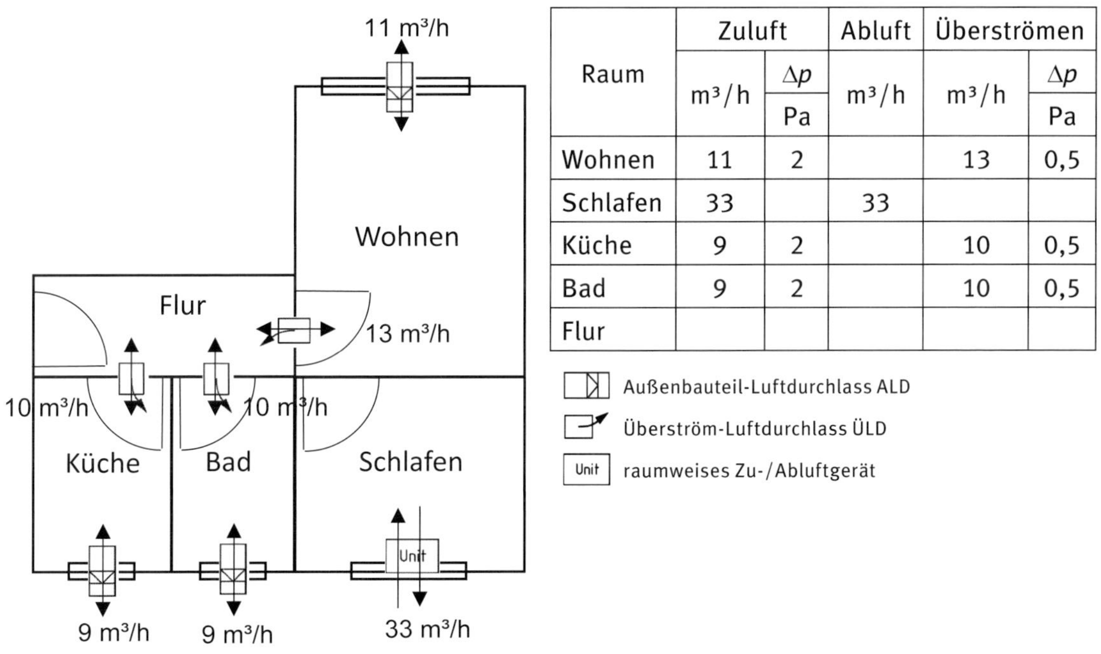

Raum	Zuluft		Abluft	Überströmen	
	m³/h	Δp Pa	m³/h	m³/h	Δp Pa
Wohnen	11	2		13	0,5
Schlafen	33		33		
Küche	9	2		10	0,5
Bad	9	2		10	0,5
Flur					

Abbildung 7.10: Darstellung der Lüftungskomponenten im Grundriss

7.5 Beispiel 4 – Zweiraumwohnung – Abluftsystem zentral/dezentral

7.5.1 Grundriss und Flächen

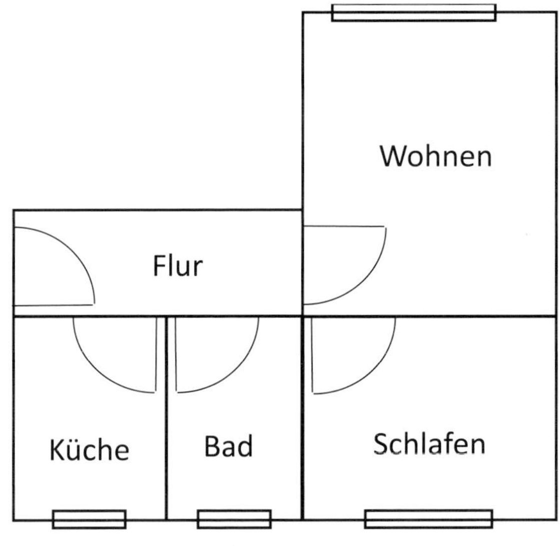

Raum	Fläche Zuluft	Fläche Abluft	Fläche Über-strömen
	m²	m²	m²
Wohnen	24,0		
Schlafen	16,0		
Küche		7,0	
Bad		6,0	
Flur			5,0
Gesamt	40,0	13,0	5,0
Beheizte Wohnfläche A_{NE} in m²			58,0
Gelüftete Wohnfläche A_L in m²			58,0
Mittlere Raumhöhe h in m			2,59
Luftvolumen V_{NE} in m³			150,2
Gelüftetes Luftvolumen V_L in m³			150,2

Abbildung 7.11: Grundriss und Flächenaufteilung

Weitere Angaben zum Gebäude und zur Nutzungseinheit enthält Abschnitt 5.2.

7.5.2 Allgemeines

Die gesamte Nutzungseinheit wird mit einem Abluftsystem belüftet. Das Abluftsystem wird nach der Nennlüftung ausgelegt.

Die Auslegung der lüftungstechnischen Maßnahme erfolgt nach Abschnitt 8 der DIN 1946-6.

Die Ergebnisse werden in Abbildung 7.12 und Abbildung 7.13 zusammengefasst.

7.5.3 Auslegung Abluftsystem

a) notwendiger Außenluftvolumenstrom

$$q_{v,ges,NL} = \max\left(q_{v,ges,NE,NL}; \min\left(\sum_{R,ab} q_{v,ges,R,ab,NL}; 1{,}2 \cdot q_{v,ges,NE,NL} \right)\right)$$

$A = 58\ m^2$

$q_{v,ges,NE,NL} = 71\ m^3/h$

$\sum_R q_{v,ges,R,ab,NL} = 80\ m^3/h$

$q_{v,ges,NL} = \max(71\ m^3/h; \min(80\ m^3/h; 1{,}2 \cdot 71\ m^3/h))$

$q_{v,ges,NL} = 80\ m^3/h$

b) Bestimmung der wirksamen Infiltration

$q_{v,inf} = e_z \cdot V_{NE} \cdot n_{50}$

$e_z = 0{,}21$

Es wird davon ausgegangen, dass in der Nutzungseinheit keine raumluftabhängige Feuerstätte vorhanden ist.

$V_{NE} = A_{NE} \cdot H_R$

$V_{NE} = 58\ m^2 \cdot 2{,}59\ m$

$V_{NE} = 150\ m^3$

$n_{50} = 0{,}5\ h^{-1}$

$q_{v,inf} = 0{,}21 \cdot 150\ m^3 \cdot 0{,}5\ h^{-1}$

$q_{v,inf} = 16\ m^3/h$

c) Luftvolumenstrom durch lüftungstechnische Maßnahmen

$q_{v,ALD,vg} = q_{v,ges,NL} - q_{v,inf,wirk}$

$q_{v,ALD,vg} = 80\ m^3/h - 16\ m^3/h$

$q_{v,ALD,vg} = 64\ m^3/h$

$q_{v,Ventilator,vg} = q_{v,ges,NL}$

$q_{v,Ventilator,vg} = 80\ m^3/h$

$q_{v,ÜLD,vg} = q_{v,ges,NL}$

$q_{v,ÜLD,vg} = 80\ m^3/h$

d) Aufteilung der Volumenströme auf die Räume

- Wohnen, 1. Auslegung:

$$q_{v,ALD,Wohnen,NL} = \frac{f_{R,zu}}{\sum_{R,zu} f_{R,zu}} \cdot q_{v,ALD,vg}$$

Es wird im ersten Ansatz mit mittleren Faktoren für die Zuluftvolumenströme $f_{R,zu}$ gerechnet.

$$q_{v,ALD,Wohnen,NL} = \frac{3}{3+2} \cdot 64\,m^3/h$$

$q_{v,ALD,Wohnen,NL} = 38\ m^3/h$

- Schlafen 1. Auslegung:

$$q_{v,ALD,Schlafen,NL} = \frac{2}{3+2} \cdot 64\,m^3/h$$

$q_{v,ALD,Schlafen,NL} = 26\ m^3/h$

Pro Person darf im Schlafraum der ausgelegte Zuluftvolumenstrom nicht kleiner als 15 m^3/h je Person sein. Der ausgelegte Volumenstrom $q_{v,LtM,Schlafen,NL} = 26\ m^3/h$ lässt eine Nutzung des Raums „Schlafen“ durch zwei Personen nicht zu. Es erfolgt eine Korrektur der Faktoren $f_{R,zu}$.

- Wohnen, 2. Auslegung:

$$q_{v,ALD,Wohnen,NL} = \frac{2{,}5}{2{,}5+2{,}5} \cdot 64\,m^3/h$$

$q_{v,ALD,Wohnen,NL} = 32\ m^3/h$

- Schlafen 2. Auslegung:

$$q_{v,ALD,Schlafen,NL} = \frac{2{,}5}{2{,}5+2{,}5} \cdot 64\,m^3/h$$

$q_{v,ALD,Schlafen,NL} = 32\ m^3/h$

Der ausgelegte Volumenstrom $q_{v,ALD,Schlafen,NL} = 32 m^3/h$ lässt eine Nutzung des Raums „Schlafen“ durch zwei Personen zu.

Bei der Auswahl des Außenbauteil-Luftdurchlasses muss zudem das benötigte Schalldämm-Maß berücksichtigt werden.

- Küche, Bad:

$$q_{v,Ventilator,Küche,NL} = \frac{q_{v,ges,R,ab,NL}}{\Sigma_{R,ab} \cdot q_{v,ges,R,ab,NL}} \cdot q_{v,Ventilator,vg}$$

$$q_{v,Ventilator,Küche,NL} = \frac{40\,m^3/h}{80\,m^3/h} \cdot 80\,m^3/h$$

$q_{v,Ventilator,Küche,NL} = 40\ m^3/h$

$q_{v,Ventilator,Bad,NL} = 40\ m^3/h$

e) Aufteilung der Überströmluftvolumenströme auf die Räume

- Wohnen:

$$q_{v,ÜLD,Wohnen,NL} = \frac{f_{R,zu}}{\sum_{R,zu} f_{R,zu}} \cdot q_{v,ÜLD,vg}$$

$$q_{v,ÜLD,Wohnen,NL} = \frac{2{,}5}{2{,}5+2{,}5} \cdot 80\,m^3/h$$

$q_{v,ÜLD,Wohnen,NL} = 40\ m^3/h$

- Schlafen:

$$q_{v,\text{ÜLD,Schlafen,NL}} = \frac{2{,}5}{2{,}5+2{,}5} \cdot 80\ \text{m}^3/\text{h}$$

$$q_{v,\text{ÜLD,Schlafen,NL}} = 40\ \text{m}^3/\text{h}$$

- Küche, Bad:

$$q_{v,\text{ÜLD,Küche,NL}} = \frac{q_{v,\text{ges,R,ab,NL}}}{\sum_{\text{R,ab}} q_{v,\text{ges,R,ab,NL}}} \cdot q_{v,\text{ÜLD,vg}}$$

$$q_{v,\text{ÜLD,Küche,NL}} = \frac{40\ \text{m}^3/\text{h}}{80\ \text{m}^3/\text{h}} \cdot 80\ \text{m}^3/\text{h}$$

$$q_{v,\text{ÜLD,Küche,NL}} = 40\ \text{m}^3/\text{h}$$

$$q_{v,\text{ÜLD,Bad,NL}} = 40\ \text{m}^3/\text{h}$$

Projekt-Nr. / Bezeichnung:	Datum:	Seite 1

DATEN GEBÄUDE / NUTZUNGSEINHEIT:

Gebäude			Nutzungseinheit			
Höhe und Lage			**Geometrie**			
Anzahl Geschosse	4		beheizte Wohnfläche	A_{NE} =	58	m^2
Gebäudehöhe	14	m	mittlere Raumhöhe	h_{NE} =	2,59	m
Windgebiet	☒ windschwach	☐ windstark	Luftvolumen	V_{NE} =	145	m^3
Wärmeschutz			gelüftete Wohnfläche	A_L =	58	m^2
☒ hoch (Neubau / Modernisierung mind. WSchV 1995)			gelüftetes Luftvolumen	V_L =	145	m^3
☐ niedrig (Gebäudebestand vor 1995)			Personenzahl (falls bekannt)	n_{Pers} =	2	Pers.
Geplante Belegung			Volumenstrom pro Person	$q_{v,Pers}$ =		$m^3/(h{*}Pers.)$
☒ hoch						
☐ gering (üblich in selbstgenutztem Eigentum, z.B. EFH)			**Fensterlose Räume**			
Luftdichtheit der Gebäudehülle			☐ ja			
☒ Messwert (Luftdichtheits-Messung)			☐ nein			
Luftwechsel bei 50 Pa (Mes- $n_{50,m}$ =	0,5	h^{-1}	**Raumluftabhängige Feuerstätte**			
Fläche kleine Öffnungen $A_{Öff}$ =		cm^2	☐ ja			
Luftwechsel bei 50 Pa (Ausle- n_{50} =		h^{-1}	☒ nein			
			Höhe und Lage			
☐ Vorgabewert			Anzahl der Geschosse in der Nutzungseinheit			
☐ Kategorie A mit n_{50} = 1,0 h^{-1} (für ventilatorgestützte Lüftung)			☐ mehrgeschossig	☒ eingeschossig		
			Anzahl der Außenfassaden in der Nutzungseinheit:			
☐ Kategorie B mit n_{50} = 1,5 h^{-1} (für freie Lüftung bei ab 2002 errichteten Gebäuden und bei Modernisierung in eingeschossigen Nutzungseinheiten)			☐ 1 Außenfassade	☒ > 1 Außenfassade		
			Höhe der Nutzungseinheit:			
			☒ 0 bis 15 m über Geländeoberkante			
☐ Kategorie C mit n_{50} = 2,0 h^{-1} (für freie Lüftung bei Modernisierung in mehrgeschossigen Nutzungseinheiten, vor 2002 errichtet)			☐ > 15 m über Geländeoberkante			
			Lage der Nutzungseinheit:			
			☐ offen	☒ normal	☐ geschützt	

NOTWENDIGKEIT LÜFTUNGSTECHNISCHE MAẞNAHMEN

Faktor Wärmeschutz:	f_{WS} = 0,3	Volumenstromkoeffizient:	$e_{Z,Konzept}$ = 0,04
Luftvolumenstrom zum Feuchteschutz:		$q_{v,ges,NE,FL}$ =	21 m^3/h
Luftvolumenstrom durch Infiltration im Ausgangszustand:		$q_{v,Inf,Konzept}$ =	3 m^3/h
Lüftungstechnische Maßnahmen erforderlich?	☒ **ja** ($q_{v,ges,NE,FL} > q_{v,Inf,Konzept}$)		☐ **nein** ($q_{v,ges,NE,FL} \leq q_{v,Inf,Konzept}$)

FESTLEGUNG LÜFTUNGSTECHNISCHE MAẞNAHMEN

☐ **Freie Lüftung**	☒ **Ventilatorgestützte Lüftung**
☐ Querlüftung Höhenunterschied zwischen Leckagen und ALD ☐ ja ☐ nein ☐ Schachtlüftung / Auftriebslüftung	☒ Abluftsystem ☐ Zentralventilator-Lüftungsanlage ☐ Gebäude ☐ Strang ☐ Wohnung ☒ Einzelventilator-Lüftungsanlage
☐ **Entlüftungssystem nach DIN 18017-3** ☐ Bemessung nur nach DIN 18017-3 ☐ Bemessung zusätzlich nach DIN 1946-6 ☐ Zentralentlüftung ☐ Einzelentlüftung	☐ Zuluftsystem ☐ Zentralventilator-Lüftungsanlage ☐ Strang ☐ Wohnung ☐ (Einzel-)Raum-Lüftungsgerät
☐ **Kombinierte Lüftungssysteme** Mehrere Lüftungstechnische Maßnahmen sind anzukreuzen!	☐ Zu-/Abluftsystem ☐ Zentralventilator-Lüftungsanlage ☐ Strang ☐ Wohnung ☐ (Einzel-)Raum-Lüftungsgerät

Projekt-Nr. / Bezeichnung:	Datum:	Seite 2

BESTIMMUNG GESAMT-AUßENLUFTVOLUMENSTRÖME $q_{v,ges}$

Freie Lüftung (Minimalanforderungen)	**Ventilatorgestützte Lüftung** (Minimalanforderungen)
Lüftung zum Feuchteschutz $q_{v,ges,FL}$ = ____ m^3/h	Lüftung zum Feuchteschutz $q_{v,ges,FL}$ = 24 m^3/h
informativ: $n_{v,ges,FL}$ = ____ h^{-1}	*informativ:* $n_{v,ges,FL}$ = *0,16* h^{-1}
oder	
Reduzierte Lüftung $q_{v,ges,RL}$ = ____ m^3/h	Reduzierte Lüftung $q_{v,ges,RL}$ = 56 m^3/h
informativ: $n_{v,ges,RL}$ = ____ h^{-1}	*informativ:* $n_{v,ges,RL}$ = *0,37* h^{-1}
Nennlüftung $q_{v,ges,NL}$ = ____ m^3/h	**Nennlüftung** $q_{v,ges,NL}$ = **80** m^3/h
informativ: $n_{v,ges,NL}$ = ____ h^{-1}	*informativ:* $n_{v,ges,NL}$ = *0,53* h^{-1}
Intensivlüftung durch Nutzerunterstützung (Fensteröffnen)	Intensivlüftung $q_{v,ges,IL}$ = 104 m^3/h
	informativ: $n_{v,ges,IL}$ = *0,69* h^{-1}

BESTIMMUNG LUFTVOLUMENSTRÖME durch lüftungstechnische Maßnahmen

NUTZUNGSEINHEIT

Freie Lüftung (Minimalanforderungen) Bemessung nach Lüftung zum Feuchteschutz oder nach Reduzierter Lüftung	**Ventilatorgestützte Lüftung** (Minimalanforderungen) Bemessung nach Nennlüftung
Lüftung Feuchteschutz, ALD:	Lüftung Feuchteschutz, ALD:
Luftvolumenstrom: $q_{V,LtM,FL}$ = ____ m^3/h	Luftvolumenstrom: $q_{V,LtM,FL}$ = 8 m^3/h
Luftwechsel (informativ): $n_{V,LtM,FL}$ = ____ h^{-1}	*Luftwechsel (informativ):* $n_{V,LtM,FL}$ = 0,05 h^{-1}
Lüftung Feuchteschutz, andere Lüftungskomponenten:	Lüftung Feuchteschutz, andere Lüftungskomponenten:
Luftvolumenstrom: $q_{V,LtM,FL}$ = ____ m^3/h	Luftvolumenstrom: $q_{V,LtM,FL}$ = 24 m^3/h
Luftwechsel (informativ): $n_{v,LtM,FL}$ = ____ h^{-1}	*Luftwechsel (informativ):* $n_{v,LtM,FL}$ = *0,16* h^{-1}
oder	
Reduzierte Lüftung, ALD:	Reduzierte Lüftung, ALD:
Luftvolumenstrom: $q_{V,LtM,RL}$ = ____ m^3/h	Luftvolumenstrom: $q_{v,LtM,RL}$ = 40 m^3/h
Luftwechsel (informativ): $n_{V,LtM,RL}$ = ____ h^{-1}	*Luftwechsel (informativ):* $n_{v,LtM,RL}$ = *0,27* h^{-1}
Reduzierte Lüftung, andere Lüftungskomponenten:	Reduzierte Lüftung, andere Lüftungskomponenten:
Luftvolumenstrom: $q_{V,LtM,RL}$ = ____ m^3/h	Luftvolumenstrom: $q_{v,LtM,RL}$ = 56 m^3/h
Luftwechsel (informativ): $n_{v,LtM,RL}$ = ____ h^{-1}	*Luftwechsel (informativ):* $n_{v,LtM,RL}$ = *0,37* h^{-1}
Nennlüftung, ALD:	**Nennlüftung, ALD:**
Luftvolumenstrom: $q_{v,LtM,NL}$ = ____ m^3/h	Luftvolumenstrom: $q_{v,LtM,NL}$ = **64** m^3/h
Luftwechsel (informativ): $n_{v,LtM,NL}$ = ____ h^{-1}	*Luftwechsel (informativ):* $n_{v,LtM,NL}$ = *0,43* h^{-1}
Nennlüftung, andere Lüftungskomponenten:	**Nennlüftung, andere Lüftungskomponenten:**
Luftvolumenstrom: $q_{v,LtM,NL}$ = ____ m^3/h	Luftvolumenstrom: $q_{v,LtM,NL}$ = **80** m^3/h
Luftwechsel (informativ): $n_{v,LtM,NL}$ = ____ h^{-1}	*Luftwechsel (informativ):* $n_{v,LtM,NL}$ = *0,53* h^{-1}
—	Intensivlüftung, ALD:
	Luftvolumenstrom: $q_{v,LtM,IL}$ = 88 m^3/h
	Luftwechsel (informativ): $n_{v,LtM,IL}$ = *0,59* h^{-1}
	Intensivlüftung, andere Lüftungskomponenten:
	Luftvolumenstrom: $q_{v,LtM,IL}$ = 104 m^3/h
	Luftwechsel (informativ): $n_{v,LtM,IL}$ = *0,69* h^{-1}

AUSLEGUNGS-DIFFERENZDRUCK Δp

ALD: Δp_{ALD} = ____ Pa	ALD: Δp_{ALD} = 8 Pa
ÜLD: $\Delta p_{ÜLD}$ = ____ Pa	ÜLD: $\Delta p_{ÜLD}$ = 1,5 Pa

Projekt-Nr. / Bezeichnung:	Datum:	Seite 3

RAUM		ALD	ÜLD	AbLD	ZuLD	Schacht	Leitung	Ventilator
Wohnzimmer	A_{Raum} = 24 m^2	☒	☒	☐	☐	☐	☐	☐
	$q_{v,LtM}$ = (in m^3/h)	32	40					
Schlafen[a]	A_{Raum} = 16 m^2	☒	☒	☐	☐	☐	☐	☐
$f_{R,zu}$ = 2	$q_{v,LtM}$ = (in m^3/h)	32	40					
Küche	A_{Raum} = 7 m^2	☐	☒	☐	☐	☐	☒	☒
	$q_{v,LtM}$ = (in m^3/h)		40				40	40
Bad	A_{Raum} = 6 m^2	☐	☒	☐	☐	☐	☐	☒
	$q_{v,LtM}$ = (in m^3/h)		40				40	40
Flur	A_{Raum} = 5 m^2	☐	☐	☐	☐	☐	☐	☐
	$q_{v,LtM}$ = (in m^3/h)							
ZONE / RAUMGRUPPE		ALD	ÜLD	AbLD	ZuLD	Schacht	Leitung	Ventilator
Zulufträume	$\Sigma q_{v,LtM}$ = (in m^3/h)	64	80					
Überströmräume	$\Sigma q_{v,LtM}$ = (in m^3/h)							
Ablufträume	$\Sigma q_{v,LtM}$ = (in m^3/h)		80				80	80

Abbildung 7.12: Auslegung der lüftungstechnischen Maßnahmen, Darstellung in den Formblättern

7.5.4 Darstellung der Lüftungskomponenten im Grundriss

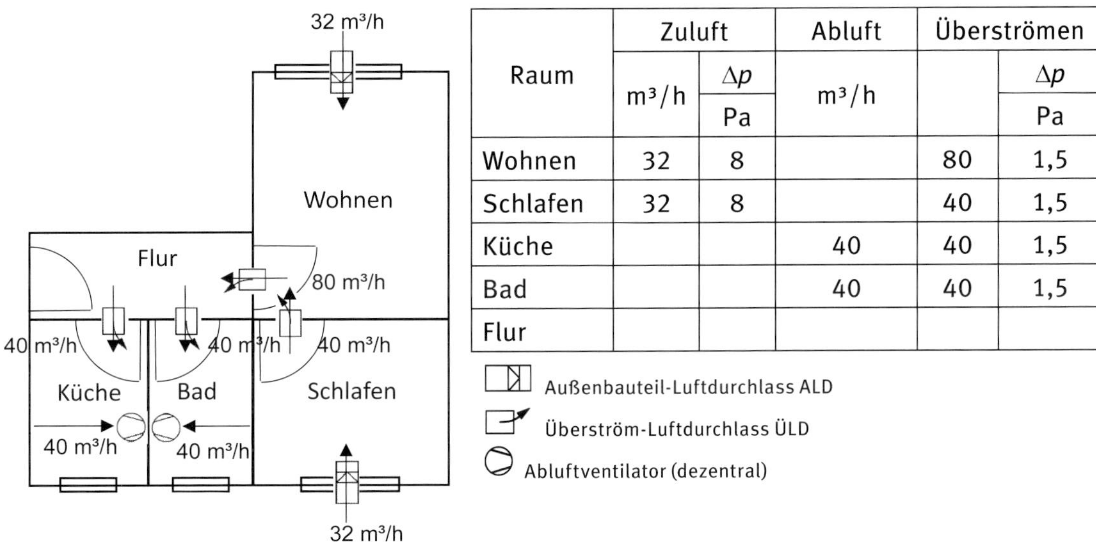

Raum	Zuluft		Abluft	Überströmen	
	m³/h	Δ*p* Pa	m³/h		Δ*p* Pa
Wohnen	32	8		80	1,5
Schlafen	32	8		40	1,5
Küche			40	40	1,5
Bad			40	40	1,5
Flur					

Abbildung 7.13: Darstellung der Lüftungskomponenten im Grundriss

Der gegenüber der Auslegung größere Überströmluftvolumenstrom im Raum „Wohnen“ ergibt sich aus dem Raum „Schlafen“, der nicht direkt an den Flur angrenzt.

7.6 Beispiel 5 A – Dreiraumwohnung – Zu-/Abluftsystem mit alternierenden Einzelraum-Lüftungsgeräten (Schaltung A) und Entlüftung kombiniert

7.6.1 Grundriss und Flächen

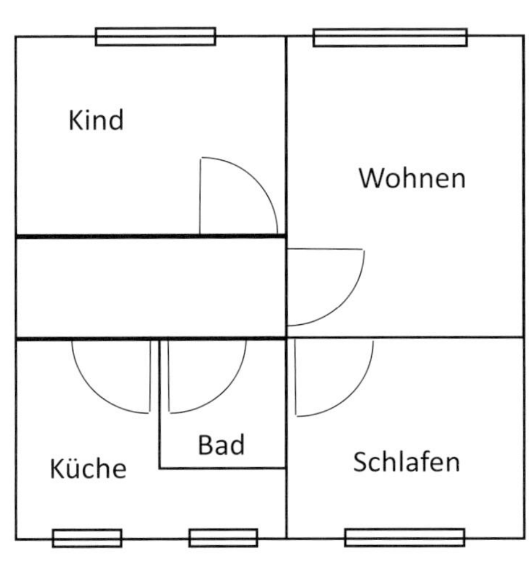

Raum	Fläche Zuluft	Fläche Abluft	Fläche Überströmen
	m²	m²	m²
Wohnen	20,0		
Schlafen	15,0		
Kind	13,0		
Küche		8,0	
Bad		7,0	
Flur			7,0
Gesamt	48,0	15,0	7,0
Beheizte Wohnfläche A_{NE} in m²			70,0
Gelüftete Wohnfläche A_L in m²			70,0
Mittlere Raumhöhe *h* in m			2,59
Luftvolumen V_{NE} in m³			181,3
Gelüftetes Luftvolumen V_L in m³			181,3

Abbildung 7.14: Grundriss und Flächenaufteilung

Weitere Angaben zum Gebäude und zur Nutzungseinheit enthält Abschnitt 5.3.

7.6.2 Allgemeines

Das fensterlose Bad wird über ein Entlüftungssystem nach DIN 18017-3 als Einzelraumventilator belüftet, die restliche Nutzungseinheit wird mit einem paarweise, alternierend arbeitenden dezentralen Zu-/Abluftsystem belüftet. Diese Einzelraum-Lüftungsgeräte dürfen nach allgemeiner bauaufsichtlicher Zulassung in Küchen, Bädern und Toilettenräumen nur paarweise eingesetzt werden.

Das Entlüftungssystem wird nach den Anforderungen der DIN 18017-3 abschaltbar und das Zu-/Abluftsystem wird nach der Nennlüftung ausgelegt.

Die Auslegung der lüftungstechnischen Maßnahme erfolgt nach Abschnitt 9.3 der DIN 1946-6.

Es wird davon ausgegangen, dass es zu Wechselwirkungen zwischen dem Entlüftungssystem und dem Zu-/Abluftsystem der restlichen Nutzungseinheit kommt.

Die Ergebnisse werden in Abbildung 7.15 bis Abbildung 7.19 zusammengefasst.

7.6.3 Auslegung Zu-/Abluftsystem mit paarweise, alternierend arbeitenden Einzelraum-Lüftungsgeräten

a) notwendiger Außenluftvolumenstrom

$$q_{v,ges,NL} = \max\left(q_{v,ges,NE,NL}; \min\left(\sum_{R,ab} q_{v,ges,R,ab,NL}; 1{,}2 \cdot q_{v,ges,NE,NL} \right)\right)$$

$A = 63\ m^2$

$q_{v,ges,NE,NL} = 76\ m^3/h$

$\sum_R q_{v,ges,R,ab,NL} = 40\ m^3/h$

$q_{v,ges,NL} = \max(76\ m^3/h; \min(40\ m^3/h; 1{,}2 \cdot 76\ m^3/h$

$q_{v,ges,NL} = 76\ m^3/h$

b) Bestimmung der wirksamen Infiltration

Bei der Auslegung von Zu-/Abluftsystemen erfolgt keine Anrechnung der Infiltration auf die Auslegung der lüftungstechnischen Maßnahmen.

c) Luftvolumenstrom durch lüftungstechnische Maßnahmen

$q_{v,Ventilator,vg} = q_{v,ges,NL}$

$q_{v,Ventilator,vg} = 76\ m^3/h$

$q_{v,ÜLD,vg} = q_{v,ges,NL}$

$q_{v,ÜLD,vg} = 76\ m^3/h$

d) Aufteilung des Zu- und Abluftvolumenstroms auf die Räume

- Allgemeines:

  Die paarweise, alternierend arbeitenden Einzelraum-Lüftungsgeräte sollen so betrieben werden, dass eine Geruchsübertragung zwischen den Schlafräumen verhindert wird. D. h., wenn das Einzelraum-Lüftungsgerät im Raum „Schlafen" im Zuluftmodus betrieben wird, muss sich das Einzelraum-Lüftungsgerät im Raum „Kind" ebenfalls im Zuluftmodus befinden.

- Wohnen, 1. Auslegung:

$$q_{v,Ventilator,Wohnen,NL} = \frac{f_{R,zu}}{\sum_{R,zu} f_{R,zu}} \cdot q_{v,Ventilator,vg}$$

Es wird im ersten Ansatz mit mittleren Faktoren für die Zuluftvolumenströme $f_{R,zu}$ gerechnet.

$$q_{v,Ventilator,Wohnen,NL} = \frac{3}{3+2+2} \cdot 76\,m^3/h$$

$q_{v,Ventilator,Wohnen,NL} = 33\ m^3/h$

- Schlafen 1. Auslegung:

$$q_{v,Ventilator,Schlafen,NL} = \frac{2}{3+2+2} \cdot 76\,m^3/h$$

$q_{v,Ventilator,Schlafen,NL} = 22\ m^3/h$

- Kind 1. Auslegung:

$$q_{v,Ventilator,Kind,NL} = \frac{2}{3+2+2} \cdot 76\,m^3/h$$

$q_{v,Ventilator,Kind,NL} = 22\ m^3/h$

Pro Person darf im Schlafraum der ausgelegte Zuluftvolumenstrom nicht kleiner als 15 m³/h je Person sein. Der ausgelegte Volumenstrom lässt eine Nutzung des Raums „Schlafen“ durch zwei Personen nicht zu. Es erfolgt eine Korrektur der Faktoren $f_{R,zu}$.

- Wohnen, 2. Auslegung:

$$q_{v,Ventilator,Wohnen,NL} = \frac{3}{3+3+1{,}5} \cdot 76\,m^3/h$$

$q_{v,Ventilator,Wohnen,NL} = 30\ m^3/h$

- Schlafen 2. Auslegung:

$$q_{v,Ventilator,Schlafen,NL} = \frac{3}{3+3+1{,}5} \cdot 76\,m^3/h$$

$q_{v,Ventilator,Schlafen,NL} = 30\ m^3/h$

- Kind 2. Auslegung:

$$q_{v,Ventilator,Kind,NL} = \frac{1{,}5}{3+3+1{,}5} \cdot 76\,m^3/h$$

$q_{v,Ventilator,Kind,NL} = 15\ m^3/h$

Der ausgelegte Volumenstrom $q_{v,LtM,Schlafen,NL} = 30\ m^3/h$ lässt eine Nutzung des Raums „Schlafen“ durch zwei Personen zu. Der ausgelegte Volumenstrom $q_{v,LtM,Kind,NL} = 15\ m^3/h$ lässt eine Nutzung des Raums „Kind“ durch eine Person zu.

- Küche:

Da die Nutzungseinheit bis auf das fensterlose Bad mit Einzelraumlüftungsgeräten belüftet wird, wird an den notwendigen Luftvolumenstrom der Küche nur die Anforderung des Abluftvolumenstroms gestellt.

$q_{v,Ventilator,Küche,NL} = q_{v,ges,R,ab,NL}$

$q_{v,Ventilator,Küche,NL} = 40\ m^3/h$

e) Aufteilung der Überströmluftvolumenströme auf die Räume

- Wohnen:

$$q_{v,ÜLD,Wohnen,NL} = \frac{f_{R,zu}}{\sum_{R,zu} f_{R,zu}} \cdot q_{v,ÜLD,vg}$$

$$q_{v,ÜLD,Wohnen,NL} = \frac{3}{3+3+1{,}5} \cdot 76\,m^3/h$$

$q_{v,ÜLD,Wohnen,\,NL} = 30\ m^3/h$

- Schlafen:

$$q_{v,ÜLD,Schlafen,NL} = \frac{3}{3+3+1{,}5} \cdot 76\,m^3/h$$

$q_{v,ÜLD,Schlafen,NL} = 30\ m^3/h$

- Kind:

$$q_{v,ÜLD,Kind,NL} = \frac{1{,}5}{3+3+1{,}5} \cdot 76\,m^3/h$$

$q_{v,ÜLD,Kind,NL} = 15\ m^3/h$

- Küche:

Paarweise alternierend arbeitende Zu-/Abluftsysteme dürfen nach allgemeiner bauaufsichtlicher Zulassung in Küchen, Bädern und Toilettenräumen nur paarweise eingesetzt werden. Ein Überströmvolumenstrom wird deshalb nicht ausgelegt.

$q_{v,ÜLD,Küche,NL} = 0\ m^3/h$

7.6.4 Auslegung Entlüftungssystem nach DIN 18017-3

a) Notwendiger Abluftvolumenstrom

DIN 18017-3 lässt unterschiedliche Möglichkeiten zu, ein fensterloses Bad zu belüften. Wenn das Entlüftungssystem mit einer beliebigen Betriebsdauer, also abschaltbar, ausgeführt werden soll, muss bei Nutzung des Bades ein Abluftvolumenstrom in Höhe von mindestens 60 m³/h und nach Verlassen des Bades weitere 15 m³/h abgeführt werden.

$q_{v,ab,max} = 60\ m^3/h$

$q_{v,ab,min} = 0\ m^3/h$

b) Bestimmung der wirksamen Infiltration

$q_{v,inf} = e_z \cdot V_{NE} \cdot n_{50}$

$e_z = 0{,}21$

Es wird davon ausgegangen, dass in der Nutzungseinheit keine raumluftabhängige Feuerstätte vorhanden ist.

$V_{NE} = A_{NE} \cdot H_R$

$V_{NE} = 70\ m^2 \cdot 2{,}59\ m$

$V_{NE} = 181{,}3\ ^{m}3$

$n_{50} = 0{,}8\ h^{-1}$

$q_{v,inf} = 0{,}21 \cdot 181{,}3\ m^3 \cdot 0{,}8\ h^{-1}$

$q_{v,inf} = 30\ m^3/h$

c) Notwendiger Außenluftvolumenstrom durch lüftungstechnische Maßnahmen

$q_{v,LtM,vg} = q_{v,ges,ab,max} - q_{v,inf}$

$q_{v,ALD,vg} = 60\ m^3/h - 30\ m^3/h$

$q_{v,ALD,vg} = 30\ m^3/h$

d) Aufteilung des Außenluftvolumenstroms über lüftungstechnische Maßnahmen auf die Räume

DIN 18017-3 macht keine Angaben, wie eine Aufteilung des notwendigen Außenluftvolumenstroms auf einzelne Räume der Nutzungseinheit erfolgen soll. In diesem Beispiel wird der notwendige Außenluftvolumenstrom gleichmäßig auf die im Zuluftbetrieb arbeitenden Einzelraum-Lüftungsgeräte verteilt.

e) Aufteilung des Außenluftvolumenstroms über Infiltration auf die Räume

Die Aufteilung des Außenluftvolumenstroms über Infiltration erfolgt flächenanteilig über die außen liegenden Räume ohne Küche.

- Wohnen:

$$q_{v,inf,R} = \frac{A_R}{\sum_{R,\text{außen liegend}} A_R} \cdot q_{v,inf}$$

$$q_{v,inf,Wohnen} = \frac{20\ m^2}{48\ m^2} \cdot 30\ m^3/h$$

$q_{v,inf,Wohnen} = 13\ m^3/h$

- Schlafen:

$$q_{v,inf,Schlafen} = \frac{15\ m^2}{48\ m^2} \cdot 30\ m^3/h$$

$q_{v,inf,Schlafen} = 9\ m^3/h$

- Kind:

$$q_{v,inf,Kind} = \frac{13\ m^2}{48\ m^2} \cdot 30\ m^3/h$$

$q_{v,inf,Kind} = 8\ m^3/h$

f) Aufteilung der Überströmluftvolumenströme auf die Räume

- Bad:

$q_{v,ÜLD} = q_{v,ab,max}$

$q_{v,ÜLD} = 60\ m^3/h$

- Wohnen, Schlafen, Kind:

Die Volumenströme über die ÜLD ergeben sich aus der Summe der Anforderungen der Einzelraum-Lüftungsgeräte, dem zusätzlichen Außenluftvolumenstrom bei Betrieb des Entlüftungssystems nach DIN 18017-3 und der in diesem Betriebszustand wirksamen Infiltration. Die Bestimmung der Überströmluftvolumenströme erfolgt in Abschnitt 7.6.5.

7.6.5 Zusammenführung Zu-/Abluftsystem und Entlüftungssystem

a) Allgemeines

Es sollen dezentrale, paarweise, alternierend arbeitende Lüftungsgeräte ausgelegt werden. Diese Einzelraum-Lüftungsgeräte wechseln in einem bestimmten Zeitintervall die Strömungsrichtung, sie fördern immer nur in eine Richtung Außenluft in den Raum. Wird die Strömungsrichtung umgekehrt, wird Fortluft aus dem Raum gefördert. Um die Außenluftanforderungen der DIN 1946-6 zu erfüllen, muss deshalb der Volumenstrom je Strömungsrichtung verdoppelt werden.

Da die Geräte paarweise arbeiten, und ein Überströmen zwischen den Schlafräumen vermieden werden soll, benötigen die im Zuluftbetrieb arbeitenden Lüftungsgeräte in den Räumen „Kind“ und „Schlafen“ jeweils ein im Gegentakt arbeitendes Lüftungsgerät im Abluftbetrieb in derselben Höhe. Diese werden im Raum „Wohnen“ vorgesehen. Aufgrund der raumweisen Volumenstromanforderung ergibt sich gegenüber dem Auslegungsvolumenstrom $q_{v,Ventilator,Wohnen,NL} = 33\ m^3/h$ ein etwas höherer Außenluftvolumenstrom im Raum „Wohnen“ von $q_{v,Ventilator,Wohnen,NL} = 45\ m^3/h$.

Da sich immer nur ein Gerätepaar im Zuluftbetrieb befindet, muss bei Betrieb des Entlüftungssystems nach DIN 18017-3 der notwendige Außenluftvolumenstrom über das im Zuluftbetrieb befindliche Gerätepaar erbracht werden.

Der für das Entlüftungssystem notwendige Außenluftvolumenstrom wird einerseits über die Infiltration, andererseits über die im Zuluftbetrieb betriebenen Einzelraumlüftungsgeräte in die Nutzungseinheit gebracht. Wenn das Entlüftungssystem in Betrieb ist, wird der Zuluftvolumenstrom der Einzelraumlüftungsgeräte um den notwendigen Außenluftvolumenstrom erhöht.

b) Schlafen

- Entlüftungssystem nach DIN 18017-3 nicht in Betrieb

$$q_{v,Ventilator,Schlafen,NL,ab} = 2 \cdot q_{v,Ventilator,Schlafen,NL}$$

$$q_{v,Ventilator,Schlafen,NL,ab} = 2 \cdot 30\ m^3/h$$

$$q_{v,Ventilator,Schlafen,NL,ab} = 60\ m^3/h$$

$$q_{v,Ventilator,Schlafen,NL,zu} = 2 \cdot q_{v,Ventilator,Schlafen,NL}$$

$$q_{v,Ventilator,Schlafen,NL,zu} = 2 \cdot 30\ m^3/h$$

$$q_{v,Ventilator,Schlafen,NL,zu} = 60\ m^3/h$$

$$q_{v,ÜLD,Schlafen,NL} = 2 \cdot q_{v,Ventilator,Schlafen,NL}$$

$$q_{v,ÜLD,Schlafen,NL,zu} = 2 \cdot 30\ m^3/h$$

$$q_{v,ÜLD,Schlafen,NL} = 60\ m^3/h$$

- Entlüftungssystem nach DIN 18017-3 in Betrieb

$$q_{v,Ventilator,Schlafen,NL,ab} = 2 \cdot q_{v,Ventilator,Schlafen,NL}$$

$$q_{v,Ventilator,Schlafen,NL,ab} = 2 \cdot 30\ m^3/h$$

$$q_{v,Ventilator,Schlafen,NL,ab} = 60\ m^3/h$$

$$q_{v,Ventilator,Schlafen,NL,zu} = 2 \cdot q_{v,Ventilator,Schlafen,NL} + 0{,}5 \cdot q_{v,ALD,vg}$$

$$q_{v,Ventilator,Schlafen,NL,zu} = 60\ m^3/h + 15\ m^3/h$$

$$q_{v,Ventilator,Schlafen,NL,zu} = 75\ m^3/h$$

$$q_{v,ÜLD,Schlafen,NL} = 2 \cdot q_{v,Ventilator,Schlafen,NL} + 0{,}5 \cdot q_{v,AL,vg} + q_{v,inf,Schlafen}$$

$$q_{v,ÜLD,Schlafen,NL} = 60\ m^3/h + 15\ m^3/h + 9\ m^3/h$$

$$q_{v,ÜLD,Schlafen,NL} = 84\ m^3/h$$

c) Kind

- Entlüftungssystem nach DIN 18017-3 nicht in Betrieb

$q_{v,Ventilator,Kind,NL,ab} = 2 \cdot q_{v,Ventilator,Kind,NL}$

$q_{v,Ventilator,Kind,NL,ab} = 2 \cdot 15\ m^3/h$

$q_{v,Ventilator,Kind,NL,ab} = 30\ m^3/h$

$q_{v,Ventilator,Kind,NL,zu} = 2 \cdot q_{v,Ventilator,Kind,NL}$

$q_{v,Ventilator,Kind,NL,zu} = 2 \cdot 15\ m^3/h$

$q_{v,Ventilator,Kind,NL,zu} = 30\ m^3/h$

$q_{v,ÜLD,Kind,NL} = 2 \cdot q_{v,Ventilator,Kind,NL}$

$q_{v,ÜLD,Kind,NL} = 2 \cdot 15\ m^3/h$

$q_{v,ÜLD,Kind,NL} = 30\ m^3/h$

- Entlüftungssystem nach DIN 18017-3 in Betrieb

$q_{v,Ventilator,Kind,NL,ab} = 2 \cdot q_{v,Ventilator,Kind,NL}$

$q_{v,Ventilator,Kind,NL,ab} = 2 \cdot 15\ m^3/h$

$q_{v,Ventilator,Kind,NL,ab} = 30\ m^3/h$

$q_{v,Ventilator,Kind,NL,zu} = 2 \cdot q_{v,Ventilator,Kind,NL} + 0{,}5 \cdot q_{v,ALD,vg}$

$q_{v,Ventilator,Kind,NL,zu} = 30\ m^3/h + 15\ m^3/h$

$q_{v,Ventilator,Kind,NL,zu} = 45\ m^3/h$

$q_{v,ÜLD,Kind,NL} = 2 \cdot q_{v,Ventilator,Kind,NL} + 0{,}5 \cdot q_{v,ALD,vg} + q_{v,inf,Kind}$

$q_{v,ÜLD,Kind,NL} = 30\ m^3/h + 15\ m^3/h + 8\ m^3/h$

$q_{v,ÜLD,Kind,NL} = 53\ m^3/h$

d) Wohnen

- Entlüftungssystem nach DIN 18017-3 nicht in Betrieb

$q_{v,Ventilator,Wohnen,NL,ab} = q_{v,Ventilator,Schlafen,NL,ab} + q_{v,Ventilator,Kind,NL,ab}$

$q_{v,Ventilator,Wohnen,NL,ab} = 60\ m^3/h + 30\ m^3/h$

$q_{v,Ventilator,Wohnen,NL,ab} = 90\ m^3/h$

$q_{v,Ventilator,Wohnen,NL,zu} = q_{v,Ventilator,Schlafen,NL,zu} + q_{v,Ventilator,Kind,NL,zu}$

$q_{v,Ventilator,Wohnen,NL,zu} = 60\ m^3/h + 30\ m^3/h$

$q_{v,Ventilator,Wohnen,NL,zu} = 90\ m^3/h$

$q_{v,ÜLD1,Wohnen,NL} = q_{v,ÜLD,Schlafen,NL}$

$q_{v,ÜLD1,Wohnen,NL} = 60\ m^3/h$

$q_{v,ÜLD2,Wohnen,NL} = q_{v,Ventiltor,Kind,NL}$

$q_{v,ÜLD2,Wohnen,NL} = 30\ m^3/h$

- Entlüftungssystem nach DIN 18017-3 in Betrieb

$q_{v,Ventilator,Wohnen,NL,ab} = q_{v,Ventilator,Schlafen,NL,zu} + q_{v,Ventilator,Kind,NL,zu}$

$q_{v,Ventilator,Wohnen,NL,ab} = 60\ m^3/h + 30\ m^3/h$

$q_{v,Ventilator,Wohnen,NL,ab} = 90\ m^3/h$

$q_{v,Ventilator,Wohnen,NL,zu} = q_{v,Ventilator,Schlafen,NL,ab} + q_{v,Ventilator,Kind,NL,ab} + q_{v,ALD,vg}$

$q_{v,Ventilator,Wohnen,NL,zu} = 90\ m^3/h + 30\ m^3/h$

$q_{v,Ventilator,Wohnen,NL,zu} = 120\ m^3/h$

$q_{v,ÜLD1,Wohnen,NL} = q_{v,ÜLD,Schlafen,NL}$

$q_{v,ÜLD1,Wohnen,NL} = 84\ m^3/h$

$q_{v,ÜLD2,Wohnen,NL} = q_{v,Ventiltor,Kind,NL} + q_{v,ALD,vg} + q_{v,inf,Wohnen} + q_{v,inf,Schlafen}$

$q_{v,ÜLD2,Wohnen,NL} = 30\ m^3/h + 30\ m^3/h + 13\ m^3/h + 9\ m^3/h$

$q_{v,ÜLD2,Wohnen,NL} = 82\ m^3/h$

e) Küche

$q_{v,Ventilator,Küche,NL,ab} = q_{v,Ventilator,Küche,NL}$

$q_{v,Ventilator,Küche,NL,ab} = 40\ m^3/h$

$q_{v,Ventilator,Küche,NL,zu} = q_{v,Ventilator,Küche,NL}$

$q_{v,Ventilator,Küche,NL,zu} = 40\ m^3/h$

$q_{v,ÜLD,Küche,NL} = 0\ m^3/h$

f) Bad

$q_{v,ab,max} = 60\ m^3/h$

$q_{v,ab,min} = 0\ m^3/h$

$q_{v,ÜLD,Bad} = q_{v,ab,max}$

$q_{v,ÜLD,Bad} = 60\ m^3/h$

Projekt-Nr. / Bezeichnung:	Datum:	Seite 1

DATEN GEBÄUDE / NUTZUNGSEINHEIT:

Gebäude	Nutzungseinheit
Höhe und Lage	**Geometrie**
Anzahl Geschosse: 4	beheizte Wohnfläche A_{NE} = 70 m^2
Gebäudehöhe: 14 m	mittlere Raumhöhe h_{NE} = 2,59 m
Windgebiet: [ ] windschwach [x] windstark	Luftvolumen V_{NE} = 181,3 m^3
Wärmeschutz	gelüftete Wohnfläche A_L = 70 m^2
[x] hoch (Neubau / Modernisierung mind. WSchV 1995)	gelüftetes Luftvolumen V_L = 181,3 m^3
[ ] niedrig (Gebäudebestand vor 1995)	Personenzahl (falls bekannt) n_{Pers} = 3 Pers.
Geplante Belegung	Volumenstrom pro Person $q_{v,Pers}$ = $m^3/(h^*Pers.)$
[x] hoch	
[ ] gering (üblich in selbstgenutztem Eigentum, z.B. EFH)	**Fensterlose Räume**
Luftdichtheit der Gebäudehülle	[x] ja
[x] Messwert (Luftdichtheits-Messung)	[ ] nein
Luftwechsel bei 50 Pa (Mes- $n_{50,m}$ = 0,8 h^{-1}	**Raumluftabhängige Feuerstätte**
Fläche kleine Öffnungen $A_{Öff}$ = cm^2	[ ] ja
Luftwechsel bei 50 Pa (Ausle- n_{50} = h^{-1}	[x] nein
	Höhe und Lage
[ ] Vorgabewert	Anzahl der Geschosse in der Nutzungseinheit
[ ] Kategorie A mit n_{50} = 1,0 h^{-1} (für ventilatorgestützte Lüftung)	[ ] mehrgeschossig [x] eingeschossig Anzahl der Außenfassaden in der Nutzungseinheit:
[ ] Kategorie B mit n_{50} = 1,5 h^{-1} (für freie Lüftung bei ab 2002 errichteten Gebäuden und bei Modernisierung in eingeschossigen Nutzungseinheiten)	[ ] 1 Außenfassade [x] > 1 Außenfassade Höhe der Nutzungseinheit: [x] 0 bis 15 m über Geländeoberkante
[ ] Kategorie C mit n_{50} = 2,0 h^{-1} (für freie Lüftung bei Modernisierung in mehrgeschossigen Nutzungseinheiten, vor 2002 errichtet)	[ ] > 15 m über Geländeoberkante Lage der Nutzungseinheit: [ ] offen [x] normal [ ] geschützt

NOTWENDIGKEIT LÜFTUNGSTECHNISCHE MAßNAHMEN

Faktor Wärmeschutz: f_{WS} = 0,3	Volumenstromkoeffizient: $e_{Z,Konzept}$ = 0,08
Luftvolumenstrom zum Feuchteschutz:	$q_{v,ges,NE,FL}$ = 23 m^3/h
Luftvolumenstrom durch Infiltration im Ausgangszustand:	$q_{v,Inf,Konzept}$ = 12 m^3/h
Lüftungstechnische Maßnahmen erforderlich? [x] **ja** ($q_{v,ges,NE,FL} > q_{v,Inf,Konzept}$)	[ ] **nein** ($q_{v,ges,NE,FL} \leq q_{v,Inf,Konzept}$)

FESTLEGUNG LÜFTUNGSTECHNISCHE MAßNAHMEN

[ ] **Freie Lüftung**	[x] **Ventilatorgestützte Lüftung**
[ ] Querlüftung Höhenunterschied zwischen Leckagen und ALD [ ] ja [ ] nein [ ] Schachtlüftung / Auftriebslüftung	[ ] Abluftsystem [ ] Zentralventilator-Lüftungsanlage [ ] Gebäude [ ] Strang [ ] Wohnung Einzelventilator-Lüftungsanlage
[x] **Entlüftungssystem nach DIN 18017-3** [x] Bemessung nur nach DIN 18017-3 [ ] Bemessung zusätzlich nach DIN 1946-6 [ ] Zentralentlüftung [x] Einzelentlüftung	[ ] Zuluftsystem [ ] Zentralventilator-Lüftungsanlage [ ] Strang [ ] Wohnung [ ] (Einzel-)Raum-Lüftungsgerät [x] Zu-/Abluftsystem [ ] Zentralventilator-Lüftungsanlage
[x] **Kombinierte Lüftungssysteme** Mehrere Lüftungstechnische Maßnahmen sind anzukreuzen!	[ ] Strang [ ] Wohnung [x] (Einzel-)Raum-Lüftungsgerät

Projekt-Nr. / Bezeichnung:	Datum: Seite 2
BESTIMMUNG GESAMT-AUßENLUFTVOLUMENSTRÖME $q_{v,ges}$	
Freie Lüftung (Minimalanforderungen)	**Ventilatorgestützte Lüftung** (Minimalanforderungen)
Lüftung zum Feuchteschutz $q_{v,ges,FL}$ = ___ m³/h	Lüftung zum Feuchteschutz $q_{v,ges,FL}$ = 23 m³/h
informativ: $n_{v,ges,FL}$ = ___ h^{-1}	*informativ:* $n_{v,ges,FL}$ = 0,14 h^{-1}
oder	
Reduzierte Lüftung $q_{v,ges,RL}$ = ___ m³/h	Reduzierte Lüftung $q_{v,ges,RL}$ = 53 m³/h
informativ: $n_{v,ges,RL}$ = ___ h^{-1}	*informativ:* $n_{v,ges,RL}$ = 0,32 h^{-1}
Nennlüftung $q_{v,ges,NL}$ = ___ m³/h	**Nennlüftung $q_{v,ges,NL}$ = 76 m³/h**
informativ: $n_{v,ges,NL}$ = ___ h^{-1}	*informativ:* $n_{v,ges,NL}$ = 0,47 h^{-1}
Intensivlüftung durch Nutzerunterstützung (Fensteröffnen)	Intensivlüftung $q_{v,ges,IL}$ = 99 m³/h
	informativ: $n_{v,ges,IL}$ = 0,6 h^{-1}
BESTIMMUNG LUFTVOLUMENSTRÖME durch lüftungstechnische Maßnahmen	
NUTZUNGSEINHEIT	
Freie Lüftung (Minimalanforderungen) Bemessung nach Lüftung zum Feuchteschutz oder nach Reduzierter Lüftung	**Ventilatorgestützte Lüftung** (Minimalanforderungen) Bemessung nach Nennlüftung
Lüftung Feuchteschutz, ALD:	Lüftung Feuchteschutz, ALD:
Luftvolumenstrom: $q_{V,LtM,FL}$ = ___ m³/h	Luftvolumenstrom: $q_{V,LtM,FL}$ = ___ m³/h
Luftwechsel (informativ): $n_{V,LtM,FL}$ = ___ h^{-1}	*Luftwechsel (informativ):* $n_{V,LtM,FL}$ = ___ h^{-1}
Lüftung Feuchteschutz, andere Lüftungskomponenten:	Lüftung Feuchteschutz, andere Lüftungskomponenten:
Luftvolumenstrom: $q_{V,LtM,FL}$ = ___ m³/h	Luftvolumenstrom: $q_{V,LtM,FL}$ = 23 m³/h
Luftwechsel (informativ): $n_{v,LtM,FL}$ = ___ h^{-1}	*Luftwechsel (informativ):* $n_{v,LtM,FL}$ = 0,14 h^{-1}
oder	
Reduzierte Lüftung, ALD:	Reduzierte Lüftung, ALD:
Luftvolumenstrom: $q_{V,LtM,RL}$ = ___ m³/h	Luftvolumenstrom: $q_{V,LtM,RL}$ = ___ m³/h
Luftwechsel (informativ): $n_{V,LtM,RL}$ = ___ h^{-1}	*Luftwechsel (informativ):* $n_{v,LtM,RL}$ = ___ h^{-1}
Reduzierte Lüftung, andere Lüftungskomponenten:	Reduzierte Lüftung, andere Lüftungskomponenten:
Luftvolumenstrom: $q_{V,LtM,RL}$ = ___ m³/h	Luftvolumenstrom: $q_{V,LtM,RL}$ = 53 m³/h
Luftwechsel (informativ): $n_{v,LtM,RL}$ = ___ h^{-1}	*Luftwechsel (informativ):* $n_{v,LtM,RL}$ = 0,32 h^{-1}
Bedarfslüftung DIN 18017-3, ALD:	Nennlüftung, ALD:
Luftvolumenstrom: **$q_{v,LtM,NL}$ = 30 m³/h**	Luftvolumenstrom: $q_{v,LtM,NL}$ = ___ m³/h
Luftwechsel (informativ): $n_{v,LtM,NL}$ = ___ h^{-1}	*Luftwechsel (informativ):* $n_{v,LtM,NL}$ = ___ h^{-1}
Bedarfslüftung DIN 18017-3, Ventilator:	**Nennlüftung, andere Lüftungskomponenten:**
Luftvolumenstrom: **$q_{v,LtM,NL}$ = 60 m³/h**	Luftvolumenstrom: **$q_{v,LtM,NL}$ = 76 m³/h**
Luftwechsel (informativ): $n_{v,LtM,NL}$ = ___ h^{-1}	*Luftwechsel (informativ):* $n_{v,LtM,NL}$ = 0,47 h^{-1}
—	Intensivlüftung, ALD:
	Luftvolumenstrom: $q_{v,LtM,IL}$ = ___ m³/h
	Luftwechsel (informativ): $n_{v,LtM,IL}$ = ___ h^{-1}
	Intensivlüftung, andere Lüftungskomponenten:
	Luftvolumenstrom: $q_{v,LtM,IL}$ = 99 m³/h
	Luftwechsel (informativ): $n_{v,LtM,IL}$ = 0,6 h^{-1}
AUSLEGUNGS-DIFFERENZDRUCK Δp	
ALD: Δp_{ALD} = 8 Pa	ALD: Δp_{ALD} = ___ Pa
ÜLD: $\Delta p_{ÜLD}$ = 1,5 Pa	ÜLD: $\Delta p_{ÜLD}$ = ___ Pa

Projekt-Nr. / Bezeichnung:							Datum:	Seite 3
RAUM		ALD	ÜLD	AbLD	ZuLD	Schacht	Leitung	Ventilator
Wohnzimmer	A_{Raum} = 20 m²	☐	☒	☐	☐	☐	☐	☒
$f_{R,zu}$ = 3	$q_{v,LtM}$ = (in m³/h)		82					zu/ab: 60/45
Schlafen	A_{Raum} = 15 m²	☐	☒	☐	☐	☐	☐	☒
$f_{R,zu}$ = 3	$q_{v,LtM}$ = (in m³/h)		84					zu/ab: 45/30
Kind	A_{Raum} = 13 m²	☐	☒	☐	☐	☐	☐	☒
$f_{R,zu}$ = 1,5	$q_{v,LtM}$ = (in m³/h)		53					zu/ab: 30/15
Küche	A_{Raum} = 8 m²	☐	☐	☐	☐	☐	☐	☐
	$q_{v,LtM}$ = (in m³/h)							zu/ab: 40/40
Bad	A_{Raum} = 7 m²	☐	☒	☐	☐	☐	☒	☒
	$q_{v,LtM}$ = (in m³/h)		60				60	60
Flur	A_{Raum} = 7 m²	☐	☐	☐	☐	☐	☐	☐
	$q_{v,LtM}$ = (in m³/h)							
ZONE / RAUMGRUPPE		ALD	ÜLD	AbLD	ZuLD	Schacht	Leitung	Ventilator
Zulufträume	$\Sigma q_{v,LtM}$ = (in m³/h)		219					zu/ab: 135/90
Überströmräume	$\Sigma q_{v,LtM}$ = (in m³/h)							
Ablufträume	$\Sigma q_{v,LtM}$ = (in m³/h)		60				60	zu/ab: 40/100

Abbildung 7.15: Auslegung der lüftungstechnischen Maßnahmen, Darstellung in den Formblättern

7.6.6 Darstellung der Lüftungskomponenten im Grundriss

a) Entlüftungssystem nach DIN 18017-3 nicht in Betrieb, Strömungsrichtung 1

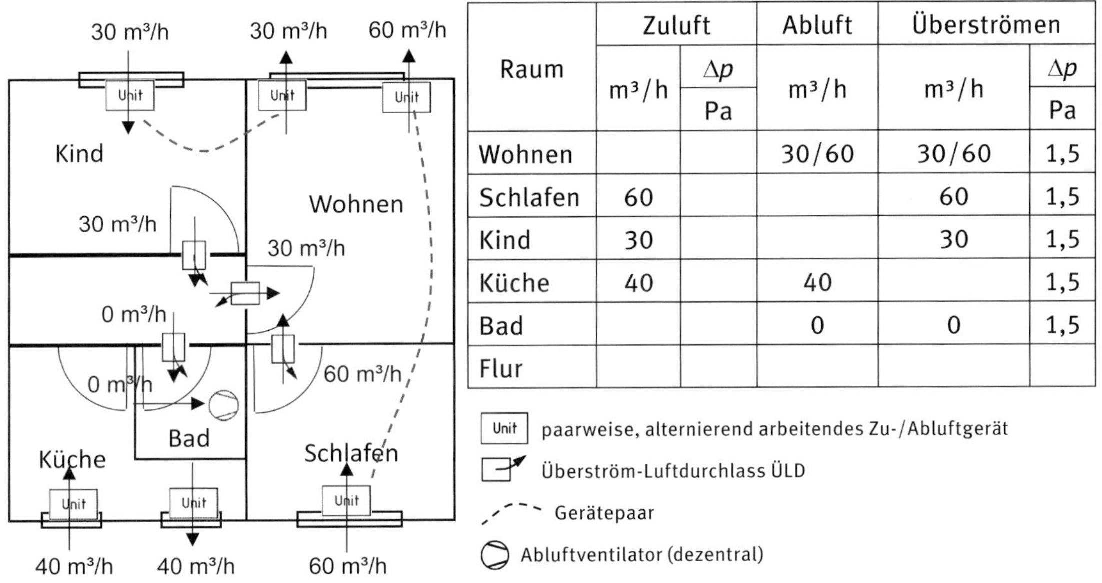

Raum	Zuluft		Abluft	Überströmen	
	m^3/h	Δp Pa	m^3/h	m^3/h	Δp Pa
Wohnen			30/60	30/60	1,5
Schlafen	60			60	1,5
Kind	30			30	1,5
Küche	40		40		1,5
Bad			0	0	1,5
Flur					

Abbildung 7.16: Darstellung der Lüftungskomponenten im Grundriss

b) Entlüftungssystem nach DIN 18017-3 nicht in Betrieb, Strömungsrichtung 2

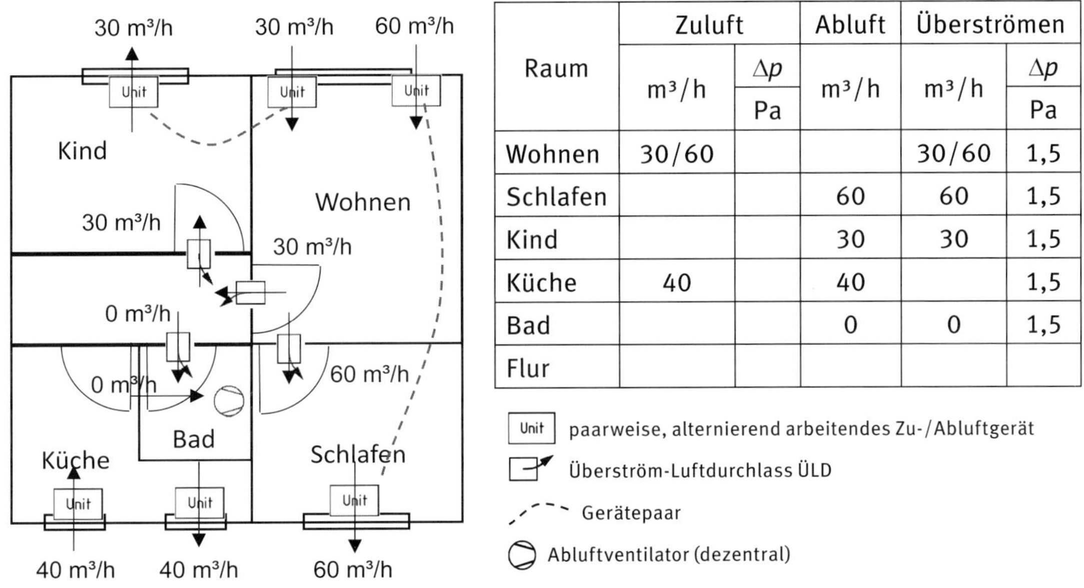

Raum	Zuluft		Abluft	Überströmen	
	m^3/h	Δp Pa	m^3/h	m^3/h	Δp Pa
Wohnen	30/60			30/60	1,5
Schlafen			60	60	1,5
Kind			30	30	1,5
Küche	40		40		1,5
Bad			0	0	1,5
Flur					

Abbildung 7.17: Darstellung der Lüftungskomponenten im Grundriss

c) Entlüftungssystem nach DIN 18017-3 in Betrieb, Strömungsrichtung 1

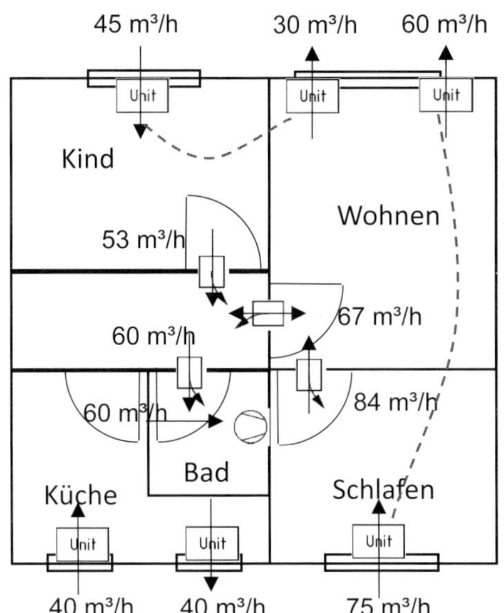

Raum	Zuluft		Abluft	Überströmen	
	m^3/h	Δp Pa	m^3/h	m^3/h	Δp Pa
Wohnen			30/60	67/84	1,5
Schlafen	75			84	1,5
Kind	45			53	1,5
Küche	40		40		1,5
Bad			0	0	1,5
Flur					

Unit paarweise, alternierend arbeitendes Zu-/Abluftgerät

Überström-Luftdurchlass ÜLD

Gerätepaar

Abluftventilator (dezentral)

Abbildung 7.18: Darstellung der Lüftungskomponenten im Grundriss

- Volumenströme ÜLD:

  Der Volumenstrom des ÜLD Schlafen-Wohnen ergibt sich aus:

  $$q_{v,\text{ÜLD,Schlafen–Wohnen,NL}} = q_{v,\text{Ventilator,Schlafen,NL}} + 0{,}5 \cdot q_{v,\text{ALD,vg}} + q_{v,\text{inf,Schlafen}}$$

  $$q_{v,\text{ÜLD2,Schlafen–Wohnen,NL}} = 60\ m^3/h + 15\ m^3/h + 9\ m^3/h$$

  $$q_{v,\text{ÜLD2,Schlafen–Wohnen,NL}} = 84\ m^3/h$$

  Der Volumenstrom des ÜLD Wohnen-Flur ergibt sich aus:

  $$q_{v,\text{ÜLD,Wohnen–Flur,NL}} = q_{v,\text{Ventilator,Kind,NL}} + 0{,}5 \cdot q_{v,\text{ALD,vg}} + q_{v,\text{inf,Wohnen}} + q_{v,\text{inf,Schlafen}}$$

  $$q_{v,\text{ÜLD2,Wohnen–Flur,NL}} = 30\ m^3/h + 15\ m^3/h + 13\ m^3/h + 9\ m^3/h$$

  $$q_{v,\text{ÜLD2,Wohnen–Flur,NL}} = 67\ m^3/h$$

  Der Volumenstrom des ÜLD Flur-Kind ergibt sich aus:

  $$q_{v,\text{ÜLD,Flur–Kind,NL}} = q_{v,\text{Ventilator,Kind,NL}} + 0{,}5 \cdot q_{v,\text{ALD,vg}} = q_{v,\text{inf,Kind}}$$

  $$q_{v,\text{ÜLD2,Flur–Kind,NL}} = 30\ m^3/h + 15\ m^3/h + 8\ m^3/h$$

  $$q_{v,\text{ÜLD2,Flur–Kind,NL}} = 53\ m^3/h$$

d) Entlüftungssystem nach DIN 18017-3 in Betrieb, Strömungsrichtung 2

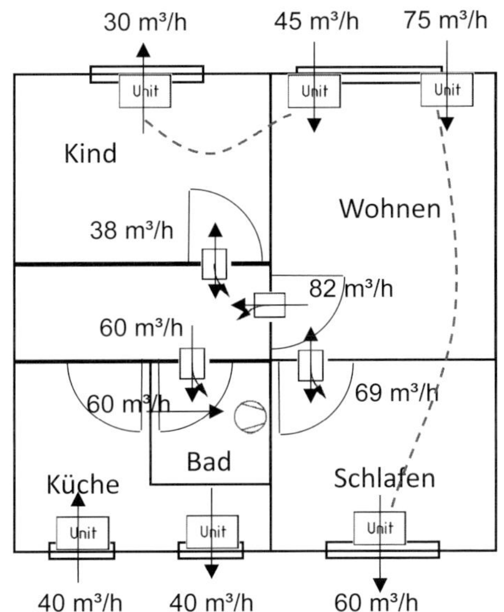

Raum	Zuluft		Abluft	Überströmen	
		Δp	m³/h	m³/h	Δp
		Pa			Pa
Wohnen	120			69/82	1,5
Schlafen			60	69	1,5
Kind			30	38	1,5
Küche	40		40		1,5
Bad			0	0	1,5
Flur					

Unit paarweise, alternierend arbeitendes Zu-/Abluftgerät

Überström-Luftdurchlass ÜLD

Gerätepaar

Abluftventilator (dezentral)

Abbildung 7.19: Darstellung der Lüftungskomponenten im Grundriss

- Volumenströme ÜLD:

  Der Volumenstrom des ÜLD Schlafen-Wohnen ergibt sich aus:

  $$q_{\text{v,ÜLD,Schlafen-Wohnen,NL}} = q_{\text{v,Ventilator,Schlafen,NL}} + q_{\text{v,inf,Schlafen}}$$

  $$q_{\text{v,ÜLD2,Schlafen-Wohnen,NL}} = 60\ \text{m}^3/\text{h} + 9\ \text{m}^3/\text{h}$$

  $$q_{\text{v,ÜLD2,Schlafen-Wohnen,NL}} = 69\ \text{m}^3/\text{h}$$

  Der Volumenstrom des ÜLD Wohnen-Flur ergibt sich aus:

  $$q_{\text{v,ÜLD,Wohnen-Flur,NL}} = q_{\text{v,Ventilator,Kind,NL}} + q_{\text{v,ALD,vg}} + q_{\text{v,inf,Wohnen}} + q_{\text{v,inf,Schlafen}}$$

  $$q_{\text{v,ÜLD2,Wohnen-Flur,NL}} = 30\ \text{m}^3/\text{h} + 30\ \text{m}^3/\text{h} + 13\ \text{m}^3/\text{h} + 9\ \text{m}^3/\text{h}$$

  $$q_{\text{v,ÜLD2,Wohnen-Flur,NL}} = 82\ \text{m}^3/\text{h}$$

  Der Volumenstrom des ÜLD Flur-Kind ergibt sich aus:

  $$q_{\text{v,ÜLD,Flur-Kind,NL}} = q_{\text{v,Ventilator,Kind,NL}} + q_{\text{v,inf,Kind}}$$

  $$q_{\text{v,ÜLD2,Flur-Kind,NL}} = 30\ \text{m}^3/\text{h} + 8\ \text{m}^3/\text{h}$$

  $$q_{\text{v,ÜLD2,Flur-Kind,NL}} = 38\ \text{m}^3/\text{h}$$

7.7 Beispiel 5B – Dreiraumwohnung – Zu-/Abluftsystem mit alternierenden Einzelraum-Lüftungsgeräten (Schaltung B) und Entlüftung kombiniert

7.7.1 Grundriss und Flächen

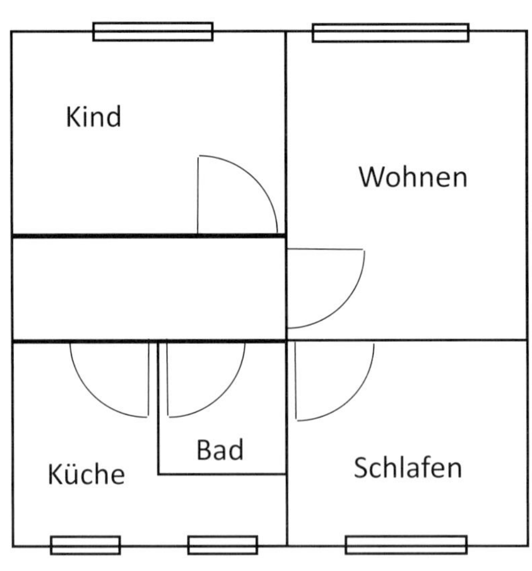

Raum	Fläche Zuluft	Fläche Abluft	Fläche Überströmen
	m^2	m^2	m^2
Wohnen	20,0		
Schlafen	15,0		
Kind	13,0		
Küche		8,0	
Bad		7,0	
Flur			7,0
Gesamt	48,0	15,0	7,0
Beheizte Wohnfläche A_{NE} in m^2			70,0
Gelüftete Wohnfläche A_L in m^2			70,0
Mittlere Raumhöhe h in m			2,59
Luftvolumen V_{NE} in m^3			181,3
Gelüftetes Luftvolumen V_L in m^3			181,3

Abbildung 7.20: Grundriss und Flächenaufteilung

Weitere Angaben zum Gebäude und zur Nutzungseinheit enthält Abschnitt 5.3.

7.7.2 Allgemeines

Das fensterlose Bad wird über ein Entlüftungssystem nach DIN 18017-3 als Einzelraumventilator belüftet, die restliche Nutzungseinheit wird mit einem paarweisen, alternierend arbeitenden dezentralen Zu-/Abluftsystemsystem belüftet. Diese Einzelraum-Lüftungsgeräte dürfen nach allgemeiner bauaufsichtlicher Zulassung in Küchen, Bädern und Toilettenräumen nur paarweise eingesetzt werden.

Das Entlüftungssystem wird nach den Anforderungen der DIN 18017-3 abschaltbar und das Zu-/Abluftsystem wird nach der Nennlüftung ausgelegt.

Die Auslegung der lüftungstechnischen Maßnahme erfolgt nach den Abschnitten 9.2 und 9.3 der DIN 1946-6.

Es wird davon ausgegangen, dass Wechselwirkungen zwischen Küchen und der restlichen Nutzungseinheit weitestgehend ausgeschlossen sind. Es wird jedoch zu Wechselwirkungen zwischen dem Entlüftungssystem und dem Zu-/Abluftsystem in den Räumen „Schlafen", „Kind" und „Wohnen" kommen.

Gegenüber dem Bsp. 5 A in Abschnitt 7.6 wird hier mit anderen Zuluftfaktoren $f_{R,zu}$ gearbeitet und eine alternative Aufteilung der Einzelraum-Lüftungsgräte gezeigt.

Die Ergebnisse werden in Abbildung 7.21 bis Abbildung 7.26 zusammengefasst.

7.7.3 Auslegung Zu-/Abluftsystem mit paarweise, alternierend arbeitenden Einzelraum-Lüftungsgeräten

a) Notwendiger Außenluftvolumenstrom in der Küche

An den notwendigen Luftvolumenstrom der Küche werden nur die Anforderung des Abluftvolumenstroms gestellt.

$$q_{v,Ventilator,Küche,NL} = q_{v,ges,R,ab,NL}$$

$$q_{v,Ventilator,Küche,NL} = 40\ m^3/h$$

b) Notwendiger Außenluftvolumenstrom des restlichen Teils der Nutzungseinheit (Schlafen, Kind, Wohnen und Flur)

$$q_{v,ges,NL} = \max\left(q_{v,ges,NE,NL}; \min\left(\sum_{R,ab} q_{v,ges,R,ab,NL}; 1{,}2 \cdot q_{v,ges,NE,NL}\right)\right)$$

$$A = 55\ m^2$$

$$q_{v,ges,NE,NL} = 68\ m^3/h$$

$$\sum_R q_{v,ges,R,ab,NL} = 0\ m^3/h$$

$$q_{v,ges,NL} = \max(68\ m^3/h; \min(0\ m^3/h; 1{,}2 \cdot 68\ m^3/h))$$

$$q_{v,ges,NL} = 68\ m^3/h$$

c) Bestimmung der wirksamen Infiltration

Bei der Auslegung von Zu-/Abluftsystemen erfolgt keine Anrechnung der Infiltration auf die Auslegung der lüftungstechnischen Maßnahmen.

d) Luftvolumenstrom durch lüftungstechnische Maßnahmen

$$q_{v,Ventilator,vg} = q_{v,ges,NL}$$

$$q_{v,Ventilator,vg} = 68\ m^3/h$$

$$q_{v,ÜLD,vg} = q_{v,ges,NL}$$

$$q_{v,ÜLD,vg} = 68\ m^3/h$$

e) Aufteilung des Zu- und Abluftvolumenstroms auf die Räume

- Allgemeines:

  Gegenüber Beispiel 5a sollen die paarweise, alternierend arbeitenden Einzelraum-Lüftungsgeräte so betrieben werden, dass ein gegenüber Beispiel 5a kleinerer Volumenstrom im Wohnzimmer erreicht wird, trotzdem aber weiterhin eine Nutzung des Raums „Schlafen“ mit zwei Personen möglich ist.

- Wohnen, 1. Auslegung:

$$q_{v,Ventilator,Wohnen,NL} = \frac{f_{R,zu}}{\sum_{R,zu} f_{R,zu}} \cdot q_{v,Ventilator,vg}$$

$$q_{v,Ventilator,Wohnen,NL} = \frac{2{,}5}{2{,}5+3+1{,}5} \cdot 68\ m^3/h$$

$$q_{v,Ventilator,Wohnen,NL} = 24\ m^3/h$$

- Schlafen 1. Auslegung:

$$q_{v,Ventilator,Schlafen,NL} = \frac{3}{2{,}5+3+1{,}5} \cdot 68\ m^3/h$$

$$q_{v,Ventilator,Schlafen,NL} = 29\ m^3/h$$

- Kind 1. Auslegung:

$$q_{v,Ventilator,Kind,NL} = \frac{1,5}{2,5+3+1,5} \cdot 68\,m^3/h$$

$$q_{v,Ventilator,Kind,NL} = 15\ m^3/h$$

Pro Person darf im Schlafraum der ausgelegte Zuluftvolumenstrom nicht kleiner als 15 m^3/h je Person sein. Der ausgelegte Volumenstrom $q_{v,LtM,Schlafen,NL}$ = 20 m^3/h lässt eine Nutzung des Raums „Schlafen“ durch zwei Personen nicht zu. Da bei den Faktoren $f_{R,zu}$ im Raum Wohnen mit dem Minimalwert und im Raum Schlafen mit den Maximalwert gerechnet wird, erfolgt eine Korrektur des notwendigen Außenluftvolumenstroms im Raum „Schlafen“ durch Erhöhung des Außenluftvolumenstroms auf den für eine Nutzung durch zwei Personen notwendigen Volumenstrom.

- Schlafen 2. Auslegung:

$$q_{v,Ventilator,Schlafen,NL} = 2 \cdot 15\ m^3/h$$

$$q_{v,Ventilator,Schlafen,NL} = 30\ m^3/h$$

f) Aufteilung der Überströmluftvolumenströme auf die Räume

- Allgemeines:

Da der Volumenstrom im Raum „Schlafen“ aufgrund der Nutzung durch zwei Personen erhöht wurde, kann die Aufteilung der Überströmluftvolumenströme auf die Räume nicht mit den Faktoren fR,zu erfolgen. Da bei Zu-/Abluftsystemen keine Anrechnung der Infiltration erfolgt, kann der Überströmluftvolumenström aus den raumweisen Volumenströmen abgeleitet werden.

- Wohnen:

$$q_{v,ÜLD,Wohnen,NL} = q_{v,Ventilator,Wohnen,NL}$$

$$q_{v,ÜLD,Wohnen,NL} = 24\ m^3/h$$

- Schlafen:

$$q_{v,ÜLD,Schlafen,NL} = q_{v,Ventilator,Schlafen,NL}$$

$$q_{v,ÜLD,Schlafen,NL} = 30\ m^3/h$$

- Kind:

$$q_{v,ÜLD,Kind,NL} = q_{v,Ventilator,Kind,NL}$$

$$q_{v,ÜLD,Kind,NL} = 15\ m^3/h$$

- Küche:

Paarweise alternierend arbeitende Zu-/Abluftsysteme dürfen nach allgemeiner bauaufsichtlicher Zulassung in Küchen, Bädern und Toilettenräumen nur paarweise eingesetzt werden. Ein Überströmvolumenstrom wird deshalb nicht ausgelegt.

$$q_{v,ÜLD,Küche,NL} = 0\ m^3/h$$

7.7.4 Auslegung Entlüftungssystem nach DIN 18017-3

a) Notwendiger Abluftvolumenstrom

DIN 18017-3 lässt unterschiedliche Möglichkeiten zu, ein fensterloses Bad zu belüften. Wenn das Entlüftungssystem mit einer beliebigen Betriebsdauer, also abschaltbar, ausgeführt werden soll, muss bei Nutzung des Bades ein Abluftvolumenstrom in Höhe von mindestens 60 m^3/h und nach Verlassen des Bades weitere 15 m^3/h abgeführt werden.

$$q_{v,ab,max} = 60\ m^3/h$$

$$q_{v,ab,min} = 0\ m^3/h$$

b) Bestimmung der wirksamen Infiltration

$q_{v,inf} = e_z \cdot V_{NE} \cdot n_{50}$

$e_z = 0{,}21$

Es wird davon ausgegangen, dass in der Nutzungseinheit keine raumluftabhängige Feuerstätte vorhanden ist.

$V_{NE} = A_{NE} \cdot H_R$

$V_{NE} = 70\ m^2 \cdot 2{,}59\ m$

$V_{NE} = 181{,}3\ m^3$

$n_{50} = 0{,}8\ h^{-1}$

$q_{v,inf} = 0{,}21 \cdot 181{,}3\ m^3 \cdot 0{,}8\ h^{-1}$

$q_{v,inf} = 30\ m^3/h$

c) Notwendiger Außenluftvolumenstrom durch lüftungstechnische Maßnahmen

$q_{v,LtM,vg} = q_{v,ges,ab,max} - q_{v,inf}$

$q_{v,ALD,vg} = 60\ m^3/h - 30\ m^3/h$

$q_{v,ALD,vg} = 30\ m^3/h$

d) Aufteilung des Außenluftvolumenstroms über lüftungstechnische Maßnahmen auf die Räume

DIN 18017-3 macht keine Angaben, wie eine Aufteilung des notwendigen Außenluftvolumenstroms auf einzelne Räume der Nutzungseinheit erfolgen soll. In diesem Beispiel wird der notwendige Außenluftvolumenstrom gleichmäßig auf die im Zuluftbetrieb arbeitenden Einzelraum-Lüftungsgeräte verteilt.

e) Aufteilung des Außenluftvolumenstroms über Infiltration auf die Räume

Die Aufteilung des Außenluftvolumenstroms über Infiltration erfolgt flächenanteilig über die außen liegenden Räume ohne Küche.

- Wohnen:

$$q_{v,inf,R} = \frac{A_R}{\sum_{R,\text{außen liegend}} A_R} \cdot q_{v,inf}$$

$$q_{v,inf,Wohnen} = \frac{20\ m^2}{48\ m^2} \cdot 30\ m^3/h$$

$q_{v,inf,Wohnen} = 13\ m^3/h$

- Schlafen:

$$q_{v,inf,Schlafen} = \frac{15\ m^2}{48\ m^2} \cdot 30\ m^3/h$$

$q_{v,inf,Schlafen} = 9\ m^3/h$

- Kind:

$$q_{v,inf,Kind} = \frac{13\ m^2}{48\ m^2} \cdot 30\ m^3/h$$

$q_{v,inf,Kind} = 8\ m^3/h$

f) Aufteilung der Überströmluftvolumenströme auf die Räume

- Bad:

  $q_{v,ÜLD} = q_{v,ab,max}$

  $q_{v,ÜLD} = 60\ m^3/h$

- Wohnen, Schlafen, Kind:

  Die Volumenströme über die ÜLD ergeben sich aus der Summe der Anforderungen der Einzelraum-Lüftungsgeräte, dem zusätzlichen Außenluftvolumenstrom bei Betrieb des Entlüftungssystems nach DIN 18017-3 und der in diesem Betriebszustand wirksamen Infiltration. Die Bestimmung der Überströmluftvolumenströme erfolgt in Abschnitt 7.6.5.

7.7.5 Zusammenführung Zu-/Abluftsystem und Entlüftungssystem

a) Allgemeines

Es sollen dezentrale, paarweise, alternierend arbeitende Lüftungsgeräte ausgelegt werden. Diese Einzelraum-Lüftungsgeräte wechseln in einem bestimmten Zeitintervall die Strömungsrichtung, sie fördern immer nur in eine Richtung Außenluft in den Raum. Wird die Strömungsrichtung umgekehrt, wird Fortluft aus dem Raum gefördert. Um die Außenluftanforderungen der DIN 1946-6 zu erfüllen, muss deshalb der Volumenstrom je Strömungsrichtung verdoppelt werden.

Da die Geräte paarweise arbeiten, benötigen die im Zuluftbetrieb arbeitenden Lüftungsgeräte jeweils ein im Gegentakt arbeitendes Lüftungsgerät im Abluftbetrieb in derselben Höhe. Die Lüftungsgeräte in den Räumen „Kind“ und „Wohnen“ arbeiten jeweils mit einem Lüftungsgerät im Raum „Schlafen“ zusammen. Daraus ergibt sich gegenüber dem Auslegungsvolumenstrom im Raum „Schlafen“ ein etwas höherer Außenluftvolumenstrom von $q_{v,Ventilator,Schalfen,NL} = 39\ m^3/h$.

Da sich immer nur ein Gerätepaar im Zuluftbetrieb befindet, muss bei Betrieb des Entlüftungssystems nach DIN 18017-3 der notwendige Außenluftvolumenstrom über das im Zuluftbetrieb befindliche Gerätepaar erbracht werden.

Der für das Entlüftungssystem notwendige Außenluftvolumenstrom wird einerseits über die Infiltration, andererseits über die im Zuluftbetrieb betriebenen Einzelraum-Lüftungsgeräte in die Nutzungseinheit gebracht. Wenn das Entlüftungssystem in Betrieb ist, wird der Zuluftvolumenstrom der Einzelraum-Lüftungsgeräte um den notwendigen Außenluftvolumenstrom erhöht.

b) Schlafen

- Entlüftungssystem nach DIN 18017-3 nicht in Betrieb

  $q_{v,Ventilator,Schlafen,NL,ab} = 2 \cdot q_{v,Ventilator,Kind,NL}$

  $q_{v,Ventilator,Schlafen,NL,ab} = 2 \cdot 15\ m^3/h$

  $q_{v,Ventilator,Schlafen,NL,ab} = 30\ m^3/h$

  $q_{v,Ventilator,Schlafen,NL,zu} = 2 \cdot q_{v,Ventilator,Wohnen,NL}$

  $q_{v,Ventilator,Schlafen,NL,zu} = 2 \cdot 24\ m^3/h$

  $q_{v,Ventilator,Schlafen,NL,zu} = 48\ m^3/h$

  $q_{v,ÜLD,Schlafen,NL} = 2 \cdot q_{v,Ventilator,Kind,NL} + 2 \cdot q_{v,Ventilator,Wohnen,NL}$

  $q_{v,ÜLD,Schlafen,NL} = 2 \cdot 15\ m^3/h + 2 \cdot 24\ m^3/h$

  $q_{v,ÜLD,Schlafen,NL} = 78\ m^3/h$

- Entlüftungssystem nach DIN 18017-3 in Betrieb

$$q_{v,Ventilator,Schlafen,NL,ab} = 2 \cdot q_{v,Ventilator,Kind,NL}$$

$$q_{v,Ventilator,Schlafen,NL,ab} = 2 \cdot 15\ m^3/h$$

$$q_{v,Ventilator,Schlafen,NL,ab} = 30\ m^3/h$$

$$q_{v,Ventilator,Schlafen,NL,zu} = 2 \cdot q_{v,Ventilator,Wohnen,NL} + 0{,}5 \cdot q_{v,ALD,vg}$$

$$q_{v,Ventilator,Schlafen,NL,zu} = 48\ m^3/h + 15\ m^3/h$$

$$q_{v,Ventilator,Schlafen,NL,zu} = 63\ m^3/h$$

$$q_{v,ÜLD,Schlafen,NL} = 2 \cdot q_{v,Ventilator,Kind,NL} + 2 \cdot q_{v,Ventilator,Wohnen,NL} + 0{,}5 \cdot q_{v,ALD,vg} + q_{v,inf,Schlafen}$$

$$q_{v,ÜLD,Schlafen,NL} = 30\ m^3/h + 48\ m^3/h + 15\ m^3/h + 9\ m^3/h$$

$$q_{v,ÜLD,Schlafen,NL} = 102\ m^3/h$$

c) Kind

- Entlüftungssystem nach DIN 18017-3 nicht in Betrieb

$$q_{v,Ventilator,Kind,NL,ab} = 2 \cdot q_{v,Ventilator,Kind,NL}$$

$$q_{v,Ventilator,Kind,NL,ab} = 2 \cdot 15\ m^3/h$$

$$q_{v,Ventilator,Kind,NL,ab} = 30\ m^3/h$$

$$q_{v,Ventilator,Kind,NL,zu} = 2 \cdot q_{v,Ventilator,Kind,NL}$$

$$q_{v,Ventilator,Kind,NL,zu} = 2 \cdot 15\ m^3/h$$

$$q_{v,Ventilator,Kind,NL,zu} = 30\ m^3/h$$

$$q_{v,ÜLD,Kind,NL} = 2 \cdot q_{v,Ventilator,Kind,NL}$$

$$q_{v,ÜLD,Kind,NL,zu} = 2 \cdot 15\ m^3/h$$

$$q_{v,ÜLD,Kind,NL} = 30\ m^3/h$$

- Entlüftungssystem nach DIN 18017-3 in Betrieb

$$q_{v,Ventilator,Kind,NL,ab} = 2 \cdot q_{v,Ventilator,Kind,NL}$$

$$q_{v,Ventilator,Kind,NL,ab} = 2 \cdot 15\ m^3/h$$

$$q_{v,Ventilator,Kind,NL,ab} = 30\ m^3/h$$

$$q_{v,Ventilator,Kind,NL,zu} = 2 \cdot q_{v,Ventilator,Kind,NL} = 0{,}5 \cdot q_{v,ALD,vg}$$

$$q_{v,Ventilator,Kind,NL,zu} = 30\ m^3/h + 15\ m^3/h$$

$$q_{v,Ventilator,Kind,NL,zu} = 45\ m^3/h$$

$$q_{v,ÜLD,Kind,NL} = 2 \cdot q_{v,Ventilator,Kind,NL} + 0{,}5 \cdot q_{v,ALD,vg} + q_{v,inf,Kind}$$

$$q_{v,ÜLD,Kind,NL} = 30\ m^3/h + 15\ m^3/h + 8\ m^3/h$$

$$q_{v,ÜLD,Kind,NL} = 53\ m^3/h$$

d) Wohnen

- Entlüftungssystem nach DIN 18017-3 nicht in Betrieb

$$q_{v,Ventilator,Wohnen,NL,ab} = 2 \cdot q_{v,Ventilator,Wohnen,NL}$$

$$q_{v,Ventilator,Wohnen,NL,ab} = 2 \cdot 24\ m^3/h$$

$$q_{v,Ventilator,Wohnen,NL,ab} = 48\ m^3/h$$

$$q_{v,Ventilator,Wohnen,NL,zu} = 2 \cdot q_{v,Ventilator,Wohnen,NL}$$

$$q_{v,Ventilator,Wohnen,NL,zu} = 2 \cdot 24\ m^3/h$$

$$q_{v,Ventilator,Wohnen,NL,zu} = 48\ m^3/h$$

$$q_{v,ÜLD1,Wohnen,NL} = q_{v,ÜLD,Schlafen,NL}$$

$$q_{v,ÜLD1,Wohnen,NL} = 78\ m^3/h$$

$$q_{v,ÜLD2,Wohnen,NL} = q_{v,ÜLD,Kind,NL}$$

$$q_{v,ÜLD2,Wohnen,NL} = 30\ m^3/h$$

- Entlüftungssystem nach DIN 18017-3 in Betrieb

$$q_{v,Ventilator,Wohnen,NL,ab} = 2 \cdot q_{v,Ventilator,Wohnen,NL}$$

$$q_{v,Ventilator,Wohnen,NL,ab} = 2 \cdot 24\ m^3/h$$

$$q_{v,Ventilator,Wohnen,NL,ab} = 48\ m^3/h$$

$$q_{v,Ventilator,Wohnen,NL,zu} = 2 \cdot q_{v,Ventilator,Wohnen,NL} + 0{,}5 \cdot q_{v,ALD,vg}$$

$$q_{v,Ventilator,Wohnen,NL,zu} = 48\ m^3/h + 15\ m^3/h$$

$$q_{v,Ventilator,Wohnen,NL,zu} = 63\ m^3/h$$

$$q_{v,ÜLD1,Wohnen,NL} = q_{v,ÜLD,Schlafen,NL}$$

$$q_{v,ÜLD1,Wohnen,NL} = 102\ m^3/h$$

$$q_{v,ÜLD2,Wohnen,NL} = 2 \cdot q_{v,Ventilator,Kind,NL} + q_{v,ALD,vg} + q_{v,inf,Wohnen} + q_{v,inf,Schlafen}$$

$$q_{v,ÜLD2,Wohnen,NL} = 30\ m^3/h + 30\ m^3/h + 13\ m^3/h + 9\ m^3/h$$

$$q_{v,ÜLD2,Wohnen,NL} = 82\ m^3/h$$

e) Küche

$$q_{v,Ventilator,Küche,NL,ab} = q_{v,Ventilator,Küche,NL}$$

$$q_{v,Ventilator,Küche,NL,ab} = 40\ m^3/h$$

$$q_{v,Ventilator,Küche,NL,zu} = q_{v,Ventilator,Küche,NL}$$

$$q_{v,Ventilator,Küche,NL,zu} = 40\ m^3/h$$

$$q_{v,ÜLD,Küche,NL} = 0\ m^3/h$$

f) Bad

$$q_{v,ab,max} = 60\ m^3/h$$

$$q_{v,ab,min} = 0\ m^3/h$$

$$q_{v,ÜLD,Bad} = q_{v,ab,max}$$

$$q_{v,ÜLD,Bad} = 60\ m^3/h$$

Projekt-Nr. / Bezeichnung:	Datum:	Seite 1

DATEN GEBÄUDE / NUTZUNGSEINHEIT:

Gebäude		Nutzungseinheit	
Höhe und Lage		**Geometrie**	
Anzahl Geschosse	4	beheizte Wohnfläche	A_{NE} = 70 m^2
Gebäudehöhe	14 m	mittlere Raumhöhe	h_{NE} = 2,59 m
Windgebiet	☐ windschwach ☒ windstark	Luftvolumen	V_{NE} = 181,3 m^3
Wärmeschutz		gelüftete Wohnfläche	A_L = 8 m^2
☒ hoch (Neubau / Modernisierung mind. WSchV 1995)		gelüftetes Luftvolumen	V_L = 20,7 m^3
☐ niedrig (Gebäudebestand vor 1995)		Personenzahl (falls bekannt)	n_{Pers} = Pers.
Geplante Belegung		Volumenstrom pro Person	$q_{v,Pers}$ = $m^3/(h^*Pers.)$
☒ hoch			
☐ gering (üblich in selbstgenutztem Eigentum, z.B. EFH)		**Fensterlose Räume**	
Luftdichtheit der Gebäudehülle		☐ ja	
☒ Messwert (Luftdichtheits-Messung)		☒ nein	
Luftwechsel bei 50 Pa (Mes-	$n_{50,m}$ = 0,8 h^{-1}	**Raumluftabhängige Feuerstätte**	
Fläche kleine Öffnungen	$A_{Öff}$ = cm^2	☐ ja	
Luftwechsel bei 50 Pa (Ausle-	n_{50} = h^{-1}	☒ nein	
		Höhe und Lage	
☐ Vorgabewert		Anzahl der Geschosse in der Nutzungseinheit	
☐ Kategorie A mit n_{50} = 1,0 h^{-1} (für ventilatorgestützte Lüftung)		☐ mehrgeschossig	☒ eingeschossig
		Anzahl der Außenfassaden in der Nutzungseinheit:	
☐ Kategorie B mit n_{50} = 1,5 h^{-1} (für freie Lüftung bei ab 2002 errichteten Gebäuden und bei Modernisierung in eingeschossigen Nutzungseinheiten)		☐ 1 Außenfassade	☒ > 1 Außenfassade
		Höhe der Nutzungseinheit:	
		☒ 0 bis 15 m über Geländeoberkante	
☐ Kategorie C mit n_{50} = 2,0 h^{-1} (für freie Lüftung bei Modernisierung in mehrgeschossigen Nutzungseinheiten, vor 2002 errichtet)		☐ > 15 m über Geländeoberkante	
		Lage der Nutzungseinheit:	
		☐ offen ☒ normal	☐ geschützt

NOTWENDIGKEIT LÜFTUNGSTECHNISCHE MAßNAHMEN

Faktor Wärmeschutz:	f_{WS} = 0,3	Volumenstromkoeffizient:	$e_{Z,Konzept}$ = 0,08
Luftvolumenstrom zum Feuchteschutz:			$q_{v,ges,NE,FL}$ = 10 m^3/h
Luftvolumenstrom durch Infiltration im Ausgangszustand:			$q_{v,Inf,Konzept}$ = 1 m^3/h
Lüftungstechnische Maßnahmen erforderlich?	☒ **ja** ($q_{v,ges,NE,FL} > q_{v,Inf,Konzept}$)		☐ **nein** ($q_{v,ges,NE,FL} \leq q_{v,Inf,Konzept}$)

FESTLEGUNG LÜFTUNGSTECHNISCHE MAßNAHMEN

☐ **Freie Lüftung**	☒ **Ventilatorgestützte Lüftung**
☐ Querlüftung	☐ Abluftsystem
Höhenunterschied zwischen Leckagen und ALD	☐ Zentralventilator-Lüftungsanlage
☐ ja ☐ nein	☐ Gebäude ☐ Strang ☐ Wohnung
☐ Schachtlüftung / Auftriebslüftung	Einzelventilator-Lüftungsanlage
☒ **Entlüftungssystem nach DIN 18017-3**	☐ Zuluftsystem
☒ Bemessung nur nach DIN 18017-3	☐ Zentralventilator-Lüftungsanlage
☐ Bemessung zusätzlich nach DIN 1946-6	☐ Strang ☐ Wohnung
☐ Zentralentlüftung	☐ (Einzel-)Raum-Lüftungsgerät
☒ Einzelentlüftung	☒ Zu-/Abluftsystem
	☐ Zentralventilator-Lüftungsanlage
☒ **Kombinierte Lüftungssysteme**	☐ Strang ☐ Wohnung
Mehrere Lüftungstechnische Maßnahmen sind anzukreuzen!	☒ (Einzel-)Raum-Lüftungsgerät

Projekt-Nr. / Bezeichnung:	Datum:	Seite 2

BESTIMMUNG GESAMT-AUßENLUFTVOLUMENSTRÖME $q_{v,ges}$

Freie Lüftung (Minimalanforderungen)			**Ventilatorgestützte Lüftung** (Minimalanforderungen)		
Lüftung zum Feuchteschutz	$q_{v,ges,FL}$ =	m³/h	Lüftung zum Feuchteschutz	$q_{v,ges,FL}$ = 12	m³/h
informativ:	$n_{v,ges,FL}$ =	h^{-1}	*informativ:*	$n_{v,ges,FL}$ = *0,58*	h^{-1}
oder					
Reduzierte Lüftung	$q_{v,ges,RL}$ =	m³/h	Reduzierte Lüftung	$q_{v,ges,RL}$ = 28	m³/h
informativ:	$n_{v,ges,RL}$ =	h^{-1}	*informativ:*	$n_{v,ges,RL}$ = *1,35*	h^{-1}
Nennlüftung	$q_{v,ges,NL}$ =	m³/h	**Nennlüftung**	$q_{v,ges,NL}$ = **40**	**m³/h**
informativ:	$n_{v,ges,NL}$ =	h^{-1}	*informativ:*	$n_{v,ges,NL}$ = *1,93*	h^{-1}
Intensivlüftung durch Nutzerunterstützung (Fensteröffnen)			Intensivlüftung	$q_{v,ges,IL}$ = 52	m³/h
			informativ:	$n_{v,ges,IL}$ = *2,51*	h^{-1}

BESTIMMUNG LUFTVOLUMENSTRÖME durch lüftungstechnische Maßnahmen

NUTZUNGSEINHEIT

Freie Lüftung (Minimalanforderungen) Bemessung nach Lüftung zum Feuchteschutz oder nach Reduzierter Lüftung			**Ventilatorgestützte Lüftung** (Minimalanforderungen) Bemessung nach Nennlüftung		
Lüftung Feuchteschutz, ALD:			Lüftung Feuchteschutz, ALD:		
Luftvolumenstrom:	$q_{V,LtM,FL}$ =	m³/h	Luftvolumenstrom:	$q_{V,LtM,FL}$ =	m³/h
Luftwechsel (informativ):	$n_{V,LtM,FL}$ =	h^{-1}	*Luftwechsel (informativ):*	$n_{V,LtM,FL}$ =	h^{-1}
Lüftung Feuchteschutz, andere Lüftungskomponenten:			Lüftung Feuchteschutz, andere Lüftungskomponenten:		
Luftvolumenstrom:	$q_{V,LtM,FL}$ =	m³/h	Luftvolumenstrom:	$q_{V,LtM,FL}$ = 12	m³/h
Luftwechsel (informativ):	$n_{v,LtM,FL}$ =	h^{-1}	*Luftwechsel (informativ):*	$n_{v,LtM,FL}$ = *0,58*	h^{-1}
oder					
Reduzierte Lüftung, ALD:			Reduzierte Lüftung, ALD:		
Luftvolumenstrom:	$q_{V,LtM,RL}$ =	m³/h	Luftvolumenstrom:	$q_{v,LtM,RL}$ =	m³/h
Luftwechsel (informativ):	$n_{V,LtM,RL}$ =	h^{-1}	*Luftwechsel (informativ):*	$n_{v,LtM,RL}$ =	h^{-1}
Reduzierte Lüftung, andere Lüftungskomponenten:			Reduzierte Lüftung, andere Lüftungskomponenten:		
Luftvolumenstrom:	$q_{V,LtM,RL}$ =	m³/h	Luftvolumenstrom:	$q_{v,LtM,RL}$ = 28	m³/h
Luftwechsel (informativ):	$n_{v,LtM,RL}$ =	h^{-1}	*Luftwechsel (informativ):*	$n_{v,LtM,RL}$ = *1,35*	h^{-1}
Bedarfslüftung DIN 18017-3, ALD:			Nennlüftung, ALD:		
Luftvolumenstrom:	$q_{v,LtM,NL}$ =	m³/h	Luftvolumenstrom:	$q_{v,LtM,NL}$ =	m³/h
Luftwechsel (informativ):	$n_{v,LtM,NL}$ =	h^{-1}	*Luftwechsel (informativ):*	$n_{v,LtM,NL}$ =	h^{-1}
Bedarfslüftung DIN 18017-3, Ventilator:			**Nennlüftung, andere Lüftungskomponenten:**		
Luftvolumenstrom:	$q_{v,LtM,NL}$ =	m³/h	Luftvolumenstrom:	$q_{v,LtM,NL}$ = **40**	**m³/h**
Luftwechsel (informativ):	$n_{v,LtM,NL}$ =	h^{-1}	*Luftwechsel (informativ):*	$n_{v,LtM,NL}$ = *1,93*	h^{-1}
—			Intensivlüftung, ALD:		
			Luftvolumenstrom:	$q_{v,LtM,IL}$ =	m³/h
			Luftwechsel (informativ):	$n_{v,LtM,IL}$ =	h^{-1}
			Intensivlüftung, andere Lüftungskomponenten:		
			Luftvolumenstrom:	$q_{v,LtM,IL}$ = 52	m³/h
			Luftwechsel (informativ):	$n_{v,LtM,IL}$ = *2,51*	h^{-1}

AUSLEGUNGS-DIFFERENZDRUCK Δp

ALD:	Δp_{ALD} =	Pa	ALD:	Δp_{ALD} =	Pa
ÜLD:	$\Delta p_{ÜLD}$ =	Pa	ÜLD:	$\Delta p_{ÜLD}$ =	Pa

Projekt-Nr. / Bezeichnung:	Datum:	Seite 3

RAUM		ALD	ÜLD	AbLD	ZuLD	Schacht	Leitung	Ventilator
Küche	A_{Raum} = 8 m²	☐	☐	☐	☐	☐	☐	☒
$f_{R,zu}$ = 3	$q_{v,LtM}$ = (in m³/h)							zu/ab: 40/40
ZONE / RAUMGRUPPE		ALD	ÜLD	AbLD	ZuLD	Schacht	Leitung	Ventilator
Zulufträume	$\Sigma q_{v,LtM}$ = (in m³/h)							
Überströmräume	$\Sigma q_{v,LtM}$ = (in m³/h)							
Ablufträume	$\Sigma q_{v,LtM}$ = (in m³/h)							zu/ab: 40/40

Abbildung 7.21: Auslegung der lüftungstechnischen Maßnahmen, Darstellung in den Formblättern

Projekt-Nr. / Bezeichnung:	Datum:	Seite 1

DATEN GEBÄUDE / NUTZUNGSEINHEIT:

Gebäude		**Nutzungseinheit**	
Höhe und Lage		**Geometrie**	
Anzahl Geschosse	4	beheizte Wohnfläche	A_{NE} = 70 m²
Gebäudehöhe	14 m	mittlere Raumhöhe	h_{NE} = 2,59 m
Windgebiet	☐ windschwach ☒ windstark	Luftvolumen	V_{NE} = 181,3 m³
Wärmeschutz		gelüftete Wohnfläche	A_L = 62 m²
☒ hoch (Neubau / Modernisierung mind. WSchV 1995)		gelüftetes Luftvolumen	V_L = 160,6 m³
☐ niedrig (Gebäudebestand vor 1995)		Personenzahl (falls bekannt)	n_{Pers} = 3 Pers.
Geplante Belegung		Volumenstrom pro Person	$q_{v,Pers}$ = m³/(h*Pers.)
☒ hoch			
☐ gering (üblich in selbstgenutztem Eigentum, z.B. EFH)		**Fensterlose Räume**	
Luftdichtheit der Gebäudehülle		☐ ja	
☒ Messwert (Luftdichtheits-Messung)		☒ nein	
Luftwechsel bei 50 Pa (Mes-	$n_{50,m}$ = 0,8 h^{-1}	**Raumluftabhängige Feuerstätte**	
Fläche kleine Öffnungen	$A_{Öff}$ = cm²	☐ ja	
Luftwechsel bei 50 Pa (Ausle-	n_{50} = h^{-1}	☒ nein	
		Höhe und Lage	
☐ Vorgabewert		Anzahl der Geschosse in der Nutzungseinheit	
☐ Kategorie A mit n_{50} = 1,0 h^{-1} (für ventilatorgestützte Lüftung)		☐ mehrgeschossig	☒ eingeschossig
		Anzahl der Außenfassaden in der Nutzungseinheit:	
☐ Kategorie B mit n_{50} = 1,5 h^{-1} (für freie Lüftung bei ab 2002 errichteten Gebäuden und bei Modernisierung in eingeschossigen Nutzungseinheiten)		☐ 1 Außenfassade	☒ > 1 Außenfassade
		Höhe der Nutzungseinheit:	
		☒ 0 bis 15 m über Geländeoberkante	
☐ Kategorie C mit n_{50} = 2,0 h^{-1} (für freie Lüftung bei Modernisierung in mehrgeschossigen Nutzungseinheiten, vor 2002 errichtet)		☐ > 15 m über Geländeoberkante	
		Lage der Nutzungseinheit:	
		☐ offen ☒ normal	☐ geschützt

NOTWENDIGKEIT LÜFTUNGSTECHNISCHE MAẞNAHMEN

Faktor Wärmeschutz:	f_{WS} = 0,3	Volumenstromkoeffizient:	$e_{Z,Konzept}$ = 0,08
Luftvolumenstrom zum Feuchteschutz:			$q_{v,ges,NE,FL}$ = 21 m³/h
Luftvolumenstrom durch Infiltration im Ausgangszustand:			$q_{v,Inf,Konzept}$ = 10 m³/h
Lüftungstechnische Maßnahmen erforderlich?	☒ **ja** ($q_{v,ges,NE,FL} > q_{v,Inf,Konzept}$)		☐ **nein** ($q_{v,ges,NE,FL} \leq q_{v,Inf,Konzept}$)

FESTLEGUNG LÜFTUNGSTECHNISCHE MAẞNAHMEN

☐ **Freie Lüftung**	☒ **Ventilatorgestützte Lüftung**
☐ Querlüftung Höhenunterschied zwischen Leckagen und ALD ☐ ja ☐ nein ☐ Schachtlüftung / Auftriebslüftung	☐ Abluftsystem ☐ Zentralventilator-Lüftungsanlage ☐ Gebäude ☐ Strang ☐ Wohnung Einzelventilator-Lüftungsanlage
☒ **Entlüftungssystem nach DIN 18017-3** ☒ Bemessung nur nach DIN 18017-3 ☐ Bemessung zusätzlich nach DIN 1946-6 ☐ Zentralentlüftung ☒ Einzelentlüftung	☐ Zuluftsystem ☐ Zentralventilator-Lüftungsanlage ☐ Strang ☐ Wohnung ☐ (Einzel-)Raum-Lüftungsgerät
☒ **Kombinierte Lüftungssysteme** Mehrere Lüftungstechnische Maßnahmen sind anzukreuzen!	☒ Zu-/Abluftsystem ☐ Zentralventilator-Lüftungsanlage ☐ Strang ☐ Wohnung ☒ (Einzel-)Raum-Lüftungsgerät

Projekt-Nr. / Bezeichnung:	Datum:	Seite 2

BESTIMMUNG GESAMT-AUßENLUFTVOLUMENSTRÖME $q_{v,ges}$

Freie Lüftung (Minimalanforderungen)	**Ventilatorgestützte Lüftung** (Minimalanforderungen)
Lüftung zum Feuchteschutz $q_{v,ges,FL}$ = ____ m^3/h	Lüftung zum Feuchteschutz $q_{v,ges,FL}$ = 21 m^3/h
informativ: $n_{v,ges,FL}$ = ____ h^{-1}	*informativ:* $n_{v,ges,FL}$ = *0,13* h^{-1}
oder	
Reduzierte Lüftung $q_{v,ges,RL}$ = ____ m^3/h	Reduzierte Lüftung $q_{v,ges,RL}$ = 48 m^3/h
informativ: $n_{v,ges,RL}$ = ____ h^{-1}	*informativ:* $n_{v,ges,RL}$ = *0,3* h^{-1}
Nennlüftung $q_{v,ges,NL}$ = ____ m^3/h	**Nennlüftung** $q_{v,ges,NL}$ = **68** m^3/h
informativ: $n_{v,ges,NL}$ = ____ h^{-1}	*informativ:* $n_{v,ges,NL}$ = *0,42* h^{-1}
Intensivlüftung durch Nutzerunterstützung (Fensteröffnen)	Intensivlüftung $q_{v,ges,IL}$ = 88 m^3/h
	informativ: $n_{v,ges,IL}$ = *0,55* h^{-1}

BESTIMMUNG LUFTVOLUMENSTRÖME durch lüftungstechnische Maßnahmen

NUTZUNGSEINHEIT

Freie Lüftung (Minimalanforderungen) Bemessung nach Lüftung zum Feuchteschutz oder nach Reduzierter Lüftung	**Ventilatorgestützte Lüftung** (Minimalanforderungen) Bemessung nach Nennlüftung
Lüftung Feuchteschutz, ALD:	Lüftung Feuchteschutz, ALD:
Luftvolumenstrom: $q_{V,LtM,FL}$ = ____ m^3/h	Luftvolumenstrom: $q_{V,LtM,FL}$ = ____ m^3/h
Luftwechsel (informativ): $n_{V,LtM,FL}$ = ____ h^{-1}	*Luftwechsel (informativ):* $n_{V,LtM,FL}$ = ____ h^{-1}
Lüftung Feuchteschutz, andere Lüftungskomponenten:	Lüftung Feuchteschutz, andere Lüftungskomponenten:
Luftvolumenstrom: $q_{V,LtM,FL}$ = ____ m^3/h	Luftvolumenstrom: $q_{V,LtM,FL}$ = 21 m^3/h
Luftwechsel (informativ): $n_{v,LtM,FL}$ = ____ h^{-1}	*Luftwechsel (informativ):* $n_{v,LtM,FL}$ = *0,13* h^{-1}
oder	
Reduzierte Lüftung, ALD:	Reduzierte Lüftung, ALD:
Luftvolumenstrom: $q_{V,LtM,RL}$ = ____ m^3/h	Luftvolumenstrom: $q_{V,LtM,RL}$ = ____ m^3/h
Luftwechsel (informativ): $n_{V,LtM,RL}$ = ____ h^{-1}	*Luftwechsel (informativ):* $n_{v,LtM,RL}$ = ____ h^{-1}
Reduzierte Lüftung, andere Lüftungskomponenten:	Reduzierte Lüftung, andere Lüftungskomponenten:
Luftvolumenstrom: $q_{V,LtM,RL}$ = ____ m^3/h	Luftvolumenstrom: $q_{v,LtM,RL}$ = 48 m^3/h
Luftwechsel (informativ): $n_{v,LtM,RL}$ = ____ h^{-1}	*Luftwechsel (informativ):* $n_{v,LtM,RL}$ = *0,3* h^{-1}
Bedarfslüftung DIN 18017-3, ALD:	Nennlüftung, ALD:
Luftvolumenstrom: $q_{v,LtM,NL}$ = **30** m^3/h	Luftvolumenstrom: $q_{v,LtM,NL}$ = ____ m^3/h
Luftwechsel (informativ): $n_{v,LtM,NL}$ = ____ h^{-1}	*Luftwechsel (informativ):* $n_{v,LtM,NL}$ = ____ h^{-1}
Bedarfslüftung DIN 18017-3, Ventilator:	**Nennlüftung, andere Lüftungskomponenten:**
Luftvolumenstrom: $q_{v,LtM,NL}$ = **60** m^3/h	Luftvolumenstrom: $q_{v,LtM,NL}$ = **68** m^3/h
Luftwechsel (informativ): $n_{v,LtM,NL}$ = ____ h^{-1}	*Luftwechsel (informativ):* $n_{v,LtM,NL}$ = *0,42* h^{-1}
—	Intensivlüftung, ALD:
	Luftvolumenstrom: $q_{v,LtM,IL}$ = ____ m^3/h
	Luftwechsel (informativ): $n_{v,LtM,IL}$ = ____ h^{-1}
	Intensivlüftung, andere Lüftungskomponenten:
	Luftvolumenstrom: $q_{v,LtM,IL}$ = 88 m^3/h
	Luftwechsel (informativ): $n_{v,LtM,IL}$ = *0,55* h^{-1}

AUSLEGUNGS-DIFFERENZDRUCK Δp

ALD: Δp_{ALD} = 8 Pa	ALD: Δp_{ALD} = ____ Pa
ÜLD: $\Delta p_{ÜLD}$ = 1,5 Pa	ÜLD: $\Delta p_{ÜLD}$ = 1,5 Pa

Projekt-Nr. / Bezeichnung:	Datum:	Seite 3

RAUM		ALD	ÜLD	AbLD	ZuLD	Schacht	Leitung	Ventilator
Wohnzimmer	A_{Raum} = 20 m^2	☐	☒	☐	☐	☐	☐	☒
$f_{R,zu}$ = 3	$q_{v,LtM}$ = (in m^3/h)		82					zu/ab: 39/24
Schlafen	A_{Raum} = 15 m^2	☐	☒	☐	☐	☐	☐	☒
$f_{R,zu}$ = 3	$q_{v,LtM}$ = (in m^3/h)		102					zu/ab: 45/30
Kind	A_{Raum} = 13 m^2	☐	☒	☐	☐	☐	☐	☒
$f_{R,zu}$ = 1,5	$q_{v,LtM}$ = (in m^3/h)		53					zu/ab: 30/15
Küche	A_{Raum} = 8 m^2	☐	☐	☐	☐	☐	☐	☐
	$q_{v,LtM}$ = (in m^3/h)							zu/ab: 40/40
Bad	A_{Raum} = 7 m^2	☐	☒	☐	☐	☐	☒	☒
	$q_{v,LtM}$ = (in m^3/h)		60				60	60
Flur	A_{Raum} = 7 m^2	☐	☐	☐	☐	☐	☐	☐
	$q_{v,LtM}$ = (in m^3/h)							
ZONE / RAUMGRUPPE		ALD	ÜLD	AbLD	ZuLD	Schacht	Leitung	Ventilator
Zulufträume	$\Sigma q_{v,LtM}$ = (in m^3/h)		237					zu/ab: 114/69
Überströmräume	$\Sigma q_{v,LtM}$ = (in m^3/h)							
Ablufträume	$\Sigma q_{v,LtM}$ = (in m^3/h)		60				60	zu/ab: 40/100

Abbildung 7.22: Auslegung der lüftungstechnischen Maßnahmen, Darstellung in den Formblättern

7.7.6 Darstellung der Lüftungskomponenten im Grundriss

a) Entlüftungssystem nach DIN 18017-3 nicht in Betrieb, Strömungsrichtung 1

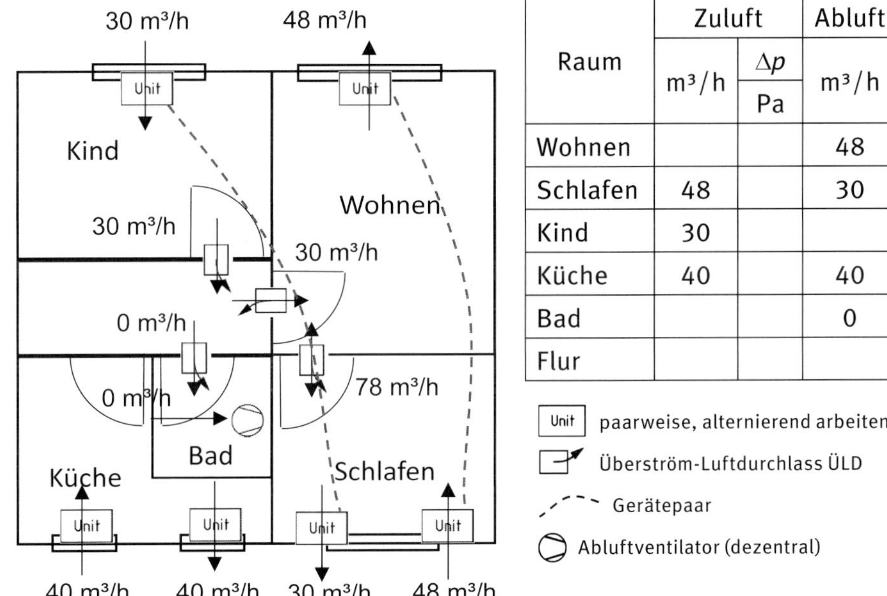

Raum	Zuluft		Abluft	Überströmen	
	m³/h	Δp Pa	m³/h	m³/h	Δp Pa
Wohnen			48	30/78	1,5
Schlafen	48		30	78	1,5
Kind	30			30	1,5
Küche	40		40		1,5
Bad			0	0	1,5
Flur					

Unit paarweise, alternierend arbeitendes Zu-/Abluftgerät

Überström-Luftdurchlass ÜLD

Gerätepaar

Abluftventilator (dezentral)

Abbildung 7.23: Darstellung der Lüftungskomponenten im Grundriss

b) Entlüftungssystem nach DIN 18017-3 nicht in Betrieb, Strömungsrichtung 2

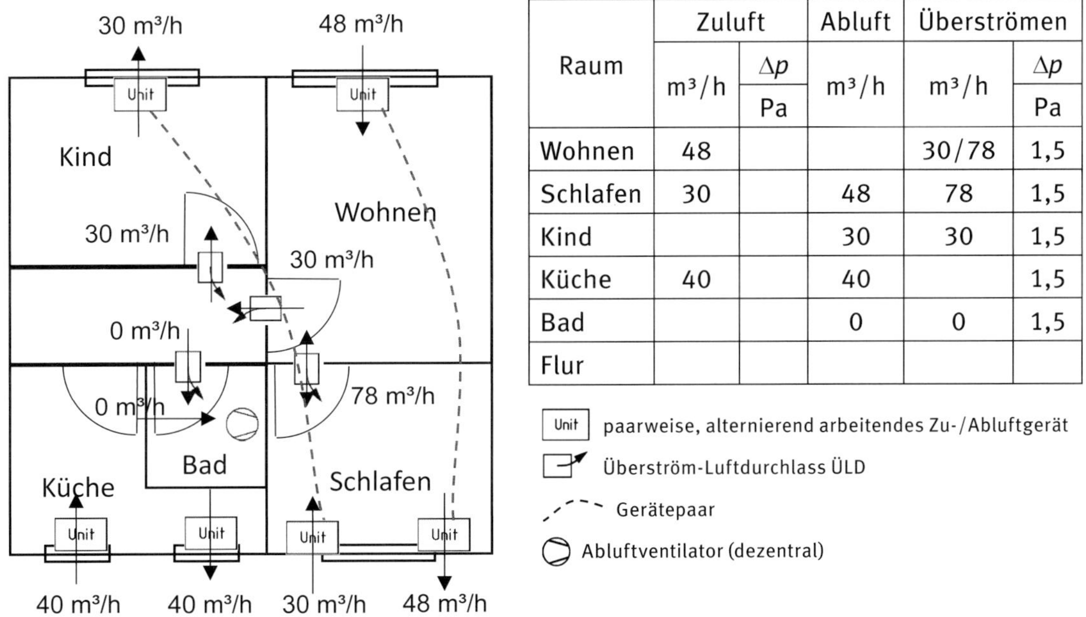

Raum	Zuluft		Abluft	Überströmen	
	m³/h	Δp Pa	m³/h	m³/h	Δp Pa
Wohnen	48			30/78	1,5
Schlafen	30		48	78	1,5
Kind			30	30	1,5
Küche	40		40		1,5
Bad			0	0	1,5
Flur					

Abbildung 7.24: Darstellung der Lüftungskomponenten im Grundriss

c) Entlüftungssystem nach DIN 18017-3 in Betrieb, Strömungsrichtung 1

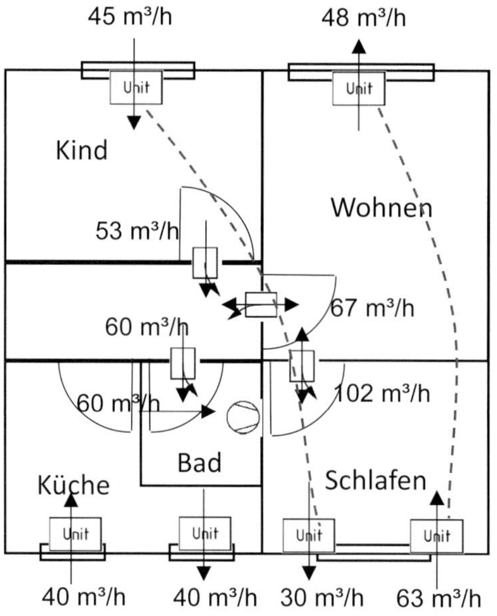

Raum	Zuluft		Abluft	Überströmen	
	m³/h	Δp Pa	m³/h	m³/h	Δp Pa
Wohnen			48	67/102	1,5
Schlafen	63		30	84	1,5
Kind	45			53	1,5
Küche	40		40		1,5
Bad			0	0	1,5
Flur					

Abbildung 7.25: Darstellung der Lüftungskomponenten im Grundriss

- Volumenströme ÜLD:

  Der Volumenstrom des ÜLD Schlafen-Wohnen ergibt sich aus:

$$q_{v,\text{ÜLD},\text{Schlafen-Wohnen},NL} = q_{v,\text{Ventilator},\text{Schlafen},NL} + q_{v,\text{Ventilator},\text{Wohnen},NL} + 0{,}5 \cdot q_{v,ALD,vg} + q_{v,inf,\text{Schlafen}}$$

$$q_{v,\text{ÜLD},\text{Schlafen-Wohnen},NL} = 30\ m^3/h + 48\ m^3/h + 15\ m^3/h + 9\ m^3/h$$

$$q_{v,\text{ÜLD},\text{Schlafen-Wohnen},NL} = 102\ m^3/h$$

  Der Volumenstrom des ÜLD Wohnen-Flur ergibt sich aus:

$$q_{v,\text{ÜLD},\text{Wohnen-Flur},NL} = q_{v,\text{Ventilator},\text{Kind},NL} + 0{,}5 \cdot q_{v,ALD,vg} + q_{v,inf,\text{Wohnen}} + q_{v,inf,\text{Schlafen}}$$

$$q_{v,\text{ÜLD2},\text{Wohnen-Flur},NL} = 30\ m^3/h + 15\ m^3/h + 13\ m^3/h + 9\ m^3/h$$

$$q_{v,\text{ÜLD2},\text{Wohnen-Flur},NL} = 67\ m^3/h$$

  Der Volumenstrom des ÜLD Flur-Kind ergibt sich aus:

$$q_{v,\text{ÜLD},\text{Flur-Kind},NL} = q_{v,\text{Ventilator},\text{Kind},NL} + 0{,}5 \cdot q_{v,ALD,vg} + q_{v,inf,\text{Kind}}$$

$$q_{v,\text{ÜLD2},\text{Flur-Kind},NL} = 30\ m^3/h + 15\ m^3/h + 8\ m^3/h$$

$$q_{v,\text{ÜLD2},\text{Flur-Kind},NL} = 53\ m^3/h$$

d) Entlüftungssystem nach DIN 18017-3 in Betrieb, Strömungsrichtung 2

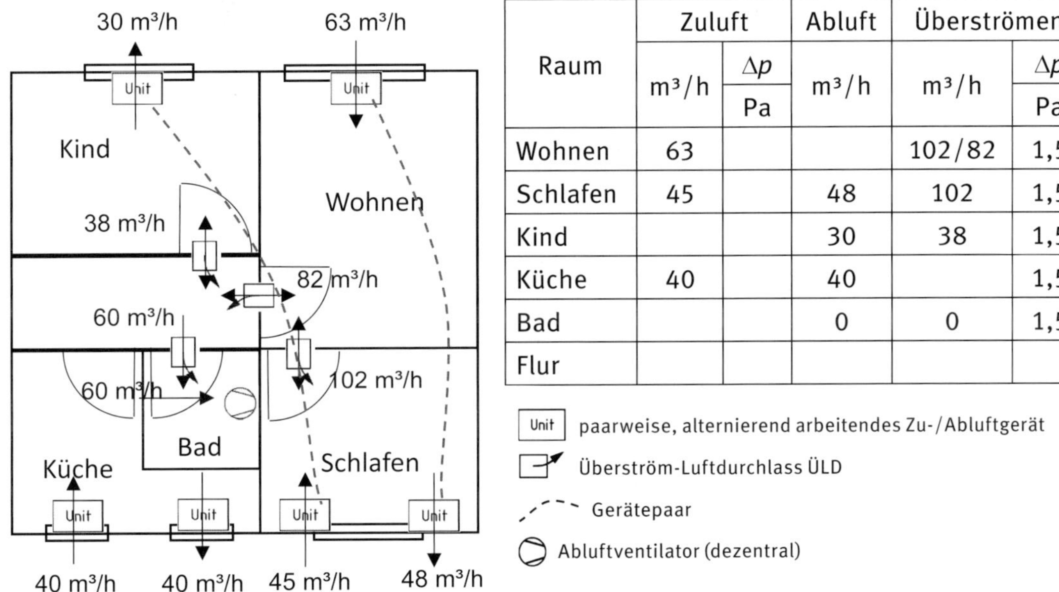

Raum	Zuluft		Abluft	Überströmen	
	m³/h	Δp Pa	m³/h	m³/h	Δp Pa
Wohnen	63			102/82	1,5
Schlafen	45		48	102	1,5
Kind			30	38	1,5
Küche	40		40		1,5
Bad			0	0	1,5
Flur					

Abbildung 7.26: Darstellung der Lüftungskomponenten im Grundriss

- Volumenströme ÜLD:

  Der Volumenstrom des ÜLD Schlafen-Wohnen ergibt sich aus:

  $$q_{\text{v,ÜLD,Schlafen-Wohnen,NL}} = q_{\text{v,Ventilator,Schlafen,NL}} + q_{\text{v,Ventilator,Wohnen,NL}} + 0{,}5 \cdot q_{\text{v,ALD,vg}} + q_{\text{v,inf,Schlafen}}$$

  $$q_{\text{v,ÜLD,Schlafen-Wohnen,NL}} = 30\ \text{m}^3/\text{h} + 48\ \text{m}^3/\text{h} + 15\ \text{m}^3/\text{h} + 9\ \text{m}^3/\text{h}$$

  $$q_{\text{v,ÜLD,Schlafen-Wohnen,NL}} = 102\ \text{m}^3/\text{h}$$

  Der Volumenstrom des ÜLD Wohnen-Flur ergibt sich aus:

  $$q_{\text{v,ÜLD,Wohnen-Flur,NL}} = q_{\text{v,Ventilator,Kind,NL}} + q_{\text{v,ALD,vg}} + q_{\text{v,inf,Wohnen}} + q_{\text{v,inf,Schlafen}}$$

  $$q_{\text{v,ÜLD2,Wohnen-Flur,NL}} = 30\ \text{m}^3/\text{h} + 30\ \text{m}^3/\text{h} + 13\ \text{m}^3/\text{h} + 9\ \text{m}^3/\text{h}$$

  $$q_{\text{v,ÜLD2,Wohnen-Flur,NL}} = 82\ \text{m}^3/\text{h}$$

  Der Volumenstrom des ÜLD Flur-Kind ergibt sich aus:

  $$q_{\text{v,ÜLD,Flur-Kind,NL}} = q_{\text{v,Ventilator,Kind,NL}} + q_{\text{v,inf,Kind}}$$

  $$q_{\text{v,ÜLD2,Flur-Kind,NL}} = 30\ \text{m}^3/\text{h} + 8\ \text{m}^3/\text{h}$$

  $$q_{\text{v,ÜLD2,Flur-Kind,NL}} = 38\ \text{m}^3/\text{h}$$

7.8 Beispiel 6 – Dreiraumwohnung – Zu-/Abluftsystem mit Einzelraum-Lüftungsgeräten und Abluftsystem in Bad kombiniert

7.8.1 Grundriss und Flächen

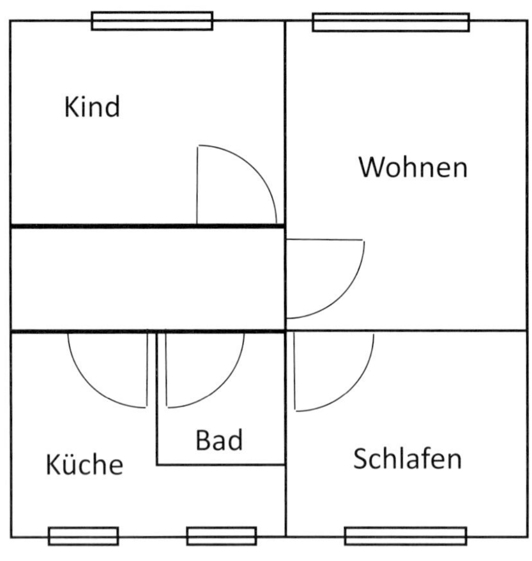

Raum	Fläche Zuluft	Fläche Abluft	Fläche Über-strömen
	m²	m²	m²
Wohnen	20,0		
Schlafen	15,0		
Kind	13,0		
Küche		8,0	
Bad		7,0	
Flur			7,0
Gesamt	48,0	15,0	7,0
Beheizte Wohnfläche A_{NE} in m²			70,0
Gelüftete Wohnfläche A_L in m²			70,0
Mittlere Raumhöhe h in m			2,59
Luftvolumen V_{NE} in m³			181,3
Gelüftetes Luftvolumen V_L in m³			181,3

Abbildung 7.27: Grundriss und Flächenaufteilung

Weitere Angaben zum Gebäude und zur Nutzungseinheit enthält Abschnitt 5.3.

7.8.2 Allgemeines

Das fensterlose Bad wird über ein Abluftsystem als Einzelraumventilator belüftet, die restliche Nutzungseinheit wird mit einem Zu-/Abluftsystemsystem mit Einzelraum-Lüftungsgeräten belüftet.

Abluftsystem und Zu-/Abluftsystem werden nach der Nennlüftung ausgelegt.

Die Auslegung der lüftungstechnischen Maßnahme erfolgt nach Abschnitt 9.3 der DIN 1946-6.

Es wird davon ausgegangen, dass es zu Wechselwirkungen zwischen dem Abluftsystem und dem Zu-/Abluftsystem kommt.

Die Ergebnisse werden in Abbildung 7.28, Abbildung 7.29 und Abbildung 7.30 zusammengefasst.

7.8.3 Auslegung Zu-/Abluftsystem mit Einzelraum-Lüftungsgeräten

a) Notwendiger Außenluftvolumenstrom

$$q_{v,ges,NL} = \max\left(q_{v,ges,NE,NL};\min\left(\sum_{R,ab} q_{v,ges,R,ab,NL};1{,}2\cdot q_{v,ges,NE,NL}\right)\right)$$

$$A = 63\ \text{m}^2$$

$$q_{v,ges,NE,NL} = 76\ \text{m}^3/\text{h}$$

$$\Sigma_R\, q_{v,ges,R,ab,NL} = 40\ \text{m}^3/\text{h}$$

$$q_{v,ges,NL} = \max(76\ \text{m}^3/\text{h};\ \min(40\ \text{m}^3/\text{h};\ 1{,}2\cdot 76\ \text{m}^3/\text{h}))$$

$$q_{v,ges,NL} = 76\ \text{m}^3/\text{h}$$

b) Bestimmung der wirksamen Infiltration

Bei der Auslegung von Zu-/Abluftsystemen erfolgt keine Anrechnung der Infiltration auf die Auslegung der lüftungstechnischen Maßnahmen.

c) Luftvolumenstrom durch lüftungstechnische Maßnahmen

$q_{v,\text{Ventilator,vg}} = q_{v,\text{ges,NL}}$

$q_{v,\text{Ventilator,vg}} = 76\ \text{m}^3/\text{h}$

$q_{v,\text{ÜLD,vg}} = q_{v,\text{ges,NL}}$

$q_{v,\text{ÜLD,vg}} = 76\ \text{m}^3/\text{h}$

d) Aufteilung des Zu- und Abluftvolumenstroms auf die Räume

- Wohnen:

$$q_{v,\text{Ventilator,Wohnen,NL}} = \frac{f_{\text{R,zu}}}{\sum_{\text{R,zu}} f_{\text{R,zu}}} \cdot q_{v,\text{Ventilator,vg}}$$

Es wird mit den Faktoren für die Zuluftvolumenströme $f_{\text{R,zu}}$ aus Abschnitt 7.6 gerechnet.

$$q_{v,\text{Ventilator,Wohnen,NL}} = \frac{3}{3+3+1{,}5} \cdot 76\ \text{m}^3/\text{h}$$

$q_{v,\text{Ventilator,Wohnen,NL}} = 30\ \text{m}^3/\text{h}$

- Schlafen:

$$q_{v,\text{Ventilator,Schlafen,NL}} = \frac{3}{3+3+1{,}5} \cdot 76\ \text{m}^3/\text{h}$$

$q_{v,\text{Ventilator,Schlafen,NL}} = 30\ \text{m}^3/\text{h}$

- Kind:

$$q_{v,\text{Ventilator,Kind,NL}} = \frac{1{,}5}{3+3+1{,}5} \cdot 76\ \text{m}^3/\text{h}$$

$q_{v,\text{Ventilator,Kind,NL}} = 15\ \text{m}^3/\text{h}$

Der ausgelegte Volumenstrom lässt eine Nutzung des Raums „Schlafen" durch zwei Personen zu. Der ausgelegte Volumenstrom $q_{v,\text{LtM,Kind,NL}} = 15\ \text{m}^3/\text{h}$ lässt eine Nutzung des Raums „Kind" durch eine Person zu.

- Küche:

Da die Nutzungseinheit bis auf das fensterlose Bad mit Einzelraum-Lüftungsgeräten belüftet wird, wird an den notwendigen Luftvolumenstrom der Küche nur die Anforderung des Abluftvolumenstroms gestellt.

$q_{v,\text{Ventilator,Küche,NL}} = q_{v,\text{ges,R,ab,NL}}$

$q_{v,\text{Ventilator,Küche,NL}} = 40\ \text{m}^3/\text{h}$

e) Aufteilung der Überströmluftvolumenströme auf die Räume

Die Einzelraum-Lüftungsgeräte werden auf die raumweisen Anforderungen ausgelegt und jeder Raum separat gelüftet. Ein Überströmvolumenstrom wird deshalb für den Betrieb der Einzelraum-Lüftungsgeräte nicht benötigt.

$q_{v,\text{ÜLD}} = 0\ \text{m}^3/\text{h}$

7.8.4 Auslegung Abluftsystem

a) Notwendiger Abluftvolumenstrom

Da das Bad fensterlos ist, müssen neben den Anforderungen der DIN 1946-6 auch die der DIN 18017-3 erfüllt werden. Wird der Abluftvolumenstrom anhand einer geeigneten Führungsgröße selbsttätig geregelt und ist das System permanent in Betrieb, darf der minimale Abluftvolumenstrom 15 m^3/h und der maximale 40 m^3/h betragen. Mit diesem Betrieb werden ebenfalls die Volumenstromanforderungen der DIN 1946-6 erfüllt.

$q_{v,ab,max} = 40\ m^3/h$

$q_{v,ab,min} = 15\ m^3/h$

b) Bestimmung der wirksamen Infiltration

$q_{v,inf} = e_z \cdot V_{NE} \cdot n_{50}$

$e_z = 0,21$

Es wird davon ausgegangen, dass in der Nutzungseinheit keine raumluftabhängige Feuerstätte vorhanden ist.

$V_{NE} = A_{NE} \cdot H_R$

$V_{NE} = 70\ ^{m}2 \cdot 2,59\ m$

$V_{NE} = 181,3\ m^3$

$n_{50} = 0,8\ h^{-1}$

$q_{v,inf} = 0,21 \cdot 181,3\ m^3 \cdot 0,8\ h^{-1}$

$q_{v,inf} = 30\ m^3/h$

c) Notwendiger Außenluftvolumenstrom durch lüftungstechnische Maßnahmen

$q_{v,LtM,vg} = q_{v,ges,ab,max} - q_{v,inf}$

$q_{v,ALD,vg} = 40\ m^3/h - 30\ m^3/h$

$q_{v,ALD,vg} = 10\ m^3/h$

d) Aufteilung des Außenluftvolumenstroms über lüftungstechnische Maßnahmen auf die Räume

Der notwendige Außenluftvolumenstrom wird gleichmäßig auf die Einzelraum-Lüftungsgeräte in den Räumen „Wohnen“, „Schlafen“ und „Kind“ verteilt.

e) Aufteilung des Außenluftvolumenstroms über Infiltration auf die Räume

Die Aufteilung des Außenluftvolumenstroms über Infiltration erfolgt flächenanteilig über die außen liegenden Räume ohne Küche. Es wird unterschieden in maximalen und minimalen Abluftvolumenstrom des Abluftsystems. Beim minimalem Abluftvolumenstrom von 15 m^3/h wird nur ein Infiltrationsvolumenstrom in Höhe von $q_{v,inf} = 15\ m^3/h$ benötigt.

- Wohnen:

$$q_{v,inf,R} = \frac{A_R}{\sum_{R,\text{außen liegend}} A_R} \cdot q_{v,inf}$$

$$q_{v,inf,Wohnen,ab,max} = \frac{20\ m^2}{48\ m^2} \cdot 30\ m^3/h$$

$q_{v,inf,Wohnen,ab,max} = 13\ m^3/h$

$$q_{v,inf,Wohnen,ab,min} = \frac{20\ m^2}{48\ m^2} \cdot 15\ m^3/h$$

$q_{v,inf,Wohnen,ab,min} = 7\ m^3/h$

- Schlafen:

$$q_{v,inf,Schlafen,ab,max} = \frac{15\,m^2}{48\,m^2} \cdot 30\,m^3/h$$

$$q_{v,inf,Schlafen,ab,max} = 9\ m^3/h$$

$$q_{v,inf,Schlafen,ab,min} = \frac{15\,m^2}{48\,m^2} \cdot 15\,m^3/h$$

$$q_{v,inf,Schlafen,ab,min} = 5\ m^3/h$$

- Kind:

$$q_{v,inf,Kind,ab,max} = \frac{13\,m^2}{48\,m^2} \cdot 30\,m^3/h$$

$$q_{v,inf,Kind,ab,max} = 8\ m^3/h$$

$$q_{v,inf,Kind,ab,min} = \frac{13\,m^2}{48\,m^2} \cdot 15\,m^3/h$$

$$q_{v,inf,Kind,ab,min} = 4\ m^3/h$$

f) Aufteilung der Überströmluftvolumenströme auf die Räume

- Bad:

$$q_{v,ÜLD} = q_{v,ab,max}$$

$$q_{v,ÜLD} = 40\ m^3/h$$

- Wohnen, Schlafen, Kind:

  Die Volumenströme über die ÜLD ergeben sich aus der Summe des für das Abluftsystem notwendigen Außenluftvolumenstroms und der wirksamen Infiltration. Die Bestimmung der Überströmluftvolumenströme erfolgt in Abschnitt 7.8.5.

7.8.5 Zusammenführung Zu-/Abluftsystem und Abluftsystem

a) Allgemeines

Es sollen dezentrale Einzelraum-Lüftungsgeräte ausgelegt werden. Diese Einzelraum-Lüftungsgeräte fördern sowohl die Zuluft in den als auch die Abluft aus dem Raum.

Der für den Betrieb des Abluftsystems im Bad notwendige Außenluftvolumenstrom wird einerseits über die Infiltration, andererseits auch über einen erhöhten Zuluftvolumenstrom der Einzelraum-Lüftungsgeräte in den Räumen „Wohnen“, „Schlafen“ und „Kind“ erbracht.

b) Schlafen

- Abluftsystem minimaler Abluftvolumenstrom

$$q_{v,Ventilator,Schlafen,NL,ab} = q_{v,Ventilator,Schlafen,NL}$$

$$q_{v,Ventilator,Schlafen,NL,ab} = 30\ m^3/h$$

$$q_{v,Ventilator,Schlafen,NL,zu} = q_{v,Ventilator,Schlafen,NL}$$

$$q_{v,Ventilator,Schlafen,NL,zu} = 30\ m^3/h$$

$$q_{v,ÜLD,Schlafen,NL} = q_{v,inf,Schlafen,ab,min}$$

$$q_{v,ÜLD,Schlafen,NL} = 5\ m^3/h$$

- Abluftsystem maximaler Abluftvolumenstrom

$q_{v,Ventilator,Schlafen,NL,ab} = q_{v,Ventilator,Schlafen,NL}$

$q_{v,Ventilator,Schlafen,NL,ab} = 30\ m^3/h$

$q_{v,Ventilator,Schlafen,NL,zu} = q_{v,Ventilator,Schlafen,NL} + 1/3 \cdot q_{v,ALD,vg}$

$q_{v,Ventilator,Schlafen,NL,zu} = 30\ m^3/h + 3{,}3\ m^3/h$

$q_{v,Ventilator,Schlafen,NL,zu} = 33\ m^3/h$

$q_{v,ÜLD,Schlafen,NL} = 1/3 \cdot q_{v,ALD,vg} + q_{v,inf,Schlafen,ab,max}$

$q_{v,ÜLD,Schlafen,NL} = 3{,}3\ m^3/h + 9\ m^3/h$

$q_{v,ÜLD,Schlafen,NL} = 12\ m^3/h$

c) Kind

- Abluftsystem minimaler Abluftvolumenstrom

$q_{v,Ventilator,Kind,NL,ab} = q_{v,Ventilator,Kind,NL}$

$q_{v,Ventilator,Kind,NL,ab} = 15\ m^3/h$

$q_{v,Ventilator,Kind,NL,zu} = q_{v,Ventilator,Kind,NL}$

$q_{v,Ventilator,Kind,NL,zu} = 15\ m^3/h$

$q_{v,ÜLD,Kind,NL} = q_{v,inf,Kind,ab,min}$

$q_{v,ÜLD,Kind,NL} = 4\ m^3/h$

- Abluftsystem maximaler Abluftvolumenstrom

$q_{v,Ventilator,Kind,NL,ab} = q_{v,Ventilator,Kind,NL}$

$q_{v,Ventilator,Kind,NL,ab} = 15\ m^3/h$

$q_{v,Ventilator,Kind,NL,zu} = q_{v,Ventilator,Kind,NL} + 1/3 \cdot q_{v,ALD,vg}$

$q_{v,Ventilator,Kind,NL,zu} = 15\ m^3/h + 3{,}3\ m^3/h$

$q_{v,Ventilator,Kind,NL,zu} = 18\ m^3/h$

$q_{v,ÜLD,Kind,NL} = 1/3 \cdot q_{v,ALD,vg} + q_{v,inf,Kind,ab,max}$

$q_{v,ÜLD,Kind,NL} = 3{,}3\ m^3/h + 8\ m^3/h$

$q_{v,ÜLD,Kind,NL} = 11\ m^3/h$

d) Wohnen

- Abluftsystem minimaler Abluftvolumenstrom

$q_{v,Ventilator,Wohnen,NL,ab} = q_{v,Ventilator,Wohnen,NL}$

$q_{v,Ventilator,Wohnen,NL,ab} = 30\ m^3/h$

$q_{v,Ventilator,Wohnen,NL,zu} = q_{v,Ventilator,Wohnen,NL}$

$q_{v,Ventilator,Wohnen,NL,zu} = 30\ m^3/h$

$q_{v,ÜLD1,Wohnen,NL} = q_{v,inf,Schlafen,ab,min}$

$q_{v,ÜLD1,Wohnen,NL} = 5\ m^3/h$

$q_{v,ÜLD2,Wohnen,NL} = q_{v,inf,Wohnen,ab,min} + q_{v,inf,Schlafen,ab,min}$

$q_{v,ÜLD2,Wohnen,NL} = 7\ m^3/h + 5\ m^3/h$

$q_{v,ÜLD2,Wohnen,NL} = 12\ m^3/h$

- Abluftsystem maximaler Abluftvolumenstrom

$q_{v,Ventilator,Wohnen,NL,ab} = q_{v,Ventilator,Wohnen,NL}$

$q_{v,Ventilator,Wohnen,NL,ab} = 30\ m^3/h$

$q_{v,Ventilator,Wohnen,NL,zu} = q_{v,Ventilator,Wohnen,NL} + 1/3 \cdot q_{v,ALD,vg}$

$q_{v,Ventilator,Wohnen,NL,zu} = 30\ m^3/h + 3{,}3\ m^3/h$

$q_{v,Ventilator,Wohnen,NL,zu} = 33\ m^3/h$

$q_{v,ÜLD1,Wohnen,NL} = 1/3 \cdot q_{v,ALD,vg} + q_{v,inf,Schlafen,ab,max}$

$q_{v,ÜLD1,Wohnen,NL} = 3{,}3\ m^3/h + 9\ m^3/h$

$q_{v,ÜLD1,Wohnen,NL} = 12\ m^3/h$

$q_{v,ÜLD2,Wohnen,NL} = 2/3 \cdot q_{v,ALD,vg} + q_{v,inf,Wohnen,ab,max} + q_{v,inf,Schlafen,ab,max}$

$q_{v,ÜLD2,Wohnen,NL} = 6{,}6\ m^3/h + 13\ m^3/h + 9\ m^3/h$

$q_{v,ÜLD2,Wohnen,NL} = 29\ m^3/h$

e) Küche

$q_{v,Ventilator,Küche,NL,ab} = q_{v,Ventilator,Küche,NL}$

$q_{v,Ventilator,Küche,NL,ab} = 40\ m^3/h$

$q_{v,Ventilator,Küche,NL,zu} = q_{v,Ventilator,Küche,NL}$

$q_{v,Ventilator,Küche,NL,zu} = 40\ m^3/h$

$q_{v,ÜLD,Küche,NL} = 0\ m^3/h$

f) Bad

$q_{v,ab,max} = 40\ m^3/h$

$q_{v,ab,min} = 15\ m^3/h$

$q_{v,ÜLD,Bad} = q_{v,ab,max}$

$q_{v,ÜLD,Bad} = 40\ m^3/h$

Projekt-Nr. / Bezeichnung:	Datum:	Seite 1

DATEN GEBÄUDE / NUTZUNGSEINHEIT:

Gebäude

Höhe und Lage

Anzahl Geschosse	4	
Gebäudehöhe	14	m
Windgebiet	☐ windschwach	☒ windstark

Wärmeschutz

☒ hoch (Neubau / Modernisierung mind. WSchV 1995)
☐ niedrig (Gebäudebestand vor 1995)

Geplante Belegung

☒ hoch
☐ gering (üblich in selbstgenutztem Eigentum, z.B. EFH)

Luftdichtheit der Gebäudehülle

☒ Messwert (Luftdichtheits-Messung)

Luftwechsel bei 50 Pa (Mes-	$n_{50,m}$ =	0,8	h^{-1}
Fläche kleine Öffnungen	$A_{Öff}$ =		cm^2
Luftwechsel bei 50 Pa (Ausle-	n_{50} =		h^{-1}

☐ Vorgabewert
☐ Kategorie A mit n_{50} = 1,0 h^{-1} (für ventilatorgestützte Lüftung)
☐ Kategorie B mit n_{50} = 1,5 h^{-1} (für freie Lüftung bei ab 2002 errichteten Gebäuden und bei Modernisierung in eingeschossigen Nutzungseinheiten)
☐ Kategorie C mit n_{50} = 2,0 h^{-1} (für freie Lüftung bei Modernisierung in mehrgeschossigen Nutzungseinheiten, vor 2002 errichtet)

Nutzungseinheit

Geometrie

beheizte Wohnfläche	A_{NE} =	70	m^2
mittlere Raumhöhe	h_{NE} =	2,59	m
Luftvolumen	V_{NE} =	181,3	m^3
gelüftete Wohnfläche	A_L =	70	m^2
gelüftetes Luftvolumen	V_L =	181,3	m^3
Personenzahl (falls bekannt)	n_{Pers} =	3	Pers.
Volumenstrom pro Person	$q_{v,Pers}$ =		m^3/(h*Pers.)

Fensterlose Räume

☐ ja
☒ nein

Raumluftabhängige Feuerstätte

☐ ja
☒ nein

Höhe und Lage

Anzahl der Geschosse in der Nutzungseinheit

☐ mehrgeschossig ☒ eingeschossig

Anzahl der Außenfassaden in der Nutzungseinheit:

☐ 1 Außenfassade ☒ > 1 Außenfassade

Höhe der Nutzungseinheit:

☒ 0 bis 15 m über Geländeoberkante
☐ > 15 m über Geländeoberkante

Lage der Nutzungseinheit:

☐ offen ☒ normal ☐ geschützt

NOTWENDIGKEIT LÜFTUNGSTECHNISCHE MAßNAHMEN

Faktor Wärmeschutz:	f_{WS} = 0,3	Volumenstromkoeffizient:	$e_{Z,Konzept}$ = 0,08
Luftvolumenstrom zum Feuchteschutz:		$q_{v,ges,NE,FL}$ =	25 m^3/h
Luftvolumenstrom durch Infiltration im Ausgangszustand:		$q_{v,Inf,Konzept}$ =	12 m^3/h
Lüftungstechnische Maßnahmen erforderlich?	☒ **ja** ($q_{v,ges,NE,FL} > q_{v,Inf,Konzept}$)		☐ **nein** ($q_{v,ges,NE,FL} \leq q_{v,Inf,Konzept}$)

FESTLEGUNG LÜFTUNGSTECHNISCHE MAßNAHMEN

☐ **Freie Lüftung**
- ☐ Querlüftung
  - Höhenunterschied zwischen Leckagen und ALD
  - ☐ ja ☐ nein
- ☐ Schachtlüftung / Auftriebslüftung

☐ **Entlüftungssystem nach DIN 18017-3**
- ☒ Bemessung nur nach DIN 18017-3
- ☐ Bemessung zusätzlich nach DIN 1946-6
- ☐ Zentralentlüftung
- ☒ Einzelentlüftung

☒ **Kombinierte Lüftungssysteme**
Mehrere Lüftungstechnische Maßnahmen sind anzukreuzen!

☒ **Ventilatorgestützte Lüftung**
- ☒ Abluftsystem
  - ☐ Zentralventilator-Lüftungsanlage
    - ☐ Gebäude ☐ Strang ☐ Wohnung
  - ☒ Einzelventilator-Lüftungsanlage
- ☐ Zuluftsystem
  - ☐ Zentralventilator-Lüftungsanlage
    - ☐ Strang ☐ Wohnung
  - ☐ (Einzel-)Raum-Lüftungsgerät
- ☒ Zu-/Abluftsystem
  - ☐ Zentralventilator-Lüftungsanlage
    - ☐ Strang ☐ Wohnung
  - ☒ (Einzel-)Raum-Lüftungsgerät

Projekt-Nr. / Bezeichnung:	Datum: Seite 2
BESTIMMUNG GESAMT-AUßENLUFTVOLUMENSTRÖME $q_{v,ges}$	
Freie Lüftung (Minimalanforderungen)	**Ventilatorgestützte Lüftung** (Minimalanforderungen)
Lüftung zum Feuchteschutz $q_{v,ges,FL}$ = ___ m³/h	Lüftung zum Feuchteschutz $q_{v,ges,FL}$ = 25 m³/h
informativ: $n_{v,ges,FL}$ = ___ h^{-1}	*informativ:* $n_{v,ges,FL}$ = *0,14* h^{-1}
oder	
Reduzierte Lüftung $q_{v,ges,RL}$ = ___ m³/h	Reduzierte Lüftung $q_{v,ges,RL}$ = 57 m³/h
informativ: $n_{v,ges,RL}$ = ___ h^{-1}	*informativ:* $n_{v,ges,RL}$ = *0,31* h^{-1}
Nennlüftung $q_{v,ges,NL}$ = ___ m³/h	**Nennlüftung** $q_{v,ges,NL}$ = **82 m³/h**
informativ: $n_{v,ges,NL}$ = ___ h^{-1}	*informativ:* $n_{v,ges,NL}$ = *0,45* h^{-1}
Intensivlüftung durch Nutzerunterstützung (Fensteröffnen)	Intensivlüftung $q_{v,ges,IL}$ = 107 m³/h *informativ:* $n_{v,ges,IL}$ = *0,59* h^{-1}
BESTIMMUNG LUFTVOLUMENSTRÖME durch lüftungstechnische Maßnahmen	
NUTZUNGSEINHEIT	
Freie Lüftung (Minimalanforderungen) Bemessung nach Lüftung zum Feuchteschutz oder nach Reduzierter Lüftung	**Ventilatorgestützte Lüftung** (Minimalanforderungen) Bemessung nach Nennlüftung
Lüftung Feuchteschutz, ALD:	Lüftung Feuchteschutz, ALD:
Luftvolumenstrom: $q_{V,LtM,FL}$ = ___ m³/h	Luftvolumenstrom: $q_{V,LtM,FL}$ = ___ m³/h
Luftwechsel (informativ): $n_{V,LtM,FL}$ = ___ h^{-1}	*Luftwechsel (informativ):* $n_{V,LtM,FL}$ = ___ h^{-1}
Lüftung Feuchteschutz, andere Lüftungskomponenten:	Lüftung Feuchteschutz, andere Lüftungskomponenten:
Luftvolumenstrom: $q_{V,LtM,FL}$ = ___ m³/h	Luftvolumenstrom: $q_{V,LtM,FL}$ = 25 m³/h
Luftwechsel (informativ): $n_{v,LtM,FL}$ = ___ h^{-1}	*Luftwechsel (informativ):* $n_{v,LtM,FL}$ = *0,14* h^{-1}
oder	
Reduzierte Lüftung, ALD:	Reduzierte Lüftung, ALD:
Luftvolumenstrom: $q_{V,LtM,RL}$ = ___ m³/h	Luftvolumenstrom: $q_{v,LtM,RL}$ = ___ m³/h
Luftwechsel (informativ): $n_{V,LtM,RL}$ = ___ h^{-1}	*Luftwechsel (informativ):* $n_{v,LtM,RL}$ = ___ h^{-1}
Reduzierte Lüftung, andere Lüftungskomponenten:	Reduzierte Lüftung, andere Lüftungskomponenten:
Luftvolumenstrom: $q_{V,LtM,RL}$ = ___ m³/h	Luftvolumenstrom: $q_{v,LtM,RL}$ = 57 m³/h
Luftwechsel (informativ): $n_{v,LtM,RL}$ = ___ h^{-1}	*Luftwechsel (informativ):* $n_{v,LtM,RL}$ = *0,32* h^{-1}
Bedarfslüftung DIN 18017-3, ALD:	Nennlüftung, ALD:
Luftvolumenstrom: $q_{v,LtM,NL}$ = **30 m³/h**	Luftvolumenstrom: $q_{v,LtM,NL}$ = ___ m³/h
Luftwechsel (informativ): $n_{v,LtM,NL}$ = ___ h^{-1}	*Luftwechsel (informativ):* $n_{v,LtM,NL}$ = ___ h^{-1}
Bedarfslüftung DIN 18017-3, Ventilator:	**Nennlüftung, andere Lüftungskomponenten:**
Luftvolumenstrom: $q_{v,LtM,NL}$ = **60 m³/h**	Luftvolumenstrom: $q_{v,LtM,NL}$ = **82 m³/h**
Luftwechsel (informativ): $n_{v,LtM,NL}$ = ___ h^{-1}	*Luftwechsel (informativ):* $n_{v,LtM,NL}$ = *0,45* h^{-1}
—	Intensivlüftung, ALD:
	Luftvolumenstrom: $q_{v,LtM,IL}$ = - m³/h
	Luftwechsel (informativ): $n_{v,LtM,IL}$ = ___ h^{-1}
	Intensivlüftung, andere Lüftungskomponenten:
	Luftvolumenstrom: $q_{v,LtM,IL}$ = 107 m³/h
	Luftwechsel (informativ): $n_{v,LtM,IL}$ = *0,59* h^{-1}
AUSLEGUNGS-DIFFERENZDRUCK Δp	
ALD: Δp_{ALD} = ___ Pa	ALD: Δp_{ALD} = 8 Pa
ÜLD: $\Delta p_{ÜLD}$ = ___ Pa	ÜLD: $\Delta p_{ÜLD}$ = 1,5 Pa

Projekt-Nr. / Bezeichnung:						Datum:	Seite 3
RAUM	ALD	ÜLD	AbLD	ZuLD	Schacht	Leitung	Ventilator
Wohnzimmer A_{Raum} = 20 m² $f_{R,zu}$ = 3 $q_{v,LtM}$ = (in m³/h)	☐	☒ 29	☐	☐	☐	☐	☒ zu/ab: 33/30
Schlafen A_{Raum} = 15 m² $f_{R,zu}$ = 3 $q_{v,LtM}$ = (in m³/h)	☐	☒ 12	☐	☐	☐	☐	☒ zu/ab: 33/30
Kind A_{Raum} = 13 m² $f_{R,zu}$ = 1,5 $q_{v,LtM}$ = (in m³/h)	☐	☒ 11	☐	☐	☐	☐	☒ zu/ab: 18/15
Küche A_{Raum} = 8 m² $q_{v,LtM}$ = (in m³/h)	☐	☐	☐	☐	☐	☐	☐ zu/ab: 40/40
Bad A_{Raum} = 7 m² $q_{v,LtM}$ = (in m³/h)	☐	☒ 40	☐	☐	☐	☒ 40	☒ 15/40
Flur A_{Raum} = 7 m² $q_{v,LtM}$ = (in m³/h)	☐	☐	☐	☐	☐	☐	☐
ZONE / RAUMGRUPPE	ALD	ÜLD	AbLD	ZuLD	Schacht	Leitung	Ventilator
Zulufträume $\Sigma q_{v,LtM}$ = (in m³/h)		52					zu/ab: 84/75
Überströmräume $\Sigma q_{v,LtM}$ = (in m³/h)							
Ablufträume $\Sigma q_{v,LtM}$ = (in m³/h)		40				40	zu/ab: 15/80

Abbildung 7.28: Auslegung der lüftungstechnischen Maßnahmen, Darstellung in den Formblättern

7.8.6 Darstellung der Lüftungskomponenten im Grundriss

a) Abluftsystem minimaler Abluftvolumenstrom

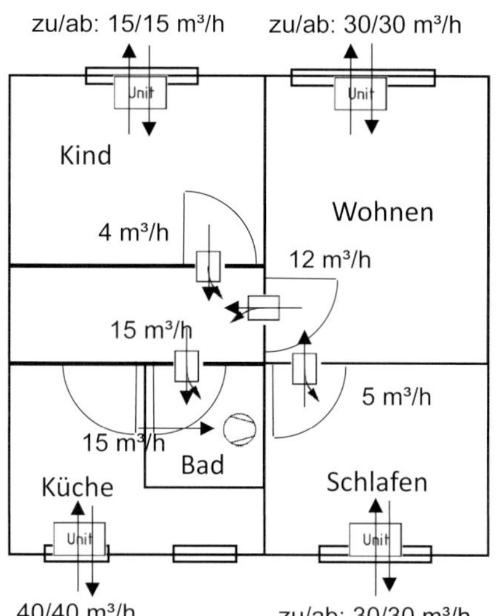

Raum	Zuluft		Abluft	Überströmen	
		Δp	m³/h	m³/h	Δp
		Pa			Pa
Wohnen	30		30	5+12	1,5
Schlafen	30		30	5	1,5
Kind	15		15	4	1,5
Küche	40		40		1,5
Bad			15	15	1,5
Flur					

Unit Einzelraum-Lüftungsgerät

Überström-Luftdurchlass ÜLD

Abluftventilator (dezentral)

Abbildung 7.29: Darstellung der Lüftungskomponenten im Grundriss

b) Abluftsystem maximaler Abluftvolumenstrom

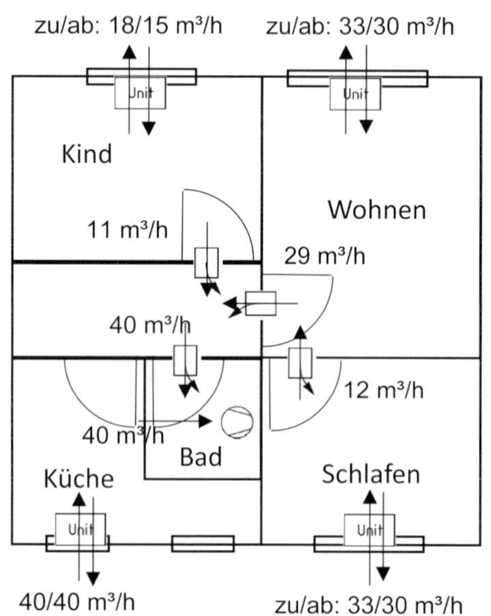

Raum	Zuluft		Abluft	Überströmen	
	m³/h	Δp	m³/h	m³/h	Δp
		Pa			Pa
Wohnen	30		30	12+29	1,5
Schlafen	30		30	12	1,5
Kind	18		15	4	1,5
Küche	40		40		1,5
Bad			40	40	1,5
Flur					

Unit Einzelraum-Lüftungsgerät

Überström-Luftdurchlass ÜLD

Abluftventilator (dezentral)

Abbildung 7.30: Darstellung der Lüftungskomponenten im Grundriss

7.9 Beispiel 7 – Einfamilienhaus – Zu-/Abluftsystem zentral

7.9.1 Grundrisse und Flächen

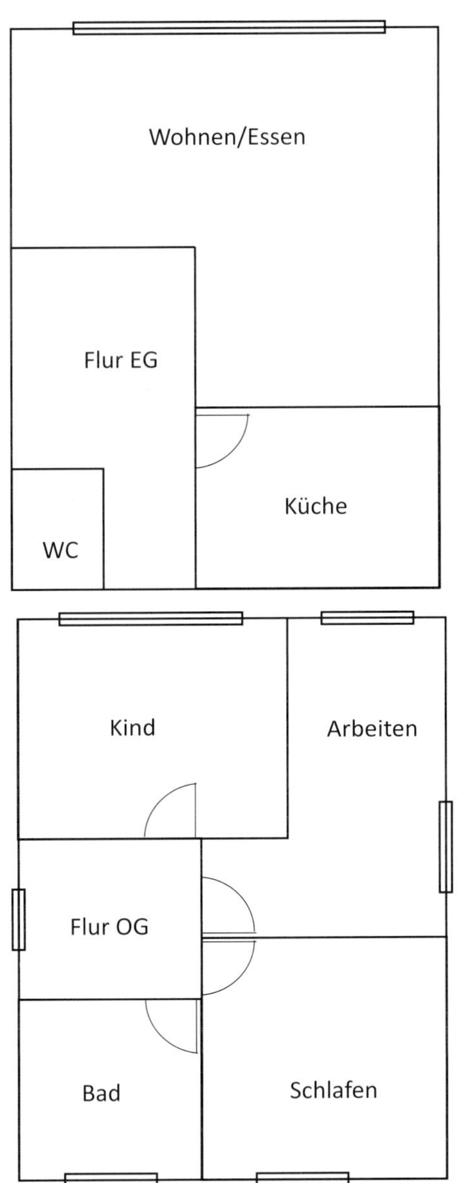

Raum	Fläche Zuluft	Fläche Abluft	Fläche Über-strömen
	m²	m²	m²
Erdgeschoss			
Wohnen/Essen	36,0		
Küche		12,0	
WC		3,0	
Flur EG			14,0
Obergeschoss			
Schlafen	16,0		
Kind	16,0		
Arbeiten	16,0		
Bad		9,0	
Flur OG			8,0
Gesamt	84,0	24,0	22,0
Beheizte Wohnfläche A_{NE} in m²			130,0
Gelüftete Wohnfläche A_L in m²			130,0
Mittlere Raumhöhe h in m			2,80
Luftvolumen V_{NE} in m³			364,0
Gelüftetes Luftvolumen V_L in m³			364,0

Abbildung 7.31: Grundrisse EG/OG und Flächenaufteilung

Weitere Angaben zum Gebäude und zur Nutzungseinheit enthält Abschnitt 5.4.

7.9.2 Allgemeines

Das gesamte Einfamilienhaus wird mit einem gebäudezentralen Zu-/Abluftsystem gelüftet. Das Zu-/Abluftsystem wird nach Nennlüftung ausgelegt.

Die Ergebnisse werden in Abbildung 7.32 und Abbildung 7.33 zusammengefasst.

7.9.3 Auslegung Zu-/Abluftsystem zentral

a) notwendiger Außenluftvolumenstrom

$$q_{v,ges,NL} = \max\left(q_{v,ges,NE,NL};\min\left(\sum_{R,ab} q_{v,ges,R,ab,NL};1{,}2\cdot q_{v,ges,NE,NL}\right)\right)$$

$A = 130\ m^2$

$q_{v,ges,NE,NL} = 127\ m^3/h$

$\sum_R q_{v,ges,R,ab,NL} = 100\ m^3/h$ (Küche, Bad, WC)

$q_{v,ges,NL} = \max(127\ m^3/h;\ \min(100\ m^3/h;\ 1{,}2 \cdot 152\ m^3/h))$

$q_{v,ges,NL} = 127\ m^3/h$

b) Bestimmung der wirksamen Infiltration

Bei der Auslegung von Zu-/Abluftsystemen erfolgt keine Anrechnung der Infiltration auf die Auslegung der lüftungstechnischen Maßnahmen.

c) Luftvolumenstrom durch lüftungstechnische Maßnahmen

$q_{v,Ventilator} = q_{v,ges,NL}$

$q_{v,Ventilator} = 127\ m^3/h$

$q_{v,Zuluftdurchlass} = q_{v,ges,NL}$

$q_{v,zuluftdurchlass} = 127\ m^3/h$

$q_{v,Abluftdurchlass} = q_{v,ges,NL}$

$q_{v,Abluftdurchlass} = 127\ m^3/h$

$q_{v,ÜLD} = q_{v,ges,NL}$

$q_{v,ÜLD} = 127\ m^3/h$

d) Aufteilung des Zu- und Abluftvolumenstroms auf die Räume

Zulufträume: $q_{v,Zuluftdurchlass,Raum} = \dfrac{f_{R,zu}}{\sum_{R,zu} f_{R,zu}} \cdot q_{v,Zuluftdurchlass}$

Für die Zulufträume wird mit den für die Aufteilung empfohlenen Faktoren $f_{R,zu}$ nach DIN 1946-6, Tabelle 17 gerechnet. Zu beachten ist zusätzlich, dass in Schlafräumen der Zuluftvolumenstrom für Nennlüftung mindestens 15 m³/h pro Person betragen muss. Dabei wird für das Schlafzimmer von 2 Personen und für die Kinderzimmer von 1 Person ausgegangen.

Wohnen/Essen: $f_{R,zu,Wohnen} = 4{,}5$ (da es sich um den zentralen Wohnbereich mit kombinierten Funktionen handelt, werden die Werte für ein Wohnzimmer und ein Esszimmer angesetzt)

Schlafen: $f_{R,zu,Schlafen} = 3{,}0$ (abweichend vom empfohlenen Wert 2,0, um 15 m³/h pro Person für 2 Personen zu erreichen)

Kind: $f_{R,zu,Kind} = 2{,}0$

Arbeiten: $f_{R,zu,Arbeiten} = 1{,}5$

Summe $\sum f_{R,zu} = 11{,}0$

- Wohnen/Essen

$$q_{v,Zuluftdurchlass,Wohnen} = \frac{f_{R,zu,Wohnen}}{\sum_{R,zu} f_{R,zu}} \cdot q_{v,Zuluftdurchlass}$$

$$q_{v,Zuluftdurchlass,Wohnen} = \frac{4{,}5}{11{,}0} \cdot 127\ m^3/h$$

$q_{v,Zuluftdurchlass,Wohnen} = 52\ m^3/h$

- Schlafen

$$q_{v,Zuluftdurchlass,Schlafen} = \frac{f_{R,zu,Schlafen}}{\sum_{R,zu} f_{R,zu}} \cdot q_{v,Zuluftdurchlass}$$

$$q_{v,Zuluftdurchlass,Schlafen} = \frac{3{,}0}{11{,}0} \cdot 127\ m^3/h$$

$q_{v,zuluftdurchlass,Schlafen} = 35\ m^3/h$

- Kind

$$q_{v,Zuluftdurchlass,Kind} = \frac{f_{R,zu,Kind}}{\sum_{R,zu} f_{R,zu}} \cdot q_{v,Zuluftdurchlass}$$

$$q_{v,Zuluftdurchlass,Kind} = \frac{2{,}0}{11{,}0} \cdot 127\ m^3/h$$

$q_{v,Zuluftdurchlass,Kind} = 23\ m^3/h$

- Arbeiten

$$q_{v,Zuluftdurchlass,Arbeiten} = \frac{f_{R,zu,Arbeiten}}{\sum_{R,zu} f_{R,zu}} \cdot q_{v,Zuluftdurchlass}$$

$$q_{v,Zuluftdurchlass,Arbeiten} = \frac{1{,}5}{11{,}0} \cdot 127\ m^3/h$$

$q_{v,zuluftdurchlass,Arbeiten} = 17\ m^3/h$

- Ablufträume

$$q_{v,Abluftdurchlass,Raum} = \frac{q_{v,Abluft,Raum}}{\sum_{R,ab} q_{v,Abluft,Raum}} \cdot q_{v,Abluftdurchlass}$$

Für die Ablufträume wird mit den raumweisen Abluftvolumenströmen $q_{v,ges,R,ab}$ nach DIN 1946-6, Tabelle 16 gerechnet. Zu beachten ist zusätzlich, dass die Tabellenwerte maximal um 50 % unterschritten werden dürfen.

Küche:	$q_{v,Abluft,Küche} = 40\ m^3/h$
Bad:	$q_{v,Abluft,Bad} = 40\ m^3/h$
WC:	$q_{v,Abluft,WC} = 20\ m^3/h$
Summe	$\sum q_{v,Abluft,Raum} = 100\ m^3/h$

- Küche

$$q_{v,Abluftdurchlass,Küche} = \frac{q_{v,Abluft,Küche}}{\sum_{R,ab} q_{v,Abluft,Raum}} \cdot q_{v,Abluftdurchlass}$$

$$q_{v,Abluftdurchlass,Küche} = \frac{40\ m^3/h}{100\ m^3/h} \cdot 127\ m^3/h$$

$q_{v,Abluftdurchlass,Küche} = 51\ m^3/h$

- Bad

$$q_{v,\text{Abluftdurchlass,Bad}} = \frac{q_{v,\text{Abluft,Bad}}}{\sum_{R,ab} q_{v,\text{Abluft,Raum}}} \cdot q_{v,\text{Abluftdurchlass}}$$

$$q_{v,\text{Abluftdurchlass,Bad}} = \frac{40\ m^3/h}{100\ m^3/h} \cdot 127\ m^3/h$$

$q_{v,\text{Abluftdurchlass,Bad}} = 51\ m^3/h$

- WC

$$q_{v,\text{Abluftdurchlass,WC}} = \frac{q_{v,\text{Abluft,WC}}}{\sum_{R,ab} q_{v,\text{Abluft,Raum}}} \cdot q_{v,\text{Abluftdurchlass}}$$

$$q_{v,\text{Abluftdurchlass,WC}} = \frac{20\ m^3/h}{100\ m^3/h} \cdot 127\ m^3/h$$

$q_{v,\text{Abluftdurchlass,WC}} = 25\ m^3/h$

e) Aufteilung der Überströmluftvolumenströme auf die Räume

- Wohnen/Essen

$$q_{v,\text{ÜLD,Wohnen}} = \frac{f_{R,zu,\text{Wohnen}}}{\sum_{R,zu} f_{R,zu}} \cdot q_{v,\text{ÜLD}}$$

$$q_{v,\text{ÜLD,Wohnen}} = \frac{4{,}5}{11{,}0} \cdot 127\ m^3/h$$

$q_{v,\text{ÜLD,Wohnen}} = 52\ m^3/h$ (dieser Luftvolumenstrom kann z.B. auf Türunterschnitte der beiden Türen zwischen Wohnen/Essen und Flur aufgeteilt werden)

- Schlafen

$$q_{v,\text{ÜLD,Schlafen}} = \frac{f_{R,zu,\text{Schlafen}}}{\sum_{R,zu} f_{R,zu}} \cdot q_{v,\text{ÜLD}}$$

$$q_{v,\text{ÜLD,Schlafen}} = \frac{3{,}0}{11{,}0} \cdot 127\ m^3/h$$

$q_{v,\text{ÜLD,Schlafen}} = 35\ m^3/h$

- Kind

$$q_{v,\text{ÜLD,Kind1}} = \frac{f_{R,zu,\text{Kind}}}{\sum_{R,zu} f_{R,zu}} \cdot q_{v,\text{ÜLD}}$$

$$q_{v,\text{ÜLD,Kind1}} = \frac{2{,}0}{11{,}0} \cdot 127\ m^3/h$$

$q_{v,\text{ÜLD,Kind1}} = 23\ m^3/h$

- Arbeiten

$$q_{v,\text{ÜLD,Arbeiten}} = \frac{f_{R,zu,\text{Arbeiten}}}{\sum_{R,zu} f_{R,zu}} \cdot q_{v,\text{ÜLD}}$$

$$q_{v,\text{ÜLD,Arbeiten}} = \frac{1{,}5}{11{,}0} \cdot 127\ m^3/h$$

$q_{v,\text{ÜLD,Arbeiten}} = 17\ m^3/h$

- Küche

$$q_{v,ÜLD,Küche} = \frac{q_{v,Abluft,Küche}}{\sum_{R,ab} q_{v,Abluft,Raum}} \cdot q_{v,Abluftdurchlass}$$

$$q_{v,ÜLD,Küche} = \frac{40\ m^3/h}{100\ m^3/h} \cdot 127\ m^3/h$$

$q_{v,ÜLD,Küche} = 51\ m^3/h$

- Bad

$$q_{v,ÜLD,Bad} = \frac{q_{v,Abluft,Bad}}{\sum_{R,ab} q_{v,Abluft,Raum}} \cdot q_{v,Abluftdurchlass}$$

$$q_{v,ÜLD,Bad} = \frac{40\ m^3/h}{100\ m^3/h} \cdot 127\ m^3/h$$

$q_{v,ÜLD,Bad} = 51\ m^3/h$

- WC

$$q_{v,ÜLD,WC} = \frac{q_{v,Abluft,WC}}{\sum_{R,ab} q_{v,Abluft,Raum}} \cdot q_{v,Abluftdurchlass}$$

$$q_{v,ÜLD,WC} = \frac{20\ m^3/h}{100\ m^3/h} \cdot 127\ m^3/h$$

$q_{v,ÜLD,WC} = 25\ m^3/h$

Projekt-Nr. / Bezeichnung:	Datum:	Seite 1

DATEN GEBÄUDE / NUTZUNGSEINHEIT:

Gebäude	Nutzungseinheit
Höhe und Lage	**Geometrie**
Anzahl Geschosse: 2	beheizte Wohnfläche A_{NE} = 130 m²
Gebäudehöhe: 8 m	mittlere Raumhöhe h_{NE} = 2,80 m
Windgebiet: ☒ windschwach ☐ windstark	Luftvolumen V_{NE} = 364 m³
Wärmeschutz	gelüftete Wohnfläche A_L = 130 m²
☒ hoch (Neubau / Modernisierung mind. WSchV 1995)	gelüftetes Luftvolumen V_L = 364 m³
☐ niedrig (Gebäudebestand vor 1995)	Personenzahl (falls bekannt) n_{Pers} = Pers.
Geplante Belegung	Volumenstrom pro Person $q_{v,Pers}$ = m³/(h*Pers.)
☐ hoch	
☒ gering (üblich in selbstgenutztem Eigentum, z.B. EFH)	**Fensterlose Räume**
Luftdichtheit der Gebäudehülle	☐ ja
☒ Messwert (Luftdichtheits-Messung)	☒ nein
Luftwechsel bei 50 Pa (Mes- $n_{50,m}$ = 1,0 h⁻¹	**Raumluftabhängige Feuerstätte**
Fläche kleine Öffnungen $A_{Öff}$ = cm²	☐ ja
Luftwechsel bei 50 Pa (Ausle- n_{50} = h⁻¹	☒ nein
	Höhe und Lage
☐ Vorgabewert	Anzahl der Geschosse in der Nutzungseinheit
☐ Kategorie A mit n_{50} = 1,0 h⁻¹ (für ventilatorgestützte Lüftung)	☒ mehrgeschossig ☐ eingeschossig
	Anzahl der Außenfassaden in der Nutzungseinheit:
☐ Kategorie B mit n_{50} = 1,5 h⁻¹ (für freie Lüftung bei ab 2002 errichteten Gebäuden und bei Modernisierung in eingeschossigen Nutzungseinheiten)	☐ 1 Außenfassade ☒ > 1 Außenfassade
	Höhe der Nutzungseinheit:
	☒ 0 bis 15 m über Geländeoberkante
☐ Kategorie C mit n_{50} = 2,0 h⁻¹ (für freie Lüftung bei Modernisierung in mehrgeschossigen Nutzungseinheiten, vor 2002 errichtet)	☐ > 15 m über Geländeoberkante
	Lage der Nutzungseinheit:
	☐ offen ☒ normal ☐ geschützt

NOTWENDIGKEIT LÜFTUNGSTECHNISCHE MAßNAHMEN

Faktor Wärmeschutz: f_{WS} = 0,2	Volumenstromkoeffizient: $e_{Z,Konzept}$ = 0,06
Luftvolumenstrom zum Feuchteschutz:	$q_{v,ges,NE,FL}$ = 25 m³/h
Luftvolumenstrom durch Infiltration im Ausgangszustand:	$q_{v,Inf,Konzept}$ = 19 m³/h
Lüftungstechnische Maßnahmen erforderlich? ☒ **ja** ($q_{v,ges,NE,FL} > q_{v,Inf,Konzept}$)	☐ **nein** ($q_{v,ges,NE,FL} \leq q_{v,Inf,Konzept}$)

FESTLEGUNG LÜFTUNGSTECHNISCHE MAßNAHMEN

☐ **Freie Lüftung**	☐ **Ventilatorgestützte Lüftung**
☐ Querlüftung Höhenunterschied zwischen Leckagen und ALD ☐ ja ☐ nein ☐ Schachtlüftung / Auftriebslüftung	☐ Abluftsystem ☐ Zentralventilator-Lüftungsanlage ☐ Gebäude ☐ Strang ☐ Wohnung Einzelventilator-Lüftungsanlage
☐ **Entlüftungssystem nach DIN 18017-3** ☐ Bemessung nur nach DIN 18017-3 ☐ Bemessung zusätzlich nach DIN 1946-6 ☐ Zentralentlüftung ☐ Einzelentlüftung	☐ Zuluftsystem ☐ Zentralventilator-Lüftungsanlage ☐ Strang ☐ Wohnung ☐ (Einzel-)Raum-Lüftungsgerät
☐ **Kombinierte Lüftungssysteme** Mehrere Lüftungstechnische Maßnahmen sind anzukreuzen!	☒ Zu-/Abluftsystem ☒ Zentralventilator-Lüftungsanlage ☐ Strang ☒ Wohnung ☐ (Einzel-)Raum-Lüftungsgerät

Projekt-Nr. / Bezeichnung:	Datum:	Seite 2

BESTIMMUNG GESAMT-AUßENLUFTVOLUMENSTRÖME $q_{v,ges}$

Freie Lüftung (Minimalanforderungen)	**Ventilatorgestützte Lüftung** (Minimalanforderungen)
Lüftung zum Feuchteschutz $q_{v,ges,FL}$ = ___ **m³/h**	Lüftung zum Feuchteschutz $q_{v,ges,FL}$ = 25 m³/h
informativ: $n_{v,ges,FL}$ = ___ h^{-1}	*informativ:* $n_{v,ges,FL}$ = 0,07 h^{-1}
oder	
Reduzierte Lüftung $q_{v,ges,RL}$ = ___ m³/h	Reduzierte Lüftung $q_{v,ges,RL}$ = 89 m³/h
informativ: $n_{v,ges,RL}$ = ___ h^{-1}	*informativ:* $n_{v,ges,RL}$ = 0,24 h^{-1}
Nennlüftung $q_{v,ges,NL}$ = ___ m³/h	**Nennlüftung** $q_{v,ges,NL}$ = **127 m³/h**
informativ: $n_{v,ges,NL}$ = ___ h^{-1}	*informativ:* $n_{v,ges,NL}$ = 0,35 h^{-1}
Intensivlüftung durch Nutzerunterstützung (Fensteröffnen)	Intensivlüftung $q_{v,ges,IL}$ = 165 m³/h
	informativ: $n_{v,ges,IL}$ = 0,45 h^{-1}

BESTIMMUNG LUFTVOLUMENSTRÖME durch lüftungstechnische Maßnahmen

NUTZUNGSEINHEIT

Freie Lüftung (Minimalanforderungen) Bemessung nach Lüftung zum Feuchteschutz oder nach Reduzierter Lüftung	**Ventilatorgestützte Lüftung** (Minimalanforderungen) Bemessung nach Nennlüftung
Lüftung Feuchteschutz, ALD:	Lüftung Feuchteschutz, ALD:
Luftvolumenstrom: $q_{V,LtM,FL}$ = ___ **m³/h**	Luftvolumenstrom: $q_{V,LtM,FL}$ = - m³/h
Luftwechsel (informativ): $n_{V,LtM,FL}$ = ___ h^{-1}	*Luftwechsel (informativ):* $n_{V,LtM,FL}$ = - h^{-1}
Lüftung Feuchteschutz, andere Lüftungskomponenten:	Lüftung Feuchteschutz, andere Lüftungskomponenten:
Luftvolumenstrom: $q_{V,LtM,FL}$ = ___ m³/h	Luftvolumenstrom: $q_{V,LtM,FL}$ = 25 m³/h
Luftwechsel (informativ): $n_{v,LtM,FL}$ = ___ h^{-1}	*Luftwechsel (informativ):* $n_{v,LtM,FL}$ = 0,07 h^{-1}
oder	
Reduzierte Lüftung, ALD:	Reduzierte Lüftung, ALD:
Luftvolumenstrom: $q_{V,LtM,RL}$ = ___ m³/h	Luftvolumenstrom: $q_{v,LtM,RL}$ = - m³/h
Luftwechsel (informativ): $n_{V,LtM,RL}$ = ___ h^{-1}	*Luftwechsel (informativ):* $n_{v,LtM,RL}$ = - h^{-1}
Reduzierte Lüftung, andere Lüftungskomponenten:	Reduzierte Lüftung, andere Lüftungskomponenten:
Luftvolumenstrom: $q_{V,LtM,RL}$ = ___ m³/h	Luftvolumenstrom: $q_{v,LtM,RL}$ = 89 m³/h
Luftwechsel (informativ): $n_{v,LtM,RL}$ = ___ h^{-1}	*Luftwechsel (informativ):* $n_{v,LtM,RL}$ = 0,24 h^{-1}
Nennlüftung, ALD:	Nennlüftung, ALD:
Luftvolumenstrom: $q_{v,LtM,NL}$ = ___ **m³/h**	Luftvolumenstrom: $q_{v,LtM,NL}$ = - m³/h
Luftwechsel (informativ): $n_{v,LtM,NL}$ = ___ h^{-1}	*Luftwechsel (informativ):* $n_{v,LtM,NL}$ = - h^{-1}
Nennlüftung, andere Lüftungskomponenten:	**Nennlüftung, andere Lüftungskomponenten:**
Luftvolumenstrom: $q_{v,LtM,NL}$ = ___ **m³/h**	Luftvolumenstrom: $q_{v,LtM,NL}$ = **127 m³/h**
Luftwechsel (informativ): $n_{v,LtM,NL}$ = ___ h^{-1}	*Luftwechsel (informativ):* $n_{v,LtM,NL}$ = 0,35 h^{-1}
—	Intensivlüftung, ALD:
	Luftvolumenstrom: $q_{v,LtM,IL}$ = - m³/h
	Luftwechsel (informativ): $n_{v,LtM,IL}$ = - h^{-1}
	Intensivlüftung, andere Lüftungskomponenten:
	Luftvolumenstrom: $q_{v,LtM,IL}$ = 165 m³/h
	Luftwechsel (informativ): $n_{v,LtM,IL}$ = 0,45 h^{-1}

AUSLEGUNGS-DIFFERENZDRUCK Δp

ALD: Δp_{ALD} = ___ Pa	ALD: Δp_{ALD} = - Pa
ÜLD: $\Delta p_{ÜLD}$ = ___ Pa	ÜLD: $\Delta p_{ÜLD}$ = 1,5 Pa

Projekt-Nr. / Bezeichnung:						Datum:		Seite 3
RAUM		ALD	ÜLD	AbLD	ZuLD	Schacht	Leitung	Ventilator
Wohnen/Essen	A_{Raum} = 36 m² $q_{v,LtM}$ = (in m³/h)	☐	☒ 52	☐	☒ 52	☐	☒ 52	☐
Schlafen	A_{Raum} = 16 m² $q_{v,LtM}$ = (in m³/h)	☐	☒ 35	☐	☒ 35	☐	☒ 35	☐
Kind	A_{Raum} = 16 m² $q_{v,LtM}$ = (in m³/h)	☐	☒ 23	☐	☒ 23	☐	☒ 23	☐
Arbeiten	A_{Raum} = 16 m² $q_{v,LtM}$ = (in m³/h)	☐	☒ 17	☐	☒ 17	☐	☒ 17	☐
Küche	A_{Raum} = 12 m² $q_{v,LtM}$ = (in m³/h)	☐	☒ 51	☒ 51	☐	☐	☒ 51	☐
WC	A_{Raum} = 3 m² $q_{v,LtM}$ = (in m³/h)	☐	☒ 25	☒ 25	☐	☐	☒ 25	☐
Bad	A_{Raum} = 9 m² $q_{v,LtM}$ = (in m³/h)	☐	☒ 51	☒ 51	☐	☐	☒ 51	☐
Flur EG	A_{Raum} = 14 m² $q_{v,LtM}$ = (in m³/h)	☐	☐	☐	☐	☐	☐	☐
Flur OG	A_{Raum} = 8 m² $q_{v,LtM}$ = (in m³/h)	☐	☐	☐	☐	☐	☐	☐
ZONE / RAUMGRUPPE		ALD	ÜLD	AbLD	ZuLD	Schacht	Leitung	Ventilator
Zulufträume	$\Sigma q_{v,LtM}$ = (in m³/h)		127		127		127	
Überströmräume	$\Sigma q_{v,LtM}$ = (in m³/h)							
Ablufträume	$\Sigma q_{v,LtM}$ = (in m³/h)		127	127			127	

Abbildung 7.32: Auslegung der lüftungstechnischen Maßnahmen, Darstellung in den Formblättern

7.9.4 Darstellung der Lüftungskomponenten in den Grundrissen

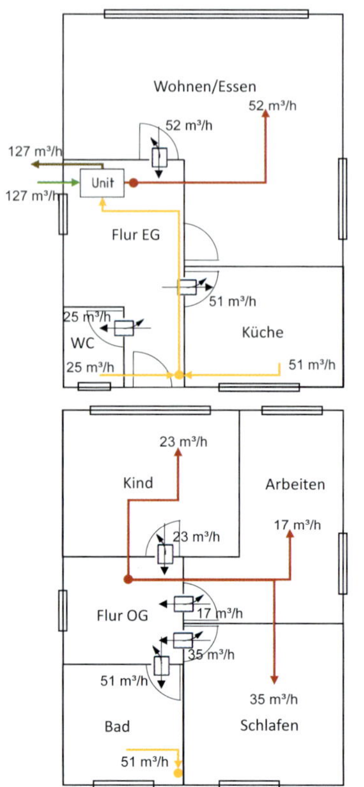

Raum	Zuluft		Abluft	Überströmen	
	m³/h	Δp Pa	m³/h	m³/h	Δp Pa
Wohnen / Essen	52	–		52	1,5
Schlafen	35	–		35	1,5
Kind	23	–		23	1,5
Arbeiten	17	–		17	1,5
Küche			51	51	1,5
WC			25	25	1,5
Bad			51	51	1,5
Flur EG					
Flur OG					

Überström-Luftdurchlass ÜLD

Unit wohnungszentrales Zu-/Abluftgerät

Abbildung 7.33: Darstellung der Lüftungskomponenten in den Grundrissen

7.10 Beispiel 8 – Einfamilienhaus – Querlüftung

7.10.1 Grundrisse und Flächen

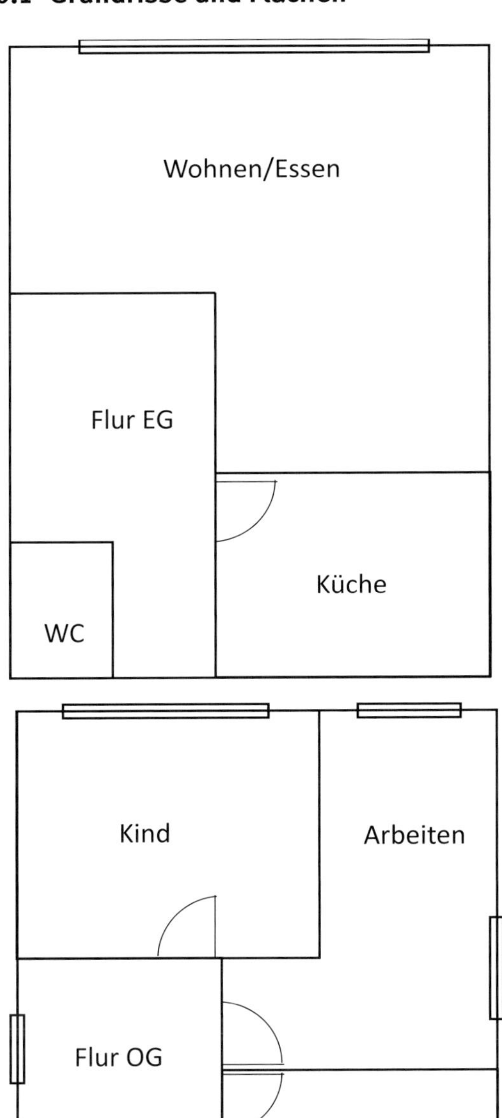

Raum	Fläche Zuluft	Fläche Abluft	Fläche Über-strömen
	m²	m²	m²
Erdgeschoss			
Wohnen/Essen	36,0		
Küche		12,0	
WC		3,0	
Flur EG			14,0
Obergeschoss			
Schlafen	16,0		
Kind	16,0		
Arbeiten	16,0		
Bad		9,0	
Flur OG			8,0
Gesamt	84,0	24,0	22,0
Beheizte Wohnfläche A_{NE} in m²			130,0
Gelüftete Wohnfläche A_L in m²			130,0
Mittlere Raumhöhe h in m			2,80
Luftvolumen V_{NE} in m³			364,0
Gelüftetes Luftvolumen V_L in m³			364,0

Abbildung 7.34: Grundrisse EG/OG und Flächenaufteilung

Weitere Angaben zum Gebäude und zur Nutzungseinheit enthält Abschnitt 5.4.

7.10.2 Allgemeines

Das gesamte Einfamilienhaus wird mit Querlüftung gelüftet. Die Querlüftung wird nach Lüftung zum Feuchteschutz ausgelegt.

Die Ergebnisse werden in Abbildung 7.35 und Abbildung 7.36 zusammengefasst.

7.10.3 Auslegung Querlüftungssystem

a) notwendiger Außenluftvolumenstrom

$$q_{v,ges,FL} = \max\left\{q_{v,ges,NE,FL};\, 0{,}5 \cdot \sum_R q_{v,ges,R,FL}\right\}$$

$q_{v,ges,NE,FL} = 25\ m^3/h$ (für Wärmeschutz hoch und Belegung gering: $f_{LSt} = 0{,}2$)

$\sum_R q_{v,ges,R,FL} = 62\ m^3/h$ (für Wärmeschutz hoch)

$q_{v,ges,Wohnen,FL} = 10\ m^3/h$

$q_{v,ges,Schlafen,FL} = 10\ m^3/h$

$q_{v,ges,Kind,FL} = 10\ m^3/h$

$q_{v,ges,Arbeiten,FL} = 8\ m^3/h$

$q_{v,ges,Küche,FL} = 8\ m^3/h$

$q_{v,ges,WC,FL} = 8\ m^3/h$

$q_{v,ges,Bad,FL} = 8\ m^3/h$

$q_{v,ges,FL} = \max\{25\ m^3/h;\ 0{,}5 \cdot 62\ m^3/h\}$

$q_{v,ges,FL} = 31\ m^3/h$

b) Bestimmung der wirksamen Infiltration

$q_{v,inf} = e_z \cdot V_{NE} \cdot n_{50}$

$$e_z = 0{,}04 \cdot \sqrt{f_{Wind}^2 + f_{Therm}^2}$$

Korrekturfaktor für den Einfluss des Windes:

$f_{Wind} = f_{Ort} \cdot f_{Lage} \cdot f_{Höhe} \cdot f_{Fassade}$

Korrekturfaktor für Gebäudestandort: $f_{Ort} = 1$ (windschwach)

Korrekturfaktor für Gebäudelage: $f_{Lage} = 1$ (normale Lage)

Korrekturfaktor für Höhe über Grund: $f_{Höhe} = 1$ (bis 15 m)

Korrekturfaktor für Fassadenanzahl: $f_{Fassade} = 1$ (> 1 Fassade)

$f_{Wind} = 1 \cdot 1 \cdot 1 \cdot 1$

$f_{Wind} = 1{,}0$

Korrekturfaktor für den Einfluss des thermischen Auftriebs:

$f_{Therm} = 1{,}1$ (Querlüftung in mehrgeschossigen Nutzungseinheiten)

$$e_z = 0{,}04 \cdot \sqrt{1^2 + 1{,}1^2}$$

$e_z = 0{,}06$

$V_{NE} = A_{NE} \cdot H_R$

$V_{NE} = 130\ m^3 \cdot 2{,}80\ m$

$V_{NE} = 364\ m^3$

$n_{50} = 1{,}0\ h^{-1}$

$q_{v,inf} = 0{,}06 \cdot 364\ m^3 \cdot 1{,}01\ h$

$q_{v,inf} = 22\ m^3/h$

c) Luftvolumenstrom durch lüftungstechnische Maßnahmen

$q_{v,ALD,fr} = q_{v,ges,FL} - q_{v,inf,wirk}$

$q_{v,ALD,fr} = 31\ m^3/h - 22\ m^3/h$

$q_{v,ALD,fr} = 9\ m^3/h$

$q_{v,ÜLD,fr} = q_{v,ges,FL}$

$q_{v,ÜLD,fr} = 31\ m^3/h$

d) Aufteilung der Außenluftvolumenströme auf die Räume

Der Faktor 2 in der Gleichung zur Aufteilung der Außenluftvolumenströme berücksichtigt, dass bei einem Querlüftungssystem die notwendige Außenluft luvseitig in die Nutzungseinheit einströmen und leeseitig wieder abströmen muss. Die ALD müssen sowohl das Zu- als auch das Abströmen gewährleisten.

- Wohnen/Essen

$$q_{v,ALD,Wohnen,FL} = 2 \cdot \frac{q_{v,ges,Wohnen,FL}}{\sum_R q_{v,ges,R,FL}} \cdot q_{v,ALD,fr}$$

$$q_{v,ALD,Wohnen,FL} = 2 \cdot \frac{10\ m^3/h}{62\ m^3/h} \cdot 9\ m^3/h$$

$q_{v,ALD,Wohnen,FL} = 3\ m^3/h$

- Schlafen

$$q_{v,ALD,Schlafen,FL} = 2 \cdot \frac{q_{v,ges,Schlafen,FL}}{\sum_R q_{v,ges,R,FL}} \cdot q_{v,ALD,fr}$$

$$q_{v,ALD,Schlafen,FL} = 2 \cdot \frac{10\ m^3/h}{62\ m^3/h} \cdot 9\ m^3/h$$

$q_{v,ALD,Schlafen,FL} = 3\ m^3/h$

- Kind

$$q_{v,ALD,Kind,FL} = 2 \cdot \frac{q_{v,ges,Kind,FL}}{\sum_R q_{v,ges,R,FL}} \cdot q_{v,ALD,fr}$$

$$q_{v,ALD,Kind,FL} = 2 \cdot \frac{10\ m^3/h}{62\ m^3/h} \cdot 9\ m^3/h$$

$q_{v,ALD,Kind,FL} = 3\ m^3/h$

- Arbeiten

$$q_{v,ALD,Arbeiten,FL} = 2 \cdot \frac{q_{v,ges,Arbeiten,FL}}{\sum_R q_{v,ges,R,FL}} \cdot q_{v,ALD,fr}$$

$$q_{v,ALD,Arbeiten,FL} = 2 \cdot \frac{8\ m^3/h}{62\ m^3/h} \cdot 9\ m^3/h$$

$q_{v,ALD,Arbeiten,FL} = 2\ m^3/h$

- Küche

$$q_{v,ALD,Küche,FL} = 2 \cdot \frac{q_{v,ges,Küche,FL}}{\sum_R q_{v,ges,R,FL}} \cdot q_{v,ALD,fr}$$

$$q_{v,ALD,Küche,FL} = 2 \cdot \frac{8\ m^3/h}{62\ m^3/h} \cdot 9\ m^3/h$$

$q_{v,ALD,Küche,FL} = 2\ m^3/h$

- WC

$$q_{v,ALD,WC,FL} = 2 \cdot \frac{q_{v,ges,WC,FL}}{\sum_R q_{v,ges,R,FL}} \cdot q_{v,ALD,fr}$$

$$q_{v,ALD,WC,FL} = 2 \cdot \frac{8\ m^3/h}{62\ m^3/h} \cdot 9\ m^3/h$$

$q_{v,ALD,WC,FL} = 2\ m^3/h$

- Bad

$$q_{v,ALD,Bad,FL} = 2 \cdot \frac{q_{v,ges,Bad,FL}}{\sum_R q_{v,ges,R,FL}} \cdot q_{v,ALD,fr}$$

$$q_{v,ALD,Bad,FL} = 2 \cdot \frac{8\ m^3/h}{62\ m^3/h} \cdot 9\ m^3/h$$

$q_{v,ALD,Bad,FL} = 2\ m^3/h$

e) Aufteilung der Überströmluftvolumenströme auf die Räume

- Wohnen

$$q_{v,ÜLD,Wohnen,FL} = 2 \cdot \frac{q_{v,ges,Wohnen,FL}}{\sum_R q_{v,ges,R,FL}} \cdot q_{v,ÜLD,fr}$$

$$q_{v,ÜLD,Wohnen,FL} = 2 \cdot \frac{10\ m^3/h}{62\ m^3/h} \cdot 31\ m^3/h$$

$q_{v,ÜLD,Wohnen,FL} = 10\ m^3/h$

- Schlafen

$$q_{v,ÜLD,Schlafen,FL} = 2 \cdot \frac{q_{v,ges,Schlafen,FL}}{\sum_R q_{v,ges,R,FL}} \cdot q_{v,ÜLD,fr}$$

$$q_{v,ÜLD,Schlafen,FL} = 2 \cdot \frac{10\ m^3/h}{62\ m^3/h} \cdot 31\ m^3/h$$

$q_{v,ÜLD,Schlafen,FL} = 10\ m^3/h$

- Kind

$$q_{v,ÜLD,Kind,FL} = 2 \cdot \frac{q_{v,ges,Kind,FL}}{\sum_R q_{v,ges,R,FL}} \cdot q_{v,ÜLD,fr}$$

$$q_{v,ÜLD,Kind,FL} = 2 \cdot \frac{10\ m^3/h}{62\ m^3/h} \cdot 31\ m^3/h$$

$q_{v,ÜLD,Kind,FL} = 10\ m^3/h$

- Arbeiten

$$q_{v,\text{ÜLD,Arbeiten,FL}} = 2 \cdot \frac{q_{v,\text{ges,Arbeiten,FL}}}{\sum_R q_{v,\text{ges,R,FL}}} \cdot q_{v,\text{ÜLD,fr}}$$

$$q_{v,\text{ÜLD,Arbeiten,FL}} = 2 \cdot \frac{8\,\text{m}^3/\text{h}}{62\,\text{m}^3/\text{h}} \cdot 31\,\text{m}^3/\text{h}$$

$q_{v,\text{ÜLD,Arbeiten,FL}} = 8\ \text{m}^3/\text{h}$

- Küche

$$q_{v,\text{ÜLD,Küche,FL}} = 2 \cdot \frac{q_{v,\text{ges,Küche,FL}}}{\sum_R q_{v,\text{ges,R,FL}}} \cdot q_{v,\text{ÜLD,fr}}$$

$$q_{v,\text{ÜLD,Küche,FL}} = 2 \cdot \frac{8\,\text{m}^3/\text{h}}{62\,\text{m}^3/\text{h}} \cdot 31\,\text{m}^3/\text{h}$$

$q_{v,\text{ÜLD,Küche,FL}} = 8\ \text{m}^3/\text{h}$

- WC

$$q_{v,\text{ÜLD,WC,FL}} = 2 \cdot \frac{q_{v,\text{ges,WC,FL}}}{\sum_R q_{v,\text{ges,R,FL}}} \cdot q_{v,\text{ÜLD,fr}}$$

$$q_{v,\text{ÜLD,WC,FL}} = 2 \cdot \frac{8\,\text{m}^3/\text{h}}{62\,\text{m}^3/\text{h}} \cdot 31\,\text{m}^3/\text{h}$$

$q_{v,\text{ÜLD,WC,FL}} = 8\ \text{m}^3/\text{h}$

- Bad

$$q_{v,\text{ÜLD,Bad,FL}} = 2 \cdot \frac{q_{v,\text{ges,Bad,FL}}}{\sum_R q_{v,\text{ges,R,FL}}} \cdot q_{v,\text{ÜLD,fr}}$$

$$q_{v,\text{ÜLD,Bad,FL}} = 2 \cdot \frac{8\,\text{m}^3/\text{h}}{62\,\text{m}^3/\text{h}} \cdot 31\,\text{m}^3/\text{h}$$

$q_{v,\text{ÜLD,Bad,FL}} = 8\ \text{m}^3/\text{h}$

f) Bestimmung der Auslegungsdifferenzdrücke

- ALD

  Bei freier Lüftung können unter definierten Randbedingungen (normale Gebäudelage, Gebäudehöhe max. 15 m, mehr als eine windausgesetzte Fassade in der Nutzungseinheit) die Werte aus DIN 1946-6, Tabelle 13 angesetzt werden. Diese Randbedingungen treffen für das Beispiel zu und für Querlüftung in windschwacher Lage gilt dann:

  $\Delta p_{\text{ALD}} = 2\ \text{Pa}$

  Bei abweichenden Randbedingungen erfolgt die Berechnung nach DIN 1946-6:

$$\Delta p_{\text{ALD}} = \max\left(2\,\text{Pa}\,;\min\left(8\,\text{Pa}\,;50\,\text{Pa}\cdot\left(2\cdot e_z\right)^{3/2}\right)\right)$$

- ÜLD

  Bei freier Lüftung kann angesetzt werden:

  $\Delta p_{\text{ÜLD}} = 0{,}5\ \text{Pa}$

DATEN GEBÄUDE / NUTZUNGSEINHEIT:

Gebäude

Höhe und Lage

Anzahl Geschosse	2	
Gebäudehöhe	8	m
Windgebiet	☒ windschwach	☐ windstark

Wärmeschutz

☒ hoch (Neubau / Modernisierung mind. WSchV 1995)
☐ niedrig (Gebäudebestand vor 1995)

Geplante Belegung

☐ hoch
☒ gering (üblich in selbstgenutztem Eigentum, z.B. EFH)

Luftdichtheit der Gebäudehülle

☒ Messwert (Luftdichtheits-Messung)

Luftwechsel bei 50 Pa (Mes-	$n_{50,m}$ =	1,0	h^{-1}
Fläche kleine Öffnungen	$A_{Öff}$ =		cm^2
Luftwechsel bei 50 Pa (Ausle-	n_{50} =		h^{-1}

☐ Vorgabewert
- ☐ Kategorie A mit n_{50} = 1,0 h^{-1} (für ventilatorgestützte Lüftung)
- ☐ Kategorie B mit n_{50} = 1,5 h^{-1} (für freie Lüftung bei ab 2002 errichteten Gebäuden und bei Modernisierung in eingeschossigen Nutzungseinheiten)
- ☐ Kategorie C mit n_{50} = 2,0 h^{-1} (für freie Lüftung bei Modernisierung in mehrgeschossigen Nutzungseinheiten, vor 2002 errichtet)

Nutzungseinheit

Geometrie

beheizte Wohnfläche	A_{NE} =	130	m^2
mittlere Raumhöhe	h_{NE} =	2,80	m
Luftvolumen	V_{NE} =	364	m^3
gelüftete Wohnfläche	A_L =	130	m^2
gelüftetes Luftvolumen	V_L =	364	m^3
Personenzahl (falls bekannt)	n_{Pers} =		Pers.
Volumenstrom pro Person	$q_{v,Pers}$ =		m^3/(h*Pers.)

Fensterlose Räume

☐ ja
☒ nein

Raumluftabhängige Feuerstätte

☐ ja
☒ nein

Höhe und Lage

Anzahl der Geschosse in der Nutzungseinheit
☒ mehrgeschossig ☐ eingeschossig

Anzahl der Außenfassaden in der Nutzungseinheit:
☐ 1 Außenfassade ☒ > 1 Außenfassade

Höhe der Nutzungseinheit:
☒ 0 bis 15 m über Geländeoberkante
☐ > 15 m über Geländeoberkante

Lage der Nutzungseinheit:
☐ offen ☒ normal ☐ geschützt

NOTWENDIGKEIT LÜFTUNGSTECHNISCHE MAßNAHMEN

Faktor Wärmeschutz:	f_{WS} = 0,2	Volumenstromkoeffizient:	$e_{Z,Konzept}$ = 0,06

Luftvolumenstrom zum Feuchteschutz:	$q_{v,ges,NE,FL}$ =	25	m^3/h
Luftvolumenstrom durch Infiltration im Ausgangszustand:	$q_{v,Inf,Konzept}$ =	19	m^3/h

Lüftungstechnische Maßnahmen erforderlich? ☒ **ja** ($q_{v,ges,NE,FL} > q_{v,Inf,Konzept}$) ☐ **nein** ($q_{v,ges,NE,FL} \leq q_{v,Inf,Konzept}$)

FESTLEGUNG LÜFTUNGSTECHNISCHE MAßNAHMEN

☒ **Freie Lüftung**
- ☒ Querlüftung
  Höhenunterschied zwischen Leckagen und ALD
  ☒ ja ☐ nein
- ☐ Schachtlüftung / Auftriebslüftung

☐ **Entlüftungssystem nach DIN 18017-3**
- ☐ Bemessung nur nach DIN 18017-3
- ☐ Bemessung zusätzlich nach DIN 1946-6
- ☐ Zentralentlüftung
- ☐ Einzelentlüftung

☐ **Kombinierte Lüftungssysteme**
Mehrere Lüftungstechnische Maßnahmen sind anzukreuzen!

☐ **Ventilatorgestützte Lüftung**
- ☐ Abluftsystem
  - ☐ Zentralventilator-Lüftungsanlage
    ☐ Gebäude ☐ Strang ☐ Wohnung
    Einzelventilator-Lüftungsanlage
- ☐ Zuluftsystem
  - ☐ Zentralventilator-Lüftungsanlage
    ☐ Strang ☐ Wohnung
  - ☐ (Einzel-)Raum-Lüftungsgerät
- ☐ Zu-/Abluftsystem
  - ☐ Zentralventilator-Lüftungsanlage
    ☐ Strang ☐ Wohnung
  - ☐ (Einzel-)Raum-Lüftungsgerät

Projekt-Nr. / Bezeichnung:	Datum:	Seite 2

BESTIMMUNG GESAMT-AUßENLUFTVOLUMENSTRÖME $q_{v,ges}$

Freie Lüftung (Minimalanforderungen)				**Ventilatorgestützte Lüftung** (Minimalanforderungen)			
Lüftung zum Feuchteschutz	$q_{v,ges,FL}$ =	**31**	**m³/h**	Lüftung zum Feuchteschutz	$q_{v,ges,FL}$ =		m³/h
informativ:	$n_{v,ges,FL}$ =	*0,09*	h^{-1}	*informativ:*	$n_{v,ges,FL}$ =		h^{-1}
oder							
Reduzierte Lüftung	$q_{v,ges,RL}$ =	110	m³/h	Reduzierte Lüftung	$q_{v,ges,RL}$ =		m³/h
informativ:	$n_{v,ges,RL}$ =	*0,30*	h^{-1}	*informativ:*	$n_{v,ges,RL}$ =		h^{-1}
Nennlüftung	$q_{v,ges,NL}$ =	157	m³/h	**Nennlüftung**	$q_{v,ges,NL}$ =		**m³/h**
informativ:	$n_{v,ges,NL}$ =	*0,43*	h^{-1}	*informativ:*	$n_{v,ges,NL}$ =		h^{-1}
Intensivlüftung durch Nutzerunterstützung (Fensteröffnen)				Intensivlüftung	$q_{v,ges,IL}$ =		m³/h
				informativ:	$n_{v,ges,IL}$ =		h^{-1}

BESTIMMUNG LUFTVOLUMENSTRÖME durch lüftungstechnische Maßnahmen

NUTZUNGSEINHEIT

Freie Lüftung (Minimalanforderungen) Bemessung nach Lüftung zum Feuchteschutz oder nach Reduzierter Lüftung				**Ventilatorgestützte Lüftung** (Minimalanforderungen) Bemessung nach Nennlüftung			
Lüftung Feuchteschutz, ALD:				Lüftung Feuchteschutz, ALD:			
Luftvolumenstrom:	$q_{V,LtM,FL}$ =	9	m³/h	Luftvolumenstrom:	$q_{V,LtM,FL}$ =		m³/h
Luftwechsel (informativ):	$n_{V,LtM,FL}$ =	*0,02*	h^{-1}	*Luftwechsel (informativ):*	$n_{V,LtM,FL}$ =		h^{-1}
Lüftung Feuchteschutz, andere Lüftungskomponenten:				Lüftung Feuchteschutz, andere Lüftungskomponenten:			
Luftvolumenstrom:	$q_{V,LtM,FL}$ =	31	m³/h	Luftvolumenstrom:	$q_{V,LtM,FL}$ =		m³/h
Luftwechsel (informativ):	$n_{v,LtM,FL}$ =	*0,09*	h^{-1}	*Luftwechsel (informativ):*	$n_{v,LtM,FL}$ =		h^{-1}
oder							
Reduzierte Lüftung, ALD:				Reduzierte Lüftung, ALD:			
Luftvolumenstrom:	$q_{V,LtM,RL}$ =	88	m³/h	Luftvolumenstrom:	$q_{v,LtM,RL}$ =		m³/h
Luftwechsel (informativ):	$n_{V,LtM,RL}$ =	*0,24*	h^{-1}	*Luftwechsel (informativ):*	$n_{v,LtM,RL}$ =		h^{-1}
Reduzierte Lüftung, andere Lüftungskomponenten:				Reduzierte Lüftung, andere Lüftungskomponenten:			
Luftvolumenstrom:	$q_{V,LtM,RL}$ =	110	m³/h	Luftvolumenstrom:	$q_{V,LtM,RL}$ =		m³/h
Luftwechsel (informativ):	$n_{v,LtM,RL}$ =	*0,30*	h^{-1}	*Luftwechsel (informativ):*	$n_{v,LtM,RL}$ =		h^{-1}
Nennlüftung, ALD:				Nennlüftung, ALD:			
Luftvolumenstrom:	$q_{v,LtM,NL}$ =	135	m³/h	Luftvolumenstrom:	$q_{v,LtM,NL}$ =		m³/h
Luftwechsel (informativ):	$n_{v,LtM,NL}$ =	*0,37*	h^{-1}	*Luftwechsel (informativ):*	$n_{v,LtM,NL}$ =		h^{-1}
Nennlüftung, andere Lüftungskomponenten:				**Nennlüftung, andere Lüftungskomponenten:**			
Luftvolumenstrom:	$q_{v,LtM,NL}$ =	157	m³/h	Luftvolumenstrom:	$q_{v,LtM,NL}$ =		**m³/h**
Luftwechsel (informativ):	$n_{v,LtM,NL}$ =	*0,43*	h^{-1}	*Luftwechsel (informativ):*	$n_{v,LtM,NL}$ =		h^{-1}
—				Intensivlüftung, ALD:			
				Luftvolumenstrom:	$q_{v,LtM,IL}$ =		m³/h
				Luftwechsel (informativ):	$n_{v,LtM,IL}$ =		h^{-1}
				Intensivlüftung, andere Lüftungskomponenten:			
				Luftvolumenstrom:	$q_{v,LtM,IL}$ =		m³/h
				Luftwechsel (informativ):	$n_{v,LtM,IL}$ =		h^{-1}

AUSLEGUNGS-DIFFERENZDRUCK Δp

ALD:	Δp_{ALD} =	2	Pa	ALD:	Δp_{ALD} =		Pa
ÜLD:	$\Delta p_{ÜLD}$ =	0,5	Pa	ÜLD:	$\Delta p_{ÜLD}$ =		Pa

Projekt-Nr. / Bezeichnung:						Datum:		Seite 3
RAUM		ALD	ÜLD	AbLD	ZuLD	Schacht	Leitung	Ventilator
Wohnen/Essen	A_{Raum} = 36 m²	☒	☒	☐	☐	☐	☐	☐
	$q_{v,LtM}$ = (in m³/h)	3	10					
Schlafen	A_{Raum} = 16 m²	☒	☒	☐	☐	☐	☐	☐
	$q_{v,LtM}$ = (in m³/h)	3	10					
Kind	A_{Raum} = 16 m²	☒	☒	☐	☐	☐	☐	☐
	$q_{v,LtM}$ = (in m³/h)	3	10					
Arbeiten	A_{Raum} = 16 m²	☒	☒	☐	☐	☐	☐	☐
	$q_{v,LtM}$ = (in m³/h)	2	8					
Küche	A_{Raum} = 12 m²	☒	☒	☐	☐	☐	☐	☐
	$q_{v,LtM}$ = (in m³/h)	2	8					
WC	A_{Raum} = 3 m²	☒	☒	☐	☐	☐	☐	☐
	$q_{v,LtM}$ = (in m³/h)	2	8					
Bad	A_{Raum} = 9 m²	☒	☒	☐	☐	☐	☐	☐
	$q_{v,LtM}$ = (in m³/h)	2	8					
Flur EG	A_{Raum} = 14 m²	☐	☐	☐	☐	☐	☐	☐
	$q_{v,LtM}$ = (in m³/h)							
Flur OG	A_{Raum} = 8 m²	☐	☐	☐	☐	☐	☐	☐
	$q_{v,LtM}$ = (in m³/h)							
ZONE / RAUMGRUPPE		ALD	ÜLD	AbLD	ZuLD	Schacht	Leitung	Ventilator
Zulufträume	$\Sigma q_{v,LtM}$ = (in m³/h)	11	38					
Überströmräume	$\Sigma q_{v,LtM}$ = (in m³/h)							
Ablufträume	$\Sigma q_{v,LtM}$ = (in m³/h)	6	24					

Abbildung 7.35: Auslegung der lüftungstechnischen Maßnahmen, Darstellung in den Formblättern

7.10.4 Darstellung der Lüftungskomponenten in den Grundrissen

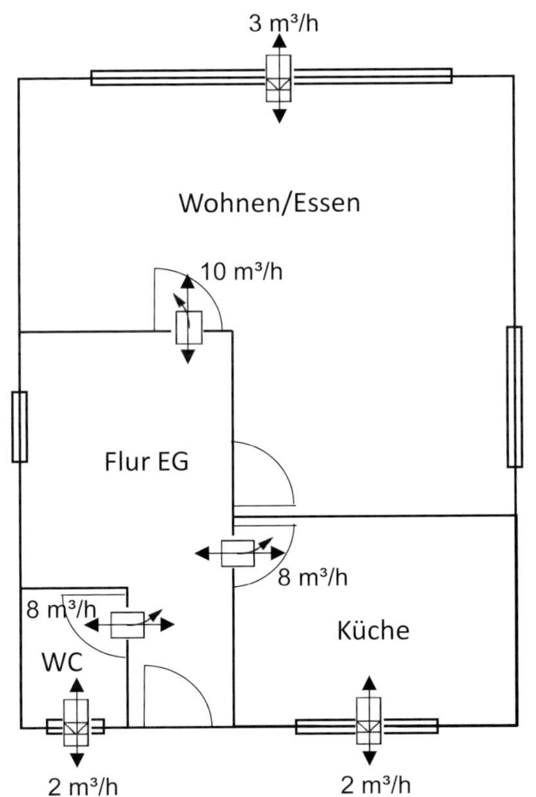

Raum	Zuluft		Abluft	Überströmen	
	m^3/h	Δp Pa	m^3/h	m^3/h	Δp Pa
Wohnen/Essen	3	2		10	0,5
Schlafen	3	2		10	0,5
Kind	3	2		10	0,5
Arbeiten	2	2		8	0,5
Küche	2	2		8	0,5
WC	2	2		8	0,5
Bad	2	2		8	0,5
Flur EG					
Flur OG					

Überström-Luftdurchlass ÜLD

Unit wohnungszentrales Zu-/Abluftgerät

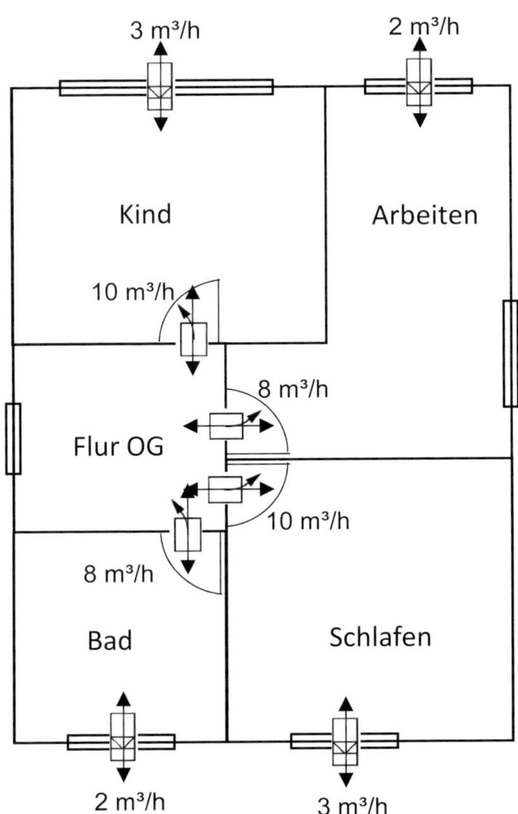

Abbildung 7.36: Darstellung der Lüftungskomponenten in den Grundrissen

Literaturverzeichnis

Richtlinien

[R1] Maschinen-Richtlinie – RICHTLINIE 2006/42/EG DES EUROPÄISCHEN PARLAMENTS UND DES RATES vom 17. Mai 2006 über Maschinen und zur Änderung der Richtlinie 95/16/EG (Neufassung), Amtsblatt der Europäischen Union, L 157/24 vom 9. 6. 2006, zuletzt geändert durch die Verordnung (EU) 2019/1243 des Europäischen Parlaments und des Rates vom 20. Juni 2019

[R2] EMV-Richtlinie – RICHTLINIE 2014/30/EU DES EUROPÄISCHEN PARLAMENTS UND DES RATES vom 26. Februar 2014 zur Harmonisierung der Rechtsvorschriften der Mitgliedstaaten über die elektromagnetische Verträglichkeit (Neufassung), Amtsblatt der Europäischen Union, L 96/79 vom 29. 3. 2014

[R3] Niederspannungs-Richtlinie – RICHTLINIE 2014/35/EU DES EUROPÄISCHEN PARLAMENTS UND DES RATES (Neufassung) vom 26. Februar 2014 zur Harmonisierung der Rechtsvorschriften der Mitgliedstaaten über die Bereitstellung elektrischer Betriebsmittel zur Verwendung innerhalb bestimmter Spannungsgrenzen auf dem Markt, Amtsblatt der Europäischen Union, L 96/357 vom 29. 3. 2014

[R4] Bauprodukten-Richtlinie – ENTSCHEIDUNG DER KOMMISSION vom 31. Mai 1995 zur Durchführung von Artikel 20 Absatz 2 der Richtlinie 89/106/EWG des Rates über Bauprodukte, 95/204/EG, Amtsblatt der Europäischen Gemeinschaften, L 129/23 vom 19. 6. 1995

[R5] Druckbehälter-Richtlinie – RICHTLINIE 2009/105/EG DES EUROPÄISCHEN PARLAMENTS UND DES RATES vom 16. September 2009 über einfache Druckbehälter, Amtsblatt der Europäischen Union, L 264/12 vom 8. 10. 2009

[R6] Druckgeräte-Richtlinie – RICHTLINIE 2014/68/EU des Europäischen Parlaments und des Rates vom 15. Mai 2014 zur Harmonisierung der Rechtsvorschriften der Mitgliedstaaten über die Bereitstellung von Druckgeräten auf dem Markt, Amtsblatt der Europäischen Union, L 189/164 vom 27. 6. 2014

[R7] Ecodesign-Richtlinie – RICHTLINIE 2009/125/EG DES EUROPÄISCHEN PARLAMENTS UND DES RATES vom 21. Oktober 2009 zur Schaffung eines Rahmens für die Festlegung von Anforderungen an die umweltgerechte Gestaltung energieverbrauchsrelevanter Produkte, Amtsblatt der Europäischen Union, L 285/10 vom 31. 10. 2009

[R8] Energiekennzeichnungsrichtlinie – RICHTLINIE 2010/30/EU DES EUROPÄISCHEN PARLAMENTS UND DES RATES vom 19. Mai 2010 über die Angabe des Verbrauchs an Energie und anderen Ressourcen durch energieverbrauchsrelevante Produkte mittels einheitlicher Etiketten und Produktinformationen, Amtsblatt der Europäischen Union, L 153/1 vom 18. 6. 2010

[R9] EPBD – Gesamtenergieeffizienz von Gebäuden, RICHTLINIE (EU) 2018/844 DES EUROPÄISCHEN PARLAMENTS UND DES RATES vom 30. Mai 2018 zur Änderung der Richtlinie 2010/31/EU über die Gesamtenergieeffizienz von Gebäuden und der Richtlinie 2012/27/EU über Energieeffizienz, Amtsblatt der Europäischen Union, L 156/75 vom 19. 6. 2018

[R10] EnEG – Energieeinsparungsgesetz, Gesetz zur Einsparung von Energie in Gebäuden, Bekanntmachung vom 1. 9. 2005, BGBl. I S. 2684, zuletzt geändert durch Art. 1 des Vierten Gesetzes zur Änderung des Energieeinsparungsgesetzes vom 4. Juli 2013, BGBl. I S. 2197

[R11] BRL – Bauaufsichtliche Richtlinie über die Lüftung fensterloser Küchen, Bäder und Toilettenräume in Wohnungen Stand April 2009, zuletzt geändert d. Beschl. d. FK BA v. 1. 7. 2010

[R12] EnEV – Energieeinsparverordnung, Verordnung über energiesparenden Wärmeschutz und energiesparende Anlagentechnik bei Gebäuden, Bekanntmachung vom 24. Juli 2007, BGBl. I S. 1519, zuletzt geändert durch Artikel 2 des Vierten Gesetzes zur Änderung des Energieeinsparungsgesetzes vom 4. Juli 2013, BGBl. I S. 2197

[R13] EU 1253/2014 – VERORDNUNG (EU) Nr. 1253/2014 DER KOMMISSION vom 7. Juli 2014 zur Durchführung der Richtlinie 2009/125/EG des Europäischen Parlaments und des Rates hinsichtlich der Anforderungen an die umweltgerechte Gestaltung von Lüftungsanlagen, Amtsblatt der Europäischen Union, L 337/8 vom 25. 11. 2014

[R14] EU 1254/2014 – DELEGIERTE VERORDNUNG (EU) Nr. 1254/2014 DER KOMMISSION vom 11. Juli 2014 zur Ergänzung der Richtlinie 2010/30/EU des Europäischen Parlaments und des Rates im Hinblick auf die Kennzeichnung von Wohnraumlüftungsgeräten in Bezug auf den Energieverbrauch, L 337/27 vom 25. 11. 2014, DIBt-Mitteilungen Nr. 1/10. 02. 2016

[R15] Muster-Lüftungsanlagen-Richtlinie – Muster-Richtlinie über brandschutztechnische Anforderungen an Lüftungsanlagen (Muster-Lüftungsanlagen-Richtlinie M-LüAR1), Stand: 29. 09. 2005, zuletzt geändert durch Beschluss der Fachkommission Bauaufsicht vom 11. Dezember 2015

[R16] GEG – Gesetz zur Einsparung von Energie und zur Nutzung erneuerbarer Energien zur Wärme- und Kälteerzeugung in Gebäuden (Gebäudeenergiegesetz – GEG), Bekanntmachung vom 13. August 2020, BGBl. I S. 1728

Normenverzeichnis

[N1] DIN V 18599 – Energetische Bewertung von Gebäuden – Berechnung des Nutz-, End- und Primärenergiebedarfs für Heizung, Kühlung, Lüftung, Trinkwarmwasser und Beleuchtung

[N2] DIN V 18599-6:2018-09 – Energetische Bewertung von Gebäuden – Berechnung des Nutz-, End- und Primärenergiebedarfs für Heizung, Kühlung, Lüftung, Trinkwarmwasser und Beleuchtung – Teil 6: Endenergiebedarf von Lüftungsanlagen, Luftheizungsanlagen und Kühlsystemen für den Wohnungsbau

[N3] DIN 4108 – Wärmeschutz und Energie-Einsparung in Gebäude

[N4] DIN 4108-2:2013-02 – Wärmeschutz und Energie-Einsparung in Gebäuden – Teil 2: Mindestanforderungen an den Wärmeschutz

[N5] DIN 1946-6:2019-12 – Raumlufttechnik – Teil 6: Lüftung von Wohnungen – Allgemeine Anforderungen, Anforderungen an die Auslegung, Ausführung, Inbetriebnahme und Übergabe sowie Instandhaltung

[N6] DIN 4108-7:2011-01 – Wärmeschutz und Energie-Einsparung in Gebäuden – Teil 7: Luftdichtheit von Gebäuden – Anforderungen, Planungs- und Ausführungsempfehlungen sowie -beispiele

[N7] DIN 18017-3:2020-05 – Lüftung von Bädern und Toilettenräumen ohne Außenfenster – Teil 3: Lüftung mit Ventilatoren

[N9] DIN 4102-1:1998-05 – Brandverhalten von Baustoffen und Bauteilen – Teil 1: Baustoffe; Begriffe, Anforderungen und Prüfungen

[N10] DIN 4109-1:2018-01 – Schallschutz im Hochbau – Teil 1: Mindestanforderungen

[N11] DIN EN 13141 – Lüftung von Gebäuden – Leistungsprüfungen von Bauteilen/Produkten für die Lüftung von Wohnungen

[N12] DIN EN 13142:2013-06 – Lüftung von Gebäuden – Bauteile/Produkte für die Lüftung von Wohnungen – Geforderte und frei wählbare Leistungskenngrößen

[N13] DIN EN 14134:2019-05 – Lüftung von Gebäuden – Leistungsprüfung und Funktionsprüfungen von Lüftungsanlagen in Wohnungen

[N14] CEN TR 14788:2006-03 – Lüftung von Gebäuden – Ausführung und Bemessung der Lüftungssysteme von Wohnungen

[N15] DIN EN 13779:2007-09 (zurückgezogen) – Lüftung von Nichtwohngebäuden – Allgemeine Grundlagen und Anforderungen für Lüftungs- und Klimaanlagen und Raumkühlsysteme

[N19] DIN EN 16798-3:2017-11 – Energetische Bewertung von Gebäuden – Lüftung von Gebäuden – Teil 3: Lüftung von Nichtwohngebäuden – Leistungsanforderungen an Lüftungs- und Klimaanlagen und Raumkühlsysteme (Module M5-1, M5-4)

[N20] DIN V 18599 – Energetische Bewertung von Gebäuden – Berechnung des Nutz-, End- und Primärenergiebedarfs für Heizung, Kühlung, Lüftung, Trinkwarmwasser und Beleuchtung

[N21] DIN V 18599-6:2018-09 – Energetische Bewertung von Gebäuden – Berechnung des Nutz-, End- und Primärenergiebedarfs für Heizung, Kühlung, Lüftung, Trinkwarmwasser und Beleuchtung – Teil 6: Endenergiebedarf von Lüftungsanlagen, Luftheizungsanlagen und Kühlsystemen für den Wohnungsbau

[N22] EN 16798-1:2019-05 – Energetische Bewertung von Gebäuden – Lüftung von Gebäuden – Teil 1: Eingangsparameter für das Innenraumklima zur Auslegung und Bewertung der Energieeffizienz von Gebäuden bezüglich Raumluftqualität, Temperatur, Licht und Akustik – Module M1-6

[N23] DIN/TS 18117-1:2020-04 – Bauliche und lüftungstechnische Maßnahmen zum Radonschutz – Teil 1: Begriffe, Grundlagen und Beschreibung von Maßnahmen

[N24] DIN 1946-6 Beiblatt 3:2017-06 – Raumlufttechnik – Teil 6: Lüftung von Wohnungen – Allgemeine Anforderungen, Anforderungen zur Bemessung, Ausführung und Kennzeichnung, Übergabe/Übernahme (Abnahme) und Instandhaltung; Beiblatt 3: Gemeinsamer und nicht gemeinsamer Betrieb von Lüftungsgeräten und Einzelraumfeuerstätten für feste Brennstoffe – Installationsregel

[N25] DIN 1946-6 Beiblatt 4:2017-06 – Raumlufttechnik – Teil 6: Lüftung von Wohnungen – Allgemeine Anforderungen, Anforderungen zur Bemessung, Ausführung und Kennzeichnung, Übergabe/Übernahme (Abnahme) und Instandhaltung; Beiblatt 4: Gemeinsamer Betrieb von Lüftungsgeräten und Einzelraumfeuerstätten für feste Brennstoffe – Installationsbeispiele

Veröffentlichungen

[L1.5] FGK-STATUS-REPORT 24: Hinweise für die CE-Kennzeichnung von Wohnungslüftungsgeräten

[L1.6] FGK-STATUS-REPORT 25: EG-Konformitätsbewertung von raumlufttechnischen Geräten, Komponenten und Anlagen

[L1.7] FGK STATUS-REPORT 33: Zertifizierung und Zulassung von Produkten der Lüftungstechnik

[L3.1] Anton Höß: Welche Lüftung braucht ein Haus, Gebäudelüftungssysteme und -konzepte, Fraunhofer IRB-Verlag, 2013

[L3.2] Neitzert, Volker; Gülzow, Martin: Luftqualität und Schadstoffe in Innenräumen. https://www.yumpu.com/de/document/read/4315015/luftqualitat-und-schadstoffe-in-innenraumen (aufgerufen am 13.01.2021)

[L3.3] Hansen, Patrick: Analyse der CO2-Einsparungen im europäischen Wohngebäudesektor. HLH 62 (2011), Nr. 6, S. 19–23

[L3.4] Brasche, S.; Heinz, E.; Richter, W.; Bischof, W.: Vorkommen, Ursachen und gesundheitliche Aspekte von Feuchteschäden in Wohnungen. Ergebnisse einer repräsentativen Wohnungsstudie in Deutschland. Bundesgesundheitsblatt 8 (2003), S. 683–693

[L3.5] Künzel, H. (Hrsg.): Wohnungslüftung und Raumklima, 2. überarbeitete und erweiterte Auflage, Fraunhofer IRB Verlag, 2009

[L3.7] FGK-STATUS-REPORT 18: Wohnungslüftung, Schwerpunkte, Anforderungen, Energieeffizienz, Behaglichkeit, Hygiene, Beispiele, Neubau, Sanierung

[L4.1] Richter, Wolfgang; Hartmann, Thomas; Kremonke, Andre; Reichel, Dirk: Gewährleistung einer guten Raumluftqualität bei weiterer Senkung der Lüftungswärmeverluste.Stuttgart: Fraunhofer IRB Verlag, 1999

[L4.2] Moriske, Heinz-Jörn; Szewzyk, Regine: Leitfaden zur Vorbeugung, Untersuchung, Bewertung und Sanierung von Schimmelpilzwachstum in Innenräumen. Kommission des Umweltbundesamtes (2002)

[L4.3] Schata, Martin; Winkens, Andreas: Milben- und Schimmelpilzwachstum in Haushalten. Untersuchung des Milben- und Schimmelpilzwachstums in 15 Haushalten mit mechanischer Be- und Entlüftung. VEW Energie AG, Anwendungstechnik und Installation, Rheinlanddamm 24, 44139 Dortmund, März 1997

[L4.5] FGK-STATUS-REPORT 21: Software zur Auslegung von Wohnungslüftungsanlagen